国家出版基金项目
NATIONAL PUBLICATION FOUNDATION

"十四五"国家重点出版物出版规划项目

浙江文化艺术发展基金资助项目
PROJECTS SUPPORTED BY ZHEJIANG CULTURE AND ARTS DEVELOPMENT FUND

海洋强国战略研究

张海文 —— 主编

全球海洋治理
与中国海洋发展

张海文 著

浙江教育出版社·杭州

图书在版编目（CIP）数据

全球海洋治理与中国海洋发展 / 张海文著. -- 杭州：
浙江教育出版社，2023.7
　（海洋强国战略研究 / 张海文主编）
　ISBN 978-7-5722-5172-6

　Ⅰ．①全… Ⅱ．①张… Ⅲ．①海洋学－研究 Ⅳ.
①P7

中国版本图书馆CIP数据核字(2022)第258353号

海洋强国战略研究
全球海洋治理与中国海洋发展
HAIYANG QIANGGUO ZHANLÜE YANJIU
QUANQIU HAIYANG ZHILI YU ZHONGGUO HAIYANG FAZHAN

张海文　著

项目策划	余理阳
责任编辑	董安涛　余理阳
美术编辑	韩　波
责任校对	陈阿倩
责任印务	沈久凌
封面设计	观止堂
出版发行	浙江教育出版社
	（杭州市天目山路40号　电话：0571-85170300-80928）
图文制作	杭州林智广告有限公司
印刷装订	浙江海虹彩色印务有限公司
开　　本	710 mm×1000 mm　1/16
印　　张	20.5
字　　数	280 000
版　　次	2023 年 7 月第 1 版
印　　次	2023 年 7 月第 1 次印刷
标准书号	ISBN 978-7-5722-5172-6
定　　价	78.00 元

如发现印、装质量问题，影响阅读，请与承印厂联系调换。
（联系电话：0571-88909719）

主编
作者 / 张海文

北京大学法学博士，自然资源部海洋发展战略研究所所长、研究员，享受国务院特殊津贴，武汉大学国际法研究所和厦门大学南海研究院兼职教授、博导，浙江大学海洋学院兼职教授。从事海洋法、海洋政策和海洋战略研究三十余年。主持和参加多个国家海洋专项的立项和研究工作，主持完成了数十个涉及海洋权益和法律的省部级科研项目。曾参加中国与周边国家之间的海洋划界谈判，以中国代表团团长和特邀专家等身份参加联合国及其所属机构的有关海洋法磋商。已撰写和主编数十部学术专著，如《〈联合国海洋法公约〉释义集》《〈联合国海洋法公约〉图解》《〈联合国海洋法公约〉与中国》《南海和南海诸岛》《钓鱼岛》《世界各国海洋立法汇编》《中国海洋丛书》等；发表了数十篇有关海洋法律问题的中英文论文。

总序

21 世纪，人类进入了开发利用海洋与保护治理海洋并重的新时期。海洋在保障国家总体安全、促进经济社会发展、加强生态文明建设等方面的战略地位更加突出。党的十八大报告中正式将海洋强国建设提高到国家发展和安全战略高度，明确提出要提高海洋资源开发能力，大力发展海洋经济，加大海洋生态保护力度，坚决维护国家海洋权益，建设海洋强国。党的十九大报告再次明确提出要坚持陆海统筹，加快建设海洋强国。党的二十大报告从更宽广的国际视野和更深远的历史视野进一步要求加快建设海洋强国。由此可见，加快建设海洋强国已成为中华民族伟大复兴路上的重要组成部分。我们在加快海洋经济发展、大力保护海洋生态、坚决维护海洋权益和保障海上安全的同时，还应深度参与全球海洋治理，努力构建海洋命运共同体，在和平发展的道路上，建设中国式现代化的海洋强国。

作为从事海洋战略研究三十余年的海洋人，我认为应当以时不我待的姿态探讨新时期加快海洋强国建设的重大战略问题，进一步提升国人对国家海洋发展战略的整体认识，提高我国学界在海洋发展领域的跨学科研究水平，丰富深化海洋强国建设理论体系，提高国家相关政策决策的可靠性和科学性。为此，我和自然资源部海洋发展战略研究所专家团队组织撰写了《海洋强国战略研究》，以期为加快建设海洋强国建言献策。

丛书共八册，包括《全球海洋治理与中国海洋发展》《中国海洋法治建设研究》《海洋争端解决的法律与实践》《中国海洋政策与管理》《中国海洋经济高质量发展研究》《中国海洋科技发展研究》《中国海洋生态文明建设研究》《中国海洋资源资产监管法律制度研究》。在百年未有之大变局的时代背景下，丛书结合当前国际国内宏观形势，立足加快建设海洋强国的新要求，聚焦全球海洋治理、海洋法治建设、海洋争端解决、海洋政策体系构建、海洋经济高质量发展、海洋科技创新、海洋生态文明建设、海洋资源资产监管等领域重大问题，开展系统阐述和研究，以期为新时期我国加快建设海洋强国提供学术参考和智力支撑。

我们真诚地希望丛书能成为加快建设海洋强国研究的引玉之砖，呼吁有更多的专家学者从地缘战略、国际关系、军队国防等角度更广泛、更深入地参与到海洋强国战略研究中来。由于内容涉及多个领域，且具较强的专业性，尽管我们竭尽所能，但仍难免有疏漏和不当之处，希望读者在阅读的同时不吝赐教。

丛书的策划和出版得益于浙江教育出版社的大力支持。在我们双方的共同努力下，丛书列入了"十四五"国家重点出版物出版规划，并成功获得国家出版基金资助，这让我们的团队深受鼓舞。最后，浙江教育出版社的领导和编辑团队对丛书的出版给予了大力支持，付出了辛勤劳动，在此谨表谢意。

张海文

2023 年 7 月 5 日于北京

目 录

导论

　　海洋（the sea and the ocean），是我们所熟知的词，是充满了未知且等待人类去探索的神秘之域，是给人类社会带来巨大福祉与重要影响的浩瀚世界，也是深受人类活动影响且需要人类去呵护的自然之境。

　　海洋与可持续发展、全球气候变化、油气和金属矿产等战略性资源保障、国家安全和权益等休戚相关。海洋是人类发展的战略空间，是沿海国家的安全屏障，也是大国之间进行经济与科技竞争的焦点领域。海洋资源的开发利用和海洋生态环境保护问题已成为世界各国普遍关注的焦点。全球海洋治理已成为重要的国际议题，也是国内外学界的研究热点。

第一节 浅识海洋

海洋世界丰富多彩，是数以万计的已知物种及无数尚待人类发现的物种的栖息之地。海洋蕴含着丰富的自然资源。全球气候变化与海洋密切相关，海洋通过水分及热量的转移与大气发生相互作用。海洋对地球生命是至关重要的。开展有效的海洋治理要以了解海洋的构造和功能为基础。例如，了解海洋温度和海洋化学变化过程，是理解温室气体排放对海平面上升和海洋酸化等所产生的影响的基础。因此，谈论全球海洋治理，必须先对与其有着非常密切关联的海洋相关知识有一定的了解。

一、海洋的划分

海洋，是海和洋的合称，海与洋既密切相连又有所不同。海洋是地表连续的咸水水体的总称，根据海洋要素特点及形态特征，可将其分为主要部分和附属部分，主要部分为洋，附属部分为海、海湾和海峡。[1]不过，也有人认为海洋附属部分还应包括河口。[2]关于海洋的划分，可依据面积、深度和形态，将海洋划分为洋、海、海湾、海峡。海洋总体积为 1.37×10^{10} 立方千米，容纳的水量超过地球总水量的97%。[3]地球表面总面积约为 5.1×10^8 平方千米，陆地面积约为 1.49×10^8 平方千米，约占地表总面积的29.2%；海洋面积约为 3.61×10^8 平方千米，约占地表总面积的70.8%。[4]

---

[1] 冯士筰，李凤岐，李少菁.海洋科学导论[M].北京：高等教育出版社，1999：22.
[2] 郭琨，艾万铸.海洋工作者手册[M].北京：海洋出版社，2016：5.
[3] 中国大百科全书编辑部.中国大百科全书[M].北京：中国大百科全书出版社，2013：532.
[4] 冯士筰，李凤岐，李少菁.海洋科学导论[M].北京：高等教育出版社，1999：20.

地球上互相连通的广阔水域构成了统一的世界海洋。根据岸线的轮廓、底部形状和水体运动特征，世界大洋可划分为太平洋、大西洋、印度洋、北冰洋和南大洋。

洋（the ocean），又称大洋，是海洋的主体部分，一般远离大陆，面积广阔，约占海洋总面积的90.3%。洋的深度较深，一般大于2000米；海洋要素如盐度、温度等不受大陆影响，平均盐度为35‰，且年变化小；具有独立的潮汐系统和强大的洋流系统。世界大洋通常被分为四大部分，即太平洋、大西洋、印度洋和北冰洋。太平洋、大西洋和印度洋靠近南极洲的水域，在海洋学上具有特殊意义。它具有自成体系的环流系统和独特的水团结构，既是世界大洋底层水团的主要形成区，又对大洋环流起着重要作用。因此，从海洋学（而不是地理学）的角度，一般把三大洋在南极洲附近连成一片的水域称为南大洋或南极海域。联合国教科文组织下属的政府间海洋学委员会[①]将南大洋定义为"从南极大陆到南纬40°为止的海域，或从南极大陆起，到亚热带辐合线明显时的连续海域"。[②]

海（the sea），又称大海，是海洋的边缘部分。据国际水道测量组织统计，全世界海的面积只占海洋总面积的9.7%。海的深度较浅，平均深度一般在2000米以内；其温度和盐度等海洋水文要素受大陆影响很大，并有明显的季节变化；水色低、透明度小、没有独立的潮汐或洋流系统。按照海所处的位置，可将其分为陆间海、内海和边缘海。陆间海（intercontinental sea）是指位于大陆之间的海，面积较大、深度较深，如

[①] 政府间海洋学委员会（简称海委会，UNESCO/IOC），是联合国教科文组织下属的一个促进各国开展海洋科学调查研究和合作活动，增加人类关于海洋自然现象及资源的知识的国际性政府间组织。1960年成立，总部在法国巴黎，现有100多个会员国（地区）。

[②] 冯士筰，李凤岐，李少菁. 海洋科学导论[M]. 北京：高等教育出版社，1999: 24.

地中海和加勒比海。内海（inland sea）是伸入大陆内部的海，面积较小，其水文特征受周围大陆的强烈影响，如渤海和波罗的海等。陆间海和内海一般只有狭窄的水道与大洋相通，其物理性质和化学成分与大洋有明显差别。边缘海（marginal sea）位于大陆边缘，以半岛、岛屿或群岛与大洋分隔，不过与大洋水流交换通畅，如东海和日本海等。①

海湾（bay，gulf）是洋或海延伸进大陆且深度逐渐变浅的水域，一般以入口处海角之间的连线或入口处的等深线作为与洋或海的分界。海湾中的海水可以与毗邻的海洋自由交换，故其海洋状况与毗邻海洋很相似。需要指出的是，由于历史上形成的习惯叫法，有些海和海湾的名称被混淆了，有的海被叫成了湾，如波斯湾、墨西哥湾等；有的湾则被称作海，如阿拉伯海等。② Bay通常指处于两个宽阔海岬之间的水域，如孟加拉湾等。Gulf通常指长度比宽度大的海湾，如芬兰湾等。③

海峡（strait）是两端连接海洋的狭窄水道。海峡最主要的特征是流速急，特别是潮流速度大。海流有的上、下分层流入、流出，如直布罗陀海峡等；有的分左、右侧流入或流出，如渤海海峡等。④

二、海岸带

海洋与大陆一样，拥有各种形态的地形地貌，包括海底山脉、盆地和深谷等。海洋地形包括海岸地形和海底地形。海岸地形包括海岸、海岸带、海岸线、海滩、水下岸坡；海底地形包括大陆边缘、大洋中脊和

① 冯士筰，李凤岐，李少菁.海洋科学导论[M].北京：高等教育出版社，1999：24.
② 冯士筰，李凤岐，李少菁.海洋科学导论[M].北京：高等教育出版社，1999：24.
③ 郭琨，艾万铸.海洋工作者手册[M].北京：海洋出版社，2016：18.
④ 冯士筰，李凤岐，李少菁.海洋科学导论[M].北京：高等教育出版社，1999：25.

大洋盆地。①下面仅介绍受人类活动影响最大的区域，也是在全球海洋治理中经常被提及的海洋地形——海岸带。

海岸带是陆地与海洋的过渡地带和分界区域。由于潮位变化和风引起的增水—减水作用，海岸线是变动的。水位升高便被淹没，水位降低便露出的狭长地带即海岸带。②不过，这是海洋学意义上的海岸带。在海洋管理实践中，特别是沿海地区的社会经济发展规划中，世界各国的学者们对海岸带的名称、定义、宽度范围等的界定均有不同。

在名称方面，英文有"coastal zone""coastal area"等表述，中文也有海岸带、海岸带地区、沿海地区等多种表述。

在定义方面海岸带也有多种界定。例如，《地理学词典》对海岸带的定义：海岸带是海洋和陆地相互作用的地带……海岸带由三个基本单元组成：海岸——平均高潮线以上的沿岸陆地部分；潮间带——介于平均高潮线与平均低潮线之间的部分；水下岸坡——平均低潮线以下的浅水部分。海岸带的水下部分和水上部分的地形演变在一个统一的过程中进行，二者在成因上有着密切的联系，其范围、形态、位置可随着外力因素和内力因素的变化而变化，这是狭义的海岸带的定义。广义的海岸带则是指以海岸线为基准向海、陆两个方向辐射扩散的广阔地带，包括沿海平原、河口三角洲、浅海大陆架一直延伸到大陆边缘的地带。

1996 年 8 月，世界银行发布了《海岸带综合管理指南》，该指南第 1 章对海岸带的定义是：海岸带是陆地与海洋的界面，包括海岸环境以及邻近沿海水域，其组成的地理类型可以包括三角洲、沿海平原、湿地、海滩和沙丘、珊瑚礁、红树林、潟湖以及其他海岸类型。我国学术界对

---

① 郭琨，艾万铸. 海洋工作者手册[M]. 北京：海洋出版社，2016：29.
② 冯士筰，李凤岐，李少菁. 海洋科学导论[M]. 北京：高等教育出版社，1999：26.

海岸带的定义是："海岸"或者"海岸带"是有一定宽度的狭长地带，其上界是风暴浪作用的最高位置，下界为波浪作用开始扰动海底泥沙处。因此，海岸带可进一步分为沿海陆地、海滩和水下岸坡带三部分。

一般来说，海岸带是指陆地与海洋的交接地带，是海岸线向陆、海两侧扩展到一定宽度的带状区域，其宽度界限尚无统一标准，随海岸地貌形态和研究领域不同而异。[①] 尽管不同国家和地区对海岸带的界定存在一定差异，但总体上，海岸带范围主要包括陆地与海洋交接、过渡地带，包括海岸及毗连水域。实践中，海岸带的地理范围一般从两个角度予以界定，一是地学理论范畴，如根据海岸地貌形态；二是从管理或者法律角度划定。有多方面原因致使海岸带范围难以确定：例如，确定海岸带范围涉及多学科和多部门，各方划定海岸带范围边界的出发点不同，想要解决的重点问题也有所差异，划定海岸带的政策法律依据不同，技术标准和掌握尺度也不一样，等等。[②] 中国是海洋大国，海域辽阔，岛屿众多，有着丰富的海岸带资源，拥有 18000 多千米的大陆海岸线和约 14000千米的岛屿海岸线，沿海省（包括自治区、直辖市）的面积只占全国陆地总面积的 15%，却集中了全国 40% 以上的人口，创造了全国 60% 以上的国

---

① 李百齐. 海岸带管理研究[M]. 北京：海洋出版社，2011：11.
② 2021 年国家自然科学基金"科技活动项目"研究成果：《陆海统筹视角下空间治理的基础研究需求综合研究报告》，自然资源部海洋发展战略研究所、中国科学院烟台海岸带研究所，2022 年 1 月。

内生产总值①②。可见，海岸带在地区社会经济发展和生态环境保护中具有非常重要的地位。

海岸带自然地理环境具有明显的海陆过渡特点，生态环境较为脆弱、敏感。随着工业化和城市化进程加快，海岸带开发利用活动日益多样化、复杂化，高强度的人类活动对海岸带生态环境的影响愈来愈深、愈来愈广，引发了诸如局部海水和环境污染严重、渔业资源退化、关键栖息地被破坏、海水富营养化、生物多样性下降等一系列生态环境问题，给海岸带生态环境保护和海洋管理工作带来巨大挑战。在这种背景下，世界沿海国家不断探索将科学研究与管理实践相结合的新的海岸带管理理念和方法，包括海岸带综合管理和基于生态系统的管理等。

三、海洋科学（又称海洋学）

尽管海洋科学研究是人类认识海洋，开展各类海洋军事活动，进行海洋资源开发利用和海洋生态环境保护等必不可少的手段，但是，直至目前国内外对于"海洋学"仍无被普遍认可的定义，海洋学具体学科分类也有多种。

（一）海洋科学的定义

从国际法方面看，《联合国海洋法公约》用了两个部分，即第十三部分、第十四部分，对海洋科学研究、海洋技术的发展和转让做了专门规定，构建起关于海洋科学研究、海洋技术的发展和转让的国际海洋法新

---

① Gao J, Liu C, He G, et al. Study on the management of marine economic zoning: an integrated framework for China[J]. Ocean & Coastal Management, 2017, 149: 165-174.

② Zheng Z, Wu Z, Chen Y, et al. Exploration of eco-environment and urbanization changes in coastal zones: a case study in China over the past 20 years[J]. Ecological Indicators, 2020, 119: 106847.

制度。但是,《联合国海洋法公约》并未给出"海洋科学"和"海洋技术"的法律定义。

从权威的国际组织角度看,作为世界公认的主管全球海洋科学研究的国际组织,联合国教科文组织政府间海洋学委员会在其编著的《全球海洋科学报告》里指出,"对于海洋科学,并没有一个普遍认同的定义,1982年的《联合国海洋法公约》也未对海洋科学研究做出定义。为了便于本报告论述,海洋科学可以理解为不同学科的结合体"。

国内各界对海洋科学有多种定义。中国科学院对海洋科学的定义是:"海洋科学是一个多系统、多学科交叉的综合性学科体系,基础性科学、应用科学和工程技术科学构成了现代海洋科学的研究体系。"国家自然科学基金委员会和中国科学院联合组织编写的《未来10年中国学科发展战略:海洋科学》里将海洋科学定义为"研究海洋水体与海底、海洋与大气以及海水与河口海岸等界面特征和各种过程的自然科学"。《中国大百科全书》对海洋科学的定义是:"海洋科学,又称为海洋学,是研究地球上海洋的自然现象、性质及其变化规律,以及和开发与利用海洋有关的知识体系。"[①]

(二)海洋科学的学科分类

对于海洋学(海洋科学)所包括的学科分类,各界也有多种看法。

联合国教科文组织政府间海洋学委员会在《全球海洋科学报告》里指出:"本报告所述的海洋科学包括与海洋研究相关的所有研究学科:物理学、生物学、化学、地质学、水文学、公共卫生和社会科学、工程学、人文科学以及有关人类与海洋关系的多学科。海洋科学力图了解复杂多

---

① 中国大百科全书编辑委员会. 中国大百科全书[M]. 北京:中国大百科全书出版社,1990: 1-19. 转引自冯士筰,李凤岐,李少菁. 海洋科学导论[M]. 北京:高等教育出版社,1999: 5.

尺度的社会生态系统和服务，因此需要观测数据并进行多学科、协作性的研究。[①]"鉴于海洋本身的整体性，海洋中各种自然过程相互作用的复杂性，特别是现代化的研究方法和手段的共同性，基础研究和应用研究之间的边界越来越模糊，使海洋科学成为一门综合性很强的学科，因此，《全球海洋科学报告》以海洋科学对可持续发展概念的贡献为标准，将海洋科学划分为七个类型，即海洋生态系统功能和变化过程、海洋与气候、海洋健康、人类健康与福祉、蓝色增长、海洋地壳和海洋地质灾害、海洋技术与工程。

国外有学者认为海洋学领域宽广，包括若干学科。不同学科汇集于此，旨在共同探究海洋的奥秘，地质学、地理学、地球物理学、物理学、化学、地球化学、数学、气象学、植物学和动物学等学科拓展了人们的知识，增强了人们对海洋的理解。如今，海洋学已细化成若干分支学科，与众多学科都有关联。[②]

海洋科学通常可以划分为四个分支学科，即物理海洋学、海洋化学、海洋生物学和海洋地质学。另外，海洋观测仪器的研制、开发与应用也包括在内。也有学者将海洋科学划分为物理海洋学、海洋生物学、海洋化学、海洋地质和地球物理学、海洋生物技术、海洋探测与监测技术、海岸带综合管理七大分支学科。国内海洋学界普遍认可的权威教科书《海洋科学导论》指出，海洋是地球系统的重要组成部分，海洋科学属于地球科学体系。这里的地球科学是一个拥有众多分支及相关学科的复杂的科学体系。一般认为，地球科学主要包括地理学、地质学、大气科学、

---

① 联合国教科文组织政府间海洋学委员会. 全球海洋科学报告：世界海洋科学现状[M]. 刘大海，杨红，于莹译. 北京：海洋出版社，2020：3.

② 基斯·A. 斯韦德鲁普，E. 弗吉尼亚·安布拉斯特. 世界海洋概览（第九版）[M]. 姜晶，等译. 青岛：青岛出版社，2014：2.

海洋水文科学、地球物理学等分支学科，而且，环境科学和测绘学也与地球科学有着极为密切的关系。[①]

　　国内知名海洋学家冯士筰等认为，海洋科学研究的对象是世界海洋及与之密切相关的大气圈、岩石圈、生物圈。海洋科学体系可分为三个分支：海洋基础科学研究、海洋应用与技术研究、海洋管理与开发研究。海洋基础科学研究的分支学科包括物理海洋学、化学海洋学、生物海洋学、海洋地质学、环境海洋学、海气相互作用以及区域海洋学等。海洋应用与技术研究的分支学科包括卫星海洋学、渔业海洋学、军事海洋学、海洋声学、海洋光学、海洋遥感探测技术、海洋生物技术、海洋环境预报以及工程环境海洋学等。海洋管理与开发研究的分支学科包括海洋资源、海洋环境功能区划、海洋法学、海洋监测与环境评价、海洋污染治理、海域管理等。总之，海洋科学的研究对象，既有海洋（包括海洋中的水以及溶解或悬浮于海水中的物质、生存于海洋中的生物），也有海洋底边界（海洋沉积和海底岩石圈）以及海洋侧边界（河口、海岸带），还有海洋的上边界（海面上的大气边界层）等。海洋科学的研究内容，既有海水的运动规律，海洋中的物理、化学、生物、地质过程，及其相互作用的基础理论，也包括海洋资源开发、利用以及海洋军事活动所迫切需要的应用研究。这些研究与力学、物理学、化学、生物学、地质学以及大气科学、水文科学等均有密切关系，而海洋环境保护和污染监测与治理，还涉及环境科学、管理科学和法学等。世界大洋既浩瀚又相互连通，从而具有统一性和整体性，海洋中各种自然过程相互作用及反馈的复杂性，人为外加影响的日趋多样性，主要研究方法和手段相互借鉴、相辅而成的共同性等，促使海洋科学发展成了一个综合性很强的

---

① 冯士筰，李凤岐，李少菁.海洋科学导论[M].北京：高等教育出版社，1999：1.

科学体系。①

我国海洋工作者认为，中国海洋科学主要包括物理海洋学、海洋气象学、海洋生物学、海洋化学、海洋地质和地球物理学、海洋生物技术、海洋探测与监测技术、海岸带综合管理等。中国海洋技术主要包括海洋工程技术，海底矿产、海水、海洋生物、海洋能等资源的开发利用技术，以及海洋调查和观测技术等。中国海洋管理主要包括海洋管理体制、海洋法律法规、海洋规划、海洋功能区划、海洋政策、海洋权益、海域利用、海域勘界、海洋环境和海洋执法，以及海岛利用和保护等。②

根据国务院学位委员会、教育部印发的《学位授予和人才培养学科目录》，与海洋领域直接相关的一级学科有"海洋科学""船舶与海洋工程"和"水产"。截至 2022 年 10 月的统计数据显示，全国海洋领域相关本科涉及 14 个专业类。

四、海洋环境与陆地环境之间的异同 ③

海洋与陆地既有相同之处，也有很大的区别。海洋具有其独特的构造和功能，陆地环境管理方法在海洋中并不一定适用。

（一）海洋系统和陆地系统之间的相似点

在非常宽泛的概念层面上，海洋系统和陆地系统有一些相似之处：

两者都由相互作用的物理和生物成分组成，由太阳提供能量，供给几乎所有的生态系统；

两者都是由不同群落和物种占据的不同环境和栖息地的复杂混合；

---

① 冯士筰，李凤岐，李少菁. 海洋科学导论 [M]. 北京：高等教育出版社，1999：5.
② 郭琨，艾万铸. 海洋工作者手册 [M]. 北京：海洋出版社，2016：总目录4-8.
③ 马克·撒迦利亚. 海洋政策——海洋治理和国际海洋法导论 [M]. 邓云成，司慧，译. 北京：海洋出版社，2019：3-9.

海洋物种和陆地物种的多样性（物种数量）都随纬度显示出梯度，一般物种多样性随纬度降低而增加；

海洋和陆地生态系统中，生物活动的主要区域往往集中在表面区域附近（即海空交界面或陆空交界面）。

（二）海洋系统和陆地系统之间的不同点

海洋与陆地至少在 13 个方面存在较大的差异，包括：面积、物理性质、温度、光和垂直梯度、水的移动性和流体性、循环、初级生产、分类学、时间和空间尺度、对环境扰动的反应时间、边界、延经度方向的多样性梯度，以及更高分类水平上的多样性。

第二节　海洋和全球海洋治理的重要性

海洋为何重要？联合国的答案是："海洋驱动着多个全球系统，让地球变得适宜人类居住。我们的雨水、饮用水、天气、气候、海岸线、多种粮食，甚至连空气中供我们呼吸的氧气，从本质上讲都是由海洋提供和调控的。""海洋覆盖地球表面的近四分之三，约占地球全部水资源的97%，若以体积衡量，海洋占据了生物在地球上所能发展空间的99%。全球超过30亿人的生计依赖于海洋和沿海的多种生物。在全球范围内，海洋和沿海资源及产业的市场价值估计每年达3万亿美元，占全球GDP的5%左右。目前已知的海洋生物有20多万种，预计实际的数量则在这个数字的10倍以上。海洋吸收了约30%人类活动产生的二氧化碳，减缓了全球变暖的'步伐'。海洋蕴藏着世界上最丰富的蛋白质资源，超过30亿人口主要靠海洋为他们提供蛋白质。海洋渔业直接或间接雇用2亿多人。"迄今为止，人类对海洋的了解还远远不够，一般书籍和文章对海洋重要性的描述是：海洋是生命的摇篮，资源的宝库，交通的要道，风雨的故乡和气候的调节器。海洋对于人类社会的生存与发展具有十分重要的意义。

一、海洋是生命的摇篮

海洋是生命的摇篮，是生命的源头。海洋既孕育着万千水生生命，对陆上生命来说也至关重要，生命所必不可少的新鲜空气、洁净的淡水和适宜的温度皆与海洋密不可分。

海洋世界丰富多彩。海洋是地球上最大的生物栖息地。[1]海洋是地球

---

[1] 阿兰·P.特鲁希略，哈洛德·V.瑟曼.海洋学导论[M].张荣华，等译.北京：电子工业出版社，2017：2.

上最大的生物圈，孕育了地球上约 80% 的生命。1831 年，达尔文随"贝格尔"号开始了他的环球考察，并根据所见所闻完成了《物种起源》这部著作。达尔文在航海时，切身感受到生物的千姿百态、变化无穷，由此提出了生物形态不断进行多样性变化的进化论。从潮间带的小水洼到大面积的干涸区域乃至整个大洋等特定环境中栖息的生物群落与对其产生影响的温度、光照、海流等非生物环境所组成的功能性系统，我们称为生态系统，简言之，即"自然"。自然界中，生物可被分为生产者、消费者和分解者，三者相互配合，维持生态系统的运作。遗憾的是，我们对海洋生态系统、对海洋生物的种类及分布都还缺乏足够的认识，无法在质与量上对灭绝的物种进行评估。①

海水与其他液态物质相比，具有许多独特的物理性质，不仅影响海水自身的理化性质，而且导致海洋生物与陆地生物间存在诸多迥异。陆生生物的主要栖息地是森林。而在海洋中，任何深度都有生物存在。②海洋里种类繁多的植物、细菌和真菌等，组成了一个特殊的海洋食物网。再加上与之有关的非生命环境，形成了一个有机界与无机界相互作用与联系的复杂系统——海洋生态系统。③

海洋是一部高效的"制氧机"。海洋植物经光合作用每年产生氧气360 亿吨，占全球每年产生氧气总量的 70%。海洋是水源地，海洋表面每年蒸发 450 万立方千米的淡水，以降水形式返回地表，推动大气中的水分约每 10 天更新一次。④

---

① 大森信，碧昂丝·索恩－米勒. 海洋生物多样性[M]. 季琰，孙忠民，李春生，译. 青岛: 中国海洋大学出版社，2019: 001–003和007.

② 大森信，碧昂丝·索恩－米勒. 海洋生物多样性[M]. 季琰，孙忠民，李春生译. 青岛: 中国海洋大学出版社，2019: 007.

③ 冯士筰，李凤岐，李少菁. 海洋科学导论[M]. 北京: 高等教育出版社，1999: 5.

④ 蕾切尔·卡森. 海洋传[M]. 方淑惠，余佳玲译. 南京: 译林出版社，2010: 导读008.

二、海洋是资源的宝库

海洋蕴含着丰富的自然资源。按照不同的分类标准，海洋资源可以分为很多种类。

（一）海洋资源的主要种类

按照开发方式方法和用途的不同，海洋资源可被分为以下 5 类：

海洋空间资源，指海面、海洋水体和海床等自然空间。例如，最常见且被最多利用的海洋空间资源有海岸带、近海区域、全球海上航道、水下空间等。沿海国通常会制定海岸带或其管辖下海域空间的开发利用规划。

海洋渔业资源，是指海洋里具有开发利用价值的鱼纲动物。联合国粮食及农业组织（简称粮农组织）发布的《2022 年世界渔业和水产养殖状况》报告中，将"渔业生产"定义为：包括通过渔业活动获取的所有水生动物（鱼类、甲壳类动物、软体动物和其他水生动物）、植物和微生物。我国农业农村部渔业渔政管理局在《全国渔业经济统计公报》中，将"海洋捕捞"的渔业资源分为鱼类、甲壳类、贝类、藻类、头足类。根据粮农组织《2022 年世界渔业和水产养殖状况》概要统计：2020 年，世界海洋渔业捕捞量为 7880 万吨，不含海带等藻类。有鳍鱼类约占海洋捕捞总产量的 85%。四个最高价值类别是金枪鱼、头足类、虾和龙虾。海洋渔业资源对人类来说意义重大，它是人类很重要且优质的蛋白质来源之一，更是许多小岛屿国家和发展中沿海国家蛋白质和粮食的主要来源。

海洋矿产资源，又名海底矿产资源，是海滨、浅海、深海、大洋盆地和洋中脊底部的各类矿产资源的总称。按矿床成因和赋存状况分为：一是砂矿，主要来源于陆上的岩矿碎屑，经河流、海水（包括海流与潮汐）、冰川和风的搬运与分选，最后在海滨或陆架区的最宜地段沉积富集而成。如砂金、砂铂、金刚石、砂锡与砂铁矿，及钛铁石与锆石、金红石与独居石等共生复合型砂矿。二是海底自生矿产，由化学、生物和热液作用等在海洋内生成的自然矿物，可直接形成或经过富集后形成。如磷灰石、海绿石、重晶石、海底锰结核及海底多金属热液矿（以锌、铜为主）。三是海底固结岩中的矿产，大多属于陆上矿床向海下的延伸，如海底油气资源、硫矿及煤等。在海洋矿产资源中，以海底油气资源、海底锰结核及海滨复合型砂矿经济意义最大。几个世纪以来，人们一直在内海和近岸地区开采金、锡、钻石、沙子和砾石。随着采矿和航运技术的改进，勘探和开发已向外海辐射，一直延伸到大陆架。据估计，深海地区（大陆架以外）蕴藏着丰富的矿产资源。过去 60 年，为应对未来全球矿产资源短缺问题，人们开始关注富含矿物质的深海。然而，由于金属回收率的提高、工业流程的改进以及新的陆地被发现，这种短缺并未发生。这使得商品价格并未高到使深海采矿在经济上具有吸引力的程度。近年来，中国和印度的快速工业化改变了这一平衡。矿产价格已经上涨到商业深海采矿可能盈利的地步，基于对陆上矿藏储量的预测，长期的需求表明，开采富含锌和银的海洋矿藏有在未来某一时间在商业领域发生的可行性。[①]

海洋油气资源，指蕴藏在海底的、由地质作用形成的、具有经济意义的烃类矿物聚集体，一般包括石油、天然气和天然气水合物（又称可燃冰）等。20 世纪 30 年代，在墨西哥湾首先开始了海上石油钻探。而随着极地地区海冰的消融，为石油的勘探和开发开辟了新区域，石油产量可能继续增加。近几年来，全球海域油气勘探开发步伐明显加快，海上

---

① 马克·撒迦利亚. 海洋政策——海洋治理和国际海洋法导论[M]. 邓云成，司慧，译. 北京：海洋出版社，2019.

油气新发现总储量超过陆地，储产量稳步增加，已成为全球油气资源的战略接替区。随着技术与装备的进步，勘探与开发成本下降，海域油气业务发展迅速，墨西哥湾等重点海域作业水深纪录被不断刷新，全球海域油气已逐步进入深水开发阶段。截至2020年底，全球海域油气田数量为5742个（油田为2854个，气田为2888个），主要分布于95个国家。中东、非洲、亚太地区以天然气为主；美洲地区以原油为主。全球海域油气经济剩余可采储量560.26亿吨油当量，技术剩余可采储量1479.27亿吨油当量。其中，原油经济剩余可采储量297.71亿吨，技术剩余可采储量572.64亿吨；天然气经济剩余可采储量31.09万亿立方米，技术剩余可采储量107.37万亿立方米。

海洋可再生资源，又称海洋可再生能源，是指海洋中蕴藏的依附于海水的可再生自然能源，主要包括以海水为基本载体的潮汐能、波浪能、海流能（潮流能）、温差能和盐差能，也包括海上风能、海上太阳能和海洋中的生物质能。[①]20世纪以来，人类对能源的需求越来越大，对环境的要求越来越高，可再生能源便应运登上了历史舞台。可再生能源主要包括太阳能、风能、水能、生物质能、地热能和海洋能等。随着海洋技术的进步和海洋产业的发展，人们深入开发利用海洋可再生能源的水平不断提高。20世纪70年代以来，随着世界煤炭和油气等化石能源供需矛盾的加剧，人类的工业化进程导致温室气体过量排放，引起全球气候变化加剧。发展可再生清洁能源，减少碳排放，成为全球许多发达国家和发展中国家的基本国策。20世纪90年代，丹麦建成第一个海上风电场。海洋可再生能源作为可再生清洁能源的重要组成部分，已成为当今

---

① 于华明，刘容子，鲍献文，等. 海洋可再生能源发展现状与展望[M]. 青岛: 中国海洋大学出版社，2012.

许多沿海国家能源战略的重要内容。全球风能理事会发布的《2022年全球风能报告》显示，2021年，全球海上风电新增装机容量21.1吉瓦，同比增长2倍，创历史最大增幅。全球海上风电将持续保持强劲增长势头。根据报告，2021年全球风电新增装机总量中，海上风电占比22.5%。全球海上风电累计装机容量达57吉瓦，中国成为海上风电累计装机规模最大的国家。根据彭博新能源财经公布的数据，2021年全球风电整机制造商排名中，中国风电整机制造商占据了前10名中的6席。全球海上风电发展潜力巨大。世界银行数据显示，全球可用的海上风电资源超过7.1万吉瓦。《2022年全球风能报告》称，未来5年全球海上风电年均复合增长率预计达8.3%，2022年至2026年累计新增装机量将超90吉瓦。海上风电具有发电利用效率高、不占用土地资源、适宜大规模开发、风机水路运输方便、靠近沿海电力负荷中心等优势。在当前各国纷纷寻求能源转型及碳中和的背景下，多国相继推出海上风电扩大发展计划。英国、德国、法国、荷兰等欧洲国家均计划到2030年新增数十吉瓦的装机量。美国计划到2030年累计装机30吉瓦。在亚洲，韩国、日本、越南等国近年来加快布局，到2030年计划装机量合计将超过25吉瓦。

（二）海洋经济产业门类

海洋经济是国民经济的重要组成部分。根据海洋经济活动的性质，我国将海洋经济分为海洋经济核心层、海洋经济支持层、海洋经济外围层。在产业分类层面，新版的《海洋及相关产业分类》（GB/T 20794-2021）于2022年7月1日起正式实施。该标准以《国民经济行业分类》（GB/T 4754-2017）为依据，将海洋经济划分为海洋产业、海洋科研教育、海洋公共管理服务、海洋上游产业、海洋下游产业等5个产业类别，下分28个产业大类、121个产业中类、362个产业小类。据《2021年中国海洋经济统计公报》的初步核算，2021 年我国海洋经济总体运行情况良好。2021 年全国海洋生产总值首次突破 9 万亿元，达 90385 亿元，比上年增长 8.3%，对国民经济增长的贡献率为 8.0%，占沿海地区生产总值的 15.0%。其中，海洋第一产业增加值 4562 亿元，第二产业增加值 30188 亿元，第三产业增加值 55635 亿元，分别占海洋生产总值的 5.0%、33.4% 和 61.6%。2021 年，我国主要海洋产业增加值 34050 亿元，比上年增长 10.0%，产业结构进一步优化，发展潜力与韧性彰显。海洋电力业、海水利用业和海洋生物医药业等新兴产业增势持续扩大，滨海旅游业实现恢复性增长。海洋交通运输业和海洋船舶工业等传统产业呈现较快增长态势。

三、海洋是贸易和交通的通道

海上航运是人类利用海洋最古老的方式之一。数千年来，海运的整体功能并没改变，仍是远距离运输货物最经济有效的方式。在沿海国沿岸海域和世界大洋里，分布着许许多多的海上航道。这些海上航道是全世界的"大动脉"，为人类生活和社会经济发展输送着生活、生产所需的各类货物。海上运输承担了 80% 至 90% 的国际贸易货物量。海上运输已成为全球化的支柱，国际海运业的发展能够促进世界贸易的新增长。目前，由 35 个国家控制着全球 95% 的海运船队。自 2000 年以来，中国引领着世界海运业的增长。中国是世界造船和航运大国。数据显示，中国集装箱港口码头长期占据世界排名前 10 位中的 7 个，包括上海、宁波—舟山、深圳、广州、青岛、天津、中国香港。

四、海洋是风雨的故乡和全球气候的调节器

海洋在地球气候的形成和变化中的重要作用已越来越被人们所认识，它是地球气候系统最重要的组成部分。全球气候及天气变化与海洋密切

相关，海洋通过水分及热量的转移与大气发生相互作用和影响。20 世纪
80 年代科学研究就表明，海洋与大气之间的相互作用是气候变化问题的
核心内容。海洋在调节全球气候上起着不可替代的作用。海洋是驱使大
气运动的主要能量供应者和调节器，海—气之间的热交换过程，主要是
海洋向大气输送热量的过程。这种热交换，促使大气运动、海面蒸发、
水汽输送等活动的产生。全球海洋吸收的太阳辐射量约占进入地球大气
层的总太阳辐射量的 70%，有效地调节了地表温度的变化。海洋对气候
变化起着缓冲器的作用，调节不同维度上温度的差异，延迟或减缓气候
的剧烈变化。海洋调节赤道与两极地区的气候，同时，在全球大洋中不
停涌动的洋流，重新分配了地表热能，减小了高低纬间的温差。海洋是
生生不息的生物泵，是氧气的制造者。海洋是"地球的肺"，是二氧化碳
的储存器，是地球大气系统中二氧化碳最大的汇集地。海洋消化了大约四
分之一由燃烧化石燃料和砍伐森林而产生的二氧化碳，并"捕获"了随之
产生的 90% 的额外热量，减缓了地球表面温度上升的速度。经生物作用，
一部分碳被固定与沉降在海水中和海底。

目前，我们只是以人类为中心的视角去看待海洋。我们现在所看到
的海洋，犹如我们在海面上看到的冰山，只是真实海洋的一部分而已。
"海洋中的现存生物名录整理至今尚未完成，海洋中到底有多少生物种类
尚不明晰。"无论在深海还是在浅海区域，从某些已发现的海底沉积物中
发现的生物仍有 50% 至 80% 是未知物种。我们必须转换视角，进一步加
强海洋科学调查和研究，努力反映海洋世界的真实景象，才能制定出有
效的海洋治理举措，这是人类的共同使命。

受人类活动和自然因素共同影响，近百年来，全球正经历着以变暖
为显著特征的气候变化，海温持续增高、海洋酸化加剧、海平面加速上

升、极端海洋气候事件强度加大等，对自然生态环境和人类经济社会发展产生了广泛的影响，引起当今世界的高度关注。国际组织和各国政府相继发布气候变化评估报告和年度气候状况报告，全面评估气候变化的现状、潜在影响以及适应和减缓的可能对策。

五、全球海洋治理是全球治理的重要组成部分

自 20 世纪 80 年代以来，随着全球治理的兴起和发展，全球海洋治理得以快速兴起和发展。西方发达海洋国家与广大发展中沿海国、传统海洋强国与新兴大国在全球海洋治理体系中的角色定位及所发挥的作用，是推动全球海洋治理体系变革的决定性因素。

全球的海洋是相通的，海水在全球各地流动着、混合着，源自任何地方的海洋污染都可能在其他地方出现。海洋的麻烦就是人类的麻烦。人类的健康、经济的繁荣和气候的稳定在很大程度上取决于一个健康的海洋。一个健康的海洋意味着一个健康的星球——一个能够更好地保护所有依赖于它的生物的星球。为此，联合国以及沿海国政府一直在呼吁公众关心海洋，树立良好的环保意识，实现产业结构升级，倡导健康的生活方式，呼吁国际社会各界行动起来，通过多种方式和途径，开展全球海洋治理，共同维护海洋的可持续发展。从国际政治角度看，以 20 世纪七八十年代召开的世界环境与发展大会和第三次联合国海洋法大会为主要标志，人类全面迈入重视并积极推动全球治理和全球海洋治理的时代。

全球海洋治理是全球治理的一个重要组成部分。人类社会和经济的可持续发展与海洋密不可分。如果我们想解决一些极具代表性的问题，如气候变化、粮食不安全、疾病和流行病、日益减少的生物多样性、经济发展不平衡等，乃至国际冲突，必须现在就采取行动，保护我们的海洋。而发展综合的、可持续的海洋治理体系有利于平衡对海洋的利用和对海洋

的保护，同时这也是国际社会面临的一项非常必要和紧迫的任务。

全球海洋治理问题的提出，其根本动因是国际社会共同面临着越来越多的跨界、跨领域的海洋问题。这些问题仅凭任何一个国家的力量都无法独自应对和解决，需国际社会开展合作，共同采取有效行动去应对。自 20 世纪 50 年代末以来直至 90 年代，以联合国主导通过的日内瓦海洋法四公约和《联合国海洋法公约》，以及国际海事组织（International Maritime Organization，IMO）主导下的防止海洋污染的一系列公约等为核心的全球海洋法律制度得到快速发展。这些国际海洋公约在全球海洋治理进程中占据着重要地位。一方面，这些公约是各国在许多海洋重大问题中达成的最大共识，构成了现代海洋秩序的基本框架及核心内涵；另一方面，这些公约也为全球海洋治理体系提供了国际法依据和基本方向指导。

习近平主席提出的"海洋命运共同体"理念，不仅厘清了我国海洋发展与国际海洋发展的关系，而且为全球海洋治理贡献了中国智慧、中国方案。中国虽然面临着复杂的周边海洋局势，但是一直以来，中国都奉行多边主义，积极参与和推动全球海洋治理，先后提出了建设"21 世纪海上丝绸之路"构建"海洋命运共同体"等倡议，积极开展海洋国际合作，不断推动与各方建立蓝色伙伴关系，推动构建和平稳定、公平正义的海洋秩序。

虽然海洋上存在着诸多争端，其中包括海洋地缘政治博弈（例如，海洋强国和大国之间对于海上秩序主导权或局部海域军事控制权的争夺），沿海国之间海洋权益之争（例如，关于岛屿归属、海洋划界和海洋自然资源开发等权益和利益的争端），但这些争端的解决主要依赖当事国之间的利益协调，本质上属于双边解决的问题，不属于本书所讨论的全球海洋治理的范畴。

01

第一章
全球治理的相关理论

冷战结束后，全球化以前所未有的势头席卷世界，伴随着信息技术的快速发展及其全球性的广泛普及应用，出现了诸多全球性问题。这些全球性问题和挑战跨越国界，关系到整个人类的生存与发展，绝非仅凭一国之力所能应对的，需国际社会共同行动。正是在这样的时代背景下，全球治理成了一个热议的话题。学界对全球化的起始时间有许多不同的看法，但全球问题学始于罗马俱乐部，国内外对此有比较一致的看法。全球治理学是20世纪90年代全球化与全球治理不断深入与扩展的产物，它在保持全球问题研究传统的同时，加强了对全球化、全球治理、全球性的理论探讨。全球治理的实践范围不断扩大，以联合国等政府间国际组织、区域性组织和众多非政府组织为引领，全球治理领域日益拓展，发展的步伐也越来越快，关于全球治理的理论研究也越发活跃和深入。全球治理已经成为世界政治的重大议程，也成为许多学科研究的重要内容。

第一节　全球化进程

"全球化"（globalization）一词，是一种概念，也指人类社会发展的一种现象、一个过程。通常意义上的全球化是指全球联系不断增强，人类生活在全球规模的基础上发展及全球意识的崛起；国与国之间在政治、经济贸易上互相依存。

当今世界已经迈入真正意义上的全球化时代。从人类交往历史看，1492年哥伦布远航美洲使东西两半球会合，全球化便开始了，距离现在已经530多年。但是，在过去的500多年里，国际秩序和治理主要以主权国家为中心和主要行为体，主要矛盾也是源于民族利益的碰撞、宗教的传播、文化的渗透……总之，还只是局部力量的会合而引起的某些领域的冲突和融和。过去的500多年里，人类所共同面临的问题和挑战主要是如何应对和解决国家之间，或者说是人与人之间的矛盾和冲突。但是，现在人类所共同面临的问题和挑战，除了上述的这些不仅未能完全解决而且不断加剧的传统矛盾和冲突之外，还出现了新的一类难题，那就是人与自然之间的问题，即人类生存与自然环境恶化、与全球气候变化、与全球海平面上升等之间的矛盾。这些新出现的问题，具有超国家的、超国界的、全球性的影响力，变成了全球性问题。当然，还陆续出现了许多问题的全球化，诸如移民问题的全球化，核武器以及其他大规模毁灭性武器扩散对全人类造成的威胁，毒品买卖与犯罪活动的全球化……这些问题事关人类共同前途和命运，引发国际社会共同关注，国家之外的越来越多的力量纷纷出现，加入探讨需求、提供应对之策和解决之道的行列，开启了当代全球治理的新篇章。

自20世纪80年代以来，国内外学界对全球化问题开展了许多研究，我国较早开始研究全球化理论问题的孙国强将全球化理论流派分为九种。①尽管学界对全球化的相关理论做了如此多的研究，但是，迄今为止，对于全球化的定义、全球化的历史始于何时、全球化历史演变经过几个阶段等诸多理论与实践问题，国内外学者仍有许多不同的观点。

一、关于全球化历史演变的理论

"全球化"一词究竟何时产生，现已无从稽考。我们只知道，当代的全球性问题的研究始于 20 世纪 60 年代末着手、70 年代初面世的著名的"罗马俱乐部报告"——《增长的极限》和《人类处在转折点》。②

许多全球化问题研究专家从历史范畴的角度，将全球化划分为了若干历史阶段（详见表 1-1）。

表1-1　中外知名学者对全球化历史阶段的划分

学者/机构	历史阶段	历史阶段划分及其特征	出　处
杰弗里·萨克斯	七阶段论（"七个时代"）	旧石器时代：公元前 7 万年至公元前 1 万年； 新石器时代：公元前 1 万年至公元前 3000 年； 骑马时代：公元前 3000 年至公元前 1000 年； 古典时代：公元前 1000 年至公元 1500 年； 海洋时代：1500 年至 1800 年； 工业时代：1800 年至 2000 年； 数字时代：21 世纪。	[美]杰弗里·萨克斯.全球化简史[M].长沙：湖南科学技术出版社，2021：001-004.

---

① 孙国强. 全球学[M]. 贵阳：贵州人民出版社，2008：31-32. 需说明的是，在该书原文中，上下文的数据不一致，原文先是"本书将全球化理论分为以下八种"，但紧接下来的内容中却从"第一"罗列到了"第九"。

② 王逸舟. 当代国际政治析论（增订版）[M]. 上海：上海人民出版社，2015.

续表

学者/机构	历史阶段	历史阶段划分及其特征	出 处
戴维·赫尔德	四阶段论	前现代的全球化：大约开始于11000年至9000年前，欧亚大陆、非洲以及美洲大陆出现了分散的定居农业文明中心； 现代早期的全球化：大约在1500年至1850年之间，欧洲的政治和军事扩张，全球流动和相互联系的强度显著提高，制度化和正规化建设有所加强； 现代的全球化：大约在1850年至1945年之间，欧洲的政治和军事的全球扩张，西方世俗话语和意识形态的全球传播，制度化水平更高； 当代的全球化：1945年以后，全球流动及其影响史无前例，全球化模式实现了历史性汇合与集中。	[英]戴维·赫尔德，等.全球大变革：全球化时代的政治、经济与文化[M].杨雪冬，等译.北京：社会科学文献出版社，2001：574-602. 孙国强.全球学[M].贵阳：贵州人民出版社，2008：66.
罗兰·罗伯森	五阶段论	萌芽阶段：从15世纪初期到18世纪中期，民族国家共同体开始成长； 开始阶段：从18世纪中期到19世纪70年代，以民族国家、国际关系、个人观念、人类意识为四个维度划分，形式化的国际关系概念成形，法律公约和机构迅速增加，民族国家与国际主义问题成为讨论的主题； 起飞阶段：从19世纪70年代延续到20世纪20年代，全球化倾向已成为不可抗拒的形势，全球交往形式和数量急速增多，全球性竞赛形成，第一次世界大战爆发； 争霸阶段：从20世纪20年代中期到60年代后期，国际联盟及之后的联合国确立，民族独立原则确立，第三世界成形； 不确定阶段：从60年代后期开始，并在90年代初显示出危机趋势，全球意识增强，冷战终结，全球性机构和运动的数量大大增加，对人类共同体的关注大大增强，世界公民社会兴起，全球环境问题日益突出。	[美]罗兰·罗伯森.全球化：社会理论和全球文化[M].梁光严，译.上海：上海人民出版社，2000：84-86. 孙国强.全球学[M].贵阳：贵州人民出版社，2008：66.

学者/机构	历史阶段	历史阶段划分及其特征	出　处
詹姆逊	三阶段论	市场资本主义阶段：包括民族国家内的市场整合； 帝国资本主义阶段：资本主义国家建立殖民地，以攫取原料供应者和国际市场； 跨国资本主义和消费资本主义阶段：为资本主义扩张建立一个新的整合的全球空间，通过扩张个体的欲求来扩张世界。这一阶段也称"晚期资本主义"阶段。	孙国强.全球学[M].贵阳：贵州人民出版社，2008：67.
蔡拓	四阶段论	全球化的渊源与萌芽期：15世纪之前的全球化，出现了帝国、疾病、贸易和宗教等的跨国、跨地区传播以及人口迁移等全球化萌芽； 全球化的成长期：15世纪至19世纪70年代，地理大发现、工业革命、资本主义兴起和发展，为世界经济的诞生奠定了基础，人类社会进入"世界历史"，全球化在流动性、联系性、网络化、制度化等方面都有长足发展与进步。该阶段最突出的特征是帝国霸权、欧洲中心、精英色彩远为不足等； 全球化的成形与反复期：19世纪70年代至20世纪70年代，既是全球化最终成形，又是两次世界大战和经济大萧条导致全球化大反复和大曲折的时期； 全球化的提升与变革期：20世纪70年代至今。	蔡拓.全球学与全球治理[M].北京：北京大学出版社，2018：36-37.
孙国强	三阶段论	全球化的史前期：从人类走出洞穴至资本主义产生之前； 全球化的历史期：从资本主义产生到1991年冷战结束，资本主义的世界性历史时期； 全球化的现代及未来期：从1991年冷战结束一直到可以预见的未来，如今还在进一步的变化和发展中。	孙国强.全球学[M].贵阳：贵州人民出版社，2008：第67-68.

续表

学者/机构	历史阶段	历史阶段划分及其特征	出 处
杨雪冬	三阶段论	第一阶段：15世纪全球化进程起源到19世纪70年代大英帝国霸权的确立，单一中心对多中心的侵蚀和单一中心确立阶段；第二阶段：从1880年到1972年美元本位的终止，单一中心的维持与更迭阶段；第三阶段：20世纪70年代至今，多中心的复兴和单一中心的衰落阶段。	杨雪冬，王列.关于全球化与中国研究的对话[J].当代世界与社会主义，1998（3）.转引自胡元梓，薛晓源主编.全球化与中国[M].北京：中央编译出版社，1998：4-5.

　　上述学者都从人类社会发展的历史进程角度，将全球化看作历史范畴内的概念。不过他们对于全球化的历史起点的判定各有不同，例如，有学者认为从人类产生起就有了全球化；还有多位学者认为全球化始于15世纪地理大发现，以早期的资本主义对外扩张为标志。当然，其他学者也有不同的观点。例如，有的学者把全球化当作一个现代现象，认为全球化是20世纪90年代最新的全球性趋势。[1]肯尼思·华尔兹在1999年12月出版的《政治科学与政治》杂志上发表的题为"全球化与治理"的文章，认为全球化是20世纪90年代涌动的趋势，它起源于美国，"自由市场、透明度和创新性"成为主要口号；全球化不是一种选择，而是一种现实；全球化不仅仅是一种现实的现象，也是一种对未来的预测。[2]

　　我国有些学者从历史观角度对全球化进行阐述，没有对全球化进程进行历史阶段的划分。例如，王逸舟认为尽管全球化问题刚刚提上议事日程，但它事实上是一个长久历史进程的晚近形态；换句话说，我们现在所看到的那些突出的，有时积极有时消极的问题，不过是人类进入特

---

[1] 侯若石.经济全球化与大众福祉[M].天津：天津人民出版社，2000：76.转引自蔡拓.全球学与全球治理[M].北京：北京大学出版社，2018：第73页脚注③.

[2] 孙国强.全球学[M].贵阳：贵州人民出版社，2008：41-42.

定发展阶段的最新表现形式。这个新发展阶段，被越来越多的学者及政治家称为"全球化阶段"。李慎之先生指出，全球化过程应该从 1492 年哥伦布发现美洲算起。在那一年，从 200 万年前诞生以后就分散到世界各地，而且互相隔绝的人类实现了最初的会合，随之而来的是探险的热潮（地理大发现）与贸易的热潮（商业革命），终于导致了工业革命和资本主义的产生和发展。世界上的各个部分从此走上了马克思恩格斯所说的"相互依存与航行作用"越来越紧密的时代。换句话讲，距今 500 年以前，世界不同地域、不同肤色的人们第一次准确无误地认识到，自己同那些与本族不同的人群是居住在同一个圆球上的。从此，人类间的交往和个体心态都打上了全球化的烙印。它事实上提醒人们：你不可以在丝毫不考虑外部因素对你的影响和你的行为对外部世界的影响的情况下生存和发展。[①]

还有一种观点将全球化分为历史上的全球化与当代全球化，认为历史上的全球化始于 15 世纪地理大发现，终点是 20 世纪 60 至 70 年代，而后至今则为当代全球化。[②] 此外，在全球化理论研究中，还衍生出了"全球化史"的理论，引出了"全球化史"（global history）与"世界史"（world history）的异同之辩。[③]

二、全球化的概念和定义

关于全球化的争论也是全球治理理论兴起的一个重要根源。全球化是一个可以从多角度辨识、探讨和认知的概念，不存在唯一的"正确说法"。目前，提到"全球化"概念的文章有很多，至少在国际关系领域，

---

① 王逸舟. 当代国际政治析论[M]. 上海：上海人民出版社，2015：6-7.
② 蔡拓. 全球学与全球治理[M]. 北京：北京大学出版社，2018：75-76.
③ 羽田正. 全球化与世界史[M]. 孙若圣，译. 上海：复旦大学出版社，2021.

几乎没有一本杂志不谈全球化问题，但究竟何为"全球化"，人们并没有统一的尺度，10 篇论文可能有 9 个定义。经济学家、社会学家、文化学家、政治学家、历史学家、军事家和政治家……各自都可以从不同专业角度去理解和解读这一概念。全球化的复杂性、多面性和不确定性，决定了全球化概念的多维度性。[①]全球化概念的混乱，一方面是客观的全球化进程的复杂性所造成的；另一方面是主观上形成的全球化话语的复杂性所造成的。德国学者于尔根·费里德里希曾经尖锐地指出，因为全球化成了一种用以描述任何一种方式的国际关系和市场的国际化的标签，所以，全球化概念就有了多重的含义，没有统一的意义。[②]中外学者们对全球化给出了不同的定义。

西方学者中，有的只对全球化概念进行多维度的表述，并不对全球化进行定义。例如，肯尼思·华尔兹认为，全球化是指同质化，即价格、产品、工资、财富、利润趋于接近或一致；全球化也指跨国发展条件的相近或一致；全球化实际上并不是完全"全球的"，它主要是指地球南北关系中的北方；可悲的是，南方与北方的差异仍然很大；20 世纪是民族国家的世纪，21 世纪同样也是，这是全球化条件下治理的出发点；在过去的时代里，是"强者消灭弱者"，弱肉强食；在经济全球化时代里，"快者为王，慢者为寇，败者遭殃"；在全球化条件下进行治理，互相依存再次与和平联系在一起，而和平又日益与民主联系在一起。詹姆斯·密特曼认为需结合以下方面综合表述全球化概念：全球化代表一个历史阶段，它不断地排除人员及其观念自由流动的屏障，把许多不同的社会融入一个体系；全球化实际上是全球政治经济共同化的商品化形式的深化，是一种"市场

---

① 王逸舟. 当代国际政治析论[M]. 上海：上海人民出版社，2015：6-7.
② 孙国强. 全球学[M]. 贵阳：贵州人民出版社，2008：56.

乌托邦"；全球化是不同的跨国过程和国内结构的结合，导致一国的经济、政治、文化和思想向别国渗透；全球化是"一种市场导向、政策取向的过程"；全球化是减少国家间隔阂，增加经济、政治、社会互动的过程，反映为相互联系、相互依存的不断加强；全球化强调时间和空间的压缩，时间和空间的旧模型开始改变，直接推动世界范围内社会关系的强化。密特曼强调，他的全球化核心观点是，"全球化不是单一的综合现象，而是过程和活动的综合化"。"综合观"这个词意指全球化的多层面分析——经济、政治、社会和文化的综合分析。全球化是在全球政治经济框架内人类活动环境特征的最高模式。密特曼认为，从根本上说，全球化是"世界范围内的互动体系"，本质是全球政治经济共同化的趋势。全球化涉宏观区域、次区域、微观区域，也涉及市民社会对这一趋势的积极的或消极的反应。同时，全球化也反映了其对上述区域和社会的正面的或负面的影响。罗西瑙在《没有政府的治理：世界政治中的秩序与变革》一书中，引入了几个相互之间可以通用的概念，包括"国际治理""世界政治治理""世界范围的治理""国际秩序的治理"或"全球秩序的治理"。当他探讨全球生活、全球变革的集约或微观层面的时候，才开始使用"全球治理"这一用语，强调从多个方向重构权威的大趋势。威斯特伐利亚体系或领土国家体系不再是当代全球治理的唯一形式或主要依据。数不胜数的各种治理形式已经渗透到全球生活的框架之中，而且不断增加和变化。全球治理概念所指的不是某一清晰的全球生活领域或层面，也不可能由任何专门的组织来包办。相反，它是全球生活的一个视角，一个为便于理解全球生活的高度复杂性和多样性而设计的有益视角。①

---

① 马丁·休伊森，蒂莫西·辛克莱，张胜军. 全球治理理论的兴起[J]. 马克思主义与现实，2002. 转引自陈家刚. 全球治理：概念与理论[M]. 北京：中央编译出版社，2017：27.

西方学者中有人尝试对全球化做出定义。例如，赫尔德给出了两个相近的定义。一个是全球化可以被看作"一个（或一组）体现了社会关系和交易的空间组织变革的过程——可以根据它们的广度、强度、速度以及影响来加以衡量——产生了跨大陆或者区域间的流动和活动、交往以及权力实施的网络"。另一个是"全球化指人类组织规模的变革或转变，使得遥远的共同体通过航行相互联系，并在全世界扩大权力关系的影响力。"

我国学者在全球化概念方面也有多种观点，与西方学者不同的是，我国学者一般习惯于给出一个简洁的定义。例如，孙国强认为全球化是人类历史上出现的一种全新的历史状态和趋势，在新的多元化和全球问题的基础上，产生出了全人类社会的共同利益，我们每一个人的利益也包含其中。同时，这是一个充满了斗争、曲折、复杂和风险以及希望的漫长的历史转型过程，它仅仅是开始。在上述分析的基础上，他给全球化做出了简洁的定义：狭义的全球化是指从孤立的地域国家走向国际社会的过程；广义的全球化是指在全球经济、文化日益发展的情况下，世界各国之间的影响、合作、互助日益加强，使得其具有共性的政治、经济、文化样式，逐渐普及推广成为全球通行标准的状态和趋势。蔡拓明确地指出，全球化的复杂性、多面性和不确定性，决定了全球化概念的多维度性。换言之，任何试图从单一的角度和层面去理解、概括全球化的做法都是不可取的。全球化概念的内涵应包括如下几个维度：时空、经济、文化、社会、国家、权力、冲突、治理和过程等。在综合这些因素的基础上，蔡拓将全球化定义为："全球化是指当代人类社会生活跨越国家和地区界限，在全球范围内展现的不断增强的、全方位的交往、联系、流动与相互影响的客观进程和趋势，并导致人类社会关系、社会组织、生活方式从国家性向全球性（从国家坐标向全球坐标）的根本性变革。"①

除了学术界对全球化的起源和定义进行了研究之外，政府部门也同样关注全球化问题。美国国家情报委员会于 2003 年发表了题为"大趋势——2020 年的世界"的报告，对全球化的影响和未来前景提出了五个结论：一是全球化是一个不可逆转的"主导潮流"，但归宿尚未确定；二是全球化所带来的利益不会全球均分，全球化的受益者将逐渐集中到那些能够接触和采用新技术的国家和集团；三是中国和印度完全能够成为技术领先者，并可能通过跳跃式的发展超越美国和欧洲；四是全球化经济发展将增加对能源和原材料的需求，由此引发的资源竞争将成为关键的不确定因素之一；五是一般人可能会将全球化视为一个亚洲崛起的过程，不过这取决于亚洲国家能在多大程度上决定新的游戏规则。该报告还列出了影响全球化进程的十大因素。

综合国内外各种学说，本文将全球化定义为：全球化是表现世界部分地区的实践、决策和行动可以对遥远的世界其他地区产生重大影响的一个过程，这种影响效果可能体现在作用范围上，也可能体现在强烈程度上。全球化的本质有两条：其一，把人类作为一个整体来审视、分析、处理人类面临的各种问题，这是一种思维方式的根本转变；其二，承认存在着超民族、超国家的人类共同利益。

全球化进程的加速及其对传统国家主权的冲击，是全球治理变得日益重要的主要原因。② 从 20 世纪 70 年代以来，相互依赖的增强和技术

---

① 蔡拓. 全球学与全球治理[M]. 北京：北京大学出版社，2018：58-62.
② 俞可平. 全球治理的趋势及我国的战略选择[J]. 国外理论动态，2012（10）. 转引自陈家刚. 全球治理：概念与理论[M]. 北京：中央编译出版社，2017：4.

的飞速发展逐渐让人们认识到，仅凭单个国家的力量无法解决许多问题。现有的全球性治理机制、治理手段存在明显的局限。全球化带来的跨界和全球性问题，无法依赖具有自我利益的国家单独加以解决，而是需要国家之间以某种新的形式加以应对。全球化既不是步调一致的，也不是均匀同质的，但不可置疑的是，它正在加快并强化各个层次的经济和社会互动。尽管全球化历史悠久，但就规模、强度和形式来说，当前的全球化与以前的全球化截然不同。"当代全球化开辟了人类历史的新纪元……其深远影响堪比工业革命和 19 世纪的全球帝国"。①

三、全球化与国际化的概念辨析

"全球化"与"国际化"是两个容易混淆的术语。在日常使用中它们可以替换使用。但是，在研究全球化问题的知名学者们看来，这是两个具有不同内涵的词语，绝不应该被混用。

孙国强认为，"国际化"是从过去的国际关系，即各主权国家之间的相互关系的地缘政治角度来定义的。换句话说，国际化只是各个民族国家为界定国际关系而创造和组织的一个体系，而"全球化"则似乎有超越民族国家的含义。从这个意义上讲，国际化只是全球化的基础，绝不是全球化。二者之间无论如何不能画等号。

王逸舟特别强调指出，"全球化"不等于"国际化"。全球化的意义在于：它是对传统的国际关系、对国家主权及其他权利、对以国界标示人群活动区域的规则的一种深入持久的挑战。"国际化"命题的重点在以民族国家为主体的国家间交往上，"全球化"思想瞄准的不仅是跨边界、跨地区的过程，它更强调非国家的国际主体的行为和全球共同规范的作用。

---

① 托马斯·G. 怀斯，张志超. 治理、善治与全球治理：理念和现实的挑战[J]. 国外理论动态，2014（8）. 转引自陈家刚. 全球治理：概念与理论[M]. 北京：中央编译出版社，2017：17.

从时序上讲，"国际化"是"全球化"的必由之路，"全球化"是"国际化"的最终结果；总是先有"国际主义"，才有可能谈论"全球主义"。

有些学者将国际治理与全球治理看作国际社会治理的两个历史阶段。美国学者奥兰·扬和英国思想家巴里·布赞都认为全球治理的历史源远流长，经历了一系列具有阶段意义的历史变迁，有其发生、发展的历史渊源。奥兰·扬提出了一个治理模式变迁的历史谱系，即"部落组织模式、中世纪组织模式、主权国家组织模式和全球雏形模式"。巴里·布赞则提出了"原始部落、帝国、现代国家、全球社会"的历史模式。我国学者赵可金从历史渊源角度，将国际社会治理划分为：部落治理、公社治理、城邦治理、帝国治理、国际治理、全球治理。其中，在国际治理的模式下，主权国家是国际社会的唯一行为体，该模式由威斯特伐利亚体系、维也纳体系（又称欧洲协调）、凡尔赛—华盛顿体系（国际联盟）、雅尔塔体系（联合国体系结合布雷顿森林体系）构成。16、17世纪以民族国家为单位的国际体系才基本形成，以主权国家为分析单位的威斯特伐利亚体系成为国际政治的基本分析范式，此为"国际治理"。"冷战结束后，随着全球化和信息革命的发展，全球治理发展迅速，治理实践不断扩大，治理理论也日益成熟。"①

---

① 赵可金. 全球治理导论[M]. 上海：复旦大学出版社，2022：25-35.

第二节 全球治理的兴起

　　一般认为，有关全球治理的研究是自冷战结束之后开始的，目前仍然处于发展中。在冷战格局中，国际事务治理格局主要以霸权国家为核心，形成依托大国霸权推动国际公共事务解决的治理模式，造成国际社会的不平等现象。冷战结束后，国际关系逐渐转向对话与合作，其中发展速度最快、发展效果最为显著的是国际经济领域。国际经贸活动的日益频繁，推动了世界格局朝着多极化方向不断发展，跨国公司、行业协会、非政府组织等非国家行为体在国际事务治理过程中的影响越来越大，形成了全球化的发展趋势。随着经济全球化的发展，全球化问题逐渐形成。在此背景下，传统的以主权国家为核心的国际事务治理模式已经难以满足新发展变化的国际现实的需求。

一、全球治理兴起的时代

　　如同一枚硬币的两面，全球化发展给全人类带来了巨大的福利，极大地推动了社会经济的发展；与此同时，随着全球化进程的不断深入和新科技革命的快速演进，也引发了环境恶化、气候变暖、金融危机、恐怖主义等许多全球性问题，对全人类共同利益带来巨大挑战，更暴露出现有国际治理体系的诸多弊端和不适应性。全球化的快速发展伴随着愈加严峻的全球性问题和挑战，这是引发全球治理的根本动因。

　　国内外学者普遍认为，全球治理理念与实践最先出现在全球发展领域和全球环境领域。不过，对于"治理"或"全球治理"理论研究的具体兴起时代，不同学者有不同的判断。有人认为兴起于 20 世纪 70—80 年代，"就国际层面而言，'全球治理'可以追溯到国际关系专业的学者对现实主义理论和自由制度主义理论越来越多的不满，而这些理论在 20 世纪 70—80 年代却构成了国际组织研究的主流"。^① 20 世纪 90 年代以来，世界政治领域的许多学者开始使用"全球治理"概念。与此同时，全球变革及其根源和内涵成为国际关系理论探讨中的重大问题。

西方通过其主导的布雷顿森林体系，即世界银行和国际货币基金组织等国际金融机构，通过对非洲国家实施连带附加条件的国际援助，要求受援国进行改革并实施"善治"，即要改变"腐败"和"非民主化"的"恶治"。这些非洲援助项目的实施，片面地提高了跨国公司等市场主体和市场经济在非洲国家的地位，极力减少当地政府在经济发展领域的权威，在相当程度上干涉了非洲国家的内政和主权。这些机构主张解决非洲国家的贫困和发展问题的首要途径是受援国实施"善治"。1989 年世界银行在关乎撒哈拉以南非洲发展问题的研究报告中首次使用了"治理危机"这一表述。该报告认为非洲急需的并不是资金和技术援助，而是解决治理危机，需要"善治"。之后，"治理"一词开始应用于全球化的研究和实践中。

长期以来，发展问题的话语权和国际制度都被发达国家所主导，围绕发展问题的南北冲突与合作一直是推动全球治理的主要动力。不过自 2008 年国际金融危机以来，发达国家在发展问题和全球治理方面的影响力有所下降。联合国代替布雷顿森林体系成为主导发展议题全球治理的核心机构，发展中国家和发达国家之间更加公平合理的全球发展伙伴关系正在形成。^②

从 20 世纪 60 年代开始，国际社会就开启了全球生态环境治理进程。

---

① 托马斯·G. 怀斯，张志超. 治理、善治与全球治理：理念和现实的挑战[J]. 国外理论动态，2014（8）. 转引自陈家刚. 全球治理：概念与理论[M]. 北京：中央编译出版社，2017：4.
② 蔡拓，杨雪冬，吴志成. 全球治理概论[M]. 北京：北京大学出版社，2016：177.

1962 年，蕾切尔·卡森《寂静的春天》一书出版，发出"旷野中的一声呼喊"。她在书中写道，"人类一方面在创造高度文明，另一方面又在毁灭自己的文明，环境问题若不解决，人类将生活在幸福的坟墓之中"。[①] 以此为标志，环境问题被赋予了"生与死"的意义，并且逐步进入政治家的会议议程中。1969 年，联合国大会通过 2398（XXIII）号决议，正式启动全球环境议程，提倡召开联合国会议讨论人类环境问题。

1992 年，在德国总理维利·勃兰特等的倡议下，成立了全球治理委员会。该委员会于 1995 年发布了《天涯成比邻》报告，首次对全球治理问题进行阐述，提出了"全球治理"的概念和定义。该报告提出全球治理有四个特征：第一，治理不是一整套规则，也不是一种活动，而是一个过程；第二，治理过程的基础不是控制，而是协调；第三，治理既涉及公共部门，也包括私人部门；第四，治理不是一种正式制度，而是持续的互动。该委员会还创办了专门研究全球治理问题的学术期刊——《全球治理》杂志。之后，国际理论界兴起了对"全球治理"一词的持续性讨论。

我国有学者认为，全球治理的进化与其他生命一样是分"代"的。首先是全球治理的起源，19 世纪产生、一战前崩溃的欧洲协调（European Concerts）是全球治理在欧洲的最早实践；1945 年左右，第二次世界大战后的国际安排是全球治理的前身；冷战结束后，全球治理的呼声出现，并逐渐发展；到了 21 世纪，一个越来越全球化的世界面对许多全球问题更加需要全球治理。[②] 也有学者认为，"全球治理"至少也可以从第二次世界大战后联合国的成立和运行开始算起。尤其是冷战后到今天为止，

---

① 蕾切尔·卡森. 寂静的春天[M]. 吕瑞兰，李长生，译. 长春：吉林人民出版社，1997：36.
② 庞中英. 全球治理的中国角色[M]. 北京：人民出版社，2016：159-160.

全球治理在理论和实践领域均获得了突破性的进展，尤其是实践领域。①

综合国内外学者的著述，笔者以为，自 20 世纪 70—80 年代早期以来，"治理"这个术语开始在发展研究领域流行起来；最先用语是"善治"，后来发展为"治理"，然后逐渐演变为"全球治理"。

二、全球治理的概念

"冷战"结束之后，国际政治经济秩序新发展面临的形势就是全球化。全球治理的兴起，是全球化发展的必然结果。自 20 世纪 90 年代起，"全球治理"一词就成为国际政治理论研究界和国际实践方面的热点问题。不过，关于何谓全球治理，国内外至今尚无权威定义，学界对全球治理概念的表述也有多种，常见的有"全球治理""世界治理""国际治理""国际秩序的治理""没有政府的治理""全球秩序的治理"等。概念的多样化，恰如全球治理所应对的全球化问题的多样性，也表明了学界就全球治理的相关理论研究仍然处于百家争鸣的状态。

国际机构和国际组织是"全球治理"的首创者和引领者。最先将"治理"一词用于国际事务的是世界银行和国际货币基金组织等国际金融组织。这些组织在评估受援国的现状时，对"治理"（governance）和"善治"（good governance）进行了专门研究。1989 年，世界银行首次使用"治理危机"的表述，并于 1992 年公布了《治理与发展》的研究报告。

2000 年，联合国前秘书长科菲·安南在联合国千年首脑会议上所作的报告对全球治理进行了系统阐述。

在全球治理委员会定义的基础上，联合国开发计划署（The United Nations Development Programme，UNDP）在 2007 年发表的《治理指数：

---

① 江涛，耿喜梅，张云雷，等. 全球化与全球治理[M]. 北京：时事出版社，2017：217.

使用手册》中进一步明确了治理的定义，提出治理是一套包含价值、政策和制度的系统。其中，一个社会通过国家、市民社会和私人部门之间或者各个主体间的内部互动来管理经济、政治和社会事务。它是一个社会通过自身组织来制定和实施决策，以达成相互理解、取得共识以及采取行动的过程。治理由制度和过程组成，公民和群体可以通过这些制度和过程表达自身利益，减少彼此间分歧，履行合法权利和义务。

2004 年，荷兰博睿学术出版社创办的《全球治理：多边主义与国际组织评论》目前已经成为该研究领域的旗舰学术期刊，出版了大量有影响力的学术论文。①国内外学者们从不同角度对全球治理的概念和内涵做出了自己的界定。在国际政治学界，美国学者詹姆斯·罗西瑙和德国学者恩斯特 - 奥托·泽姆最先发表他们对全球治理的定义及相关问题的研究成果。他们编辑的《没有政府的治理：世界政治中的秩序与变革》一书于1992 年出版，认为"全球治理"是一系列活动领域中的管理机制，它们虽未得到正式授权，却能有效发挥作用。全球治理是一套没有公共权威的管理人类活动的行之有效的机制。治理既包括政府机制，也包括非正式的、非政府的机制。全球治理可以设想为"包括通过控制行为来追求目标以产生跨国影响的各类人类活动——从家庭到国际组织——的规则系统"。国外有学者认为，世界秩序以及全球治理的概念最早出现于 20世纪 70 年代中期，几乎与"全球化"概念同时出现，稍晚于"可持续发展"或"国际经济新秩序"概念。在早期，这些概念通常都是规范性或说

---

① 赵可金. 全球治理导论[M]. 上海：复旦大学出版社，2022: 18.

明性的，在很大程度上是受罗马俱乐部的启发形成的。《增长的极限》①
使人们注意到全球社会的许多问题超越了单个国家的治理能力，从而理
所当然地需要"全球治理"。在 20 世纪 90 年代，全球治理的概念越来越
多地被社会科学家们所使用，用来评论全球化世界在现实中的实现方式。
转折点在 1995 年，全球治理委员会发表了一个报告——《天涯成比邻》，
提出了"全球治理"的概念。②同年，该委员会创办了一份专门讨论全球
治理的全新学术期刊《全球治理》。在这一年里，该术语的使用量增加
了 3 倍，而且在后续 10 年里增长了 23 倍，直至之后其开始失去一些吸
引力。

　　我国有学者认为，"治理"一词最早在 20 世纪 80 年代初开始被逐
渐使用，20 世纪 90 年代以来日益流行。也有学者认为，"治理"作为一
个流行概念和强势话语影响国际社会始于 20 世纪 90 年代，并延续至
今。但若追溯其渊源，有人认为，"治理"一词可以追溯到古典拉丁语和
古希腊语的"操舵"一词，原意主要是指控制、指导或操纵，与"政府"
（government）的含义有交叉。③也有人认为"治理"这个术语可追溯到 16
世纪，更多的人则认为可追溯到 18 世纪。"当时，法语'gouvernement'
一词曾经是启蒙学者把开明政府与对市民社会的尊重结合起来的向往中
的一个要素……后来它被译成了英语'governance'，适用于多种语境。"

---

① 《增长的极限》（Limits to Growth）是美国德内拉·梅多斯，乔根·兰德斯，丹尼斯·梅
多斯等人合著的经济学著作，首次出版于 1972 年。全书除引言外，共分 5 章：指数增长的
性质；指数增长的极限；世界系统中的增长；生产技术和增长的极限；全球平衡状态。在
研究对象和分析方法方面，该书基本上以福雷斯特 1971 年出版的《世界动态学》一书为蓝
本，因此，福雷斯特和梅多斯等人的理论被合称为"福雷斯特——梅多斯模型"。

② 英瓦尔·卡尔松，什里达特·兰法尔. 天涯成比邻——全球治理委员会的报告[M]. 赵仲强，
等译. 北京：中国对外翻译出版公司，1995：2-3.

③ 鲍勃·杰索普，漆芜. 治理的兴起及其失败的风险：以经济发展为例的论述[J]. 国际社会科
学杂志（中文版），1999（1）. 转引自蔡拓. 全球学与全球治理[M]. 北京：北京大学出版社，
2018：221.

陈家刚认为，全球治理可以被看成全球化时代人类管理全球性公共事务的方式，其重点是应对全球性问题，其目标是实现全球的公共利益。所谓的全球治理，就是在具有约束力的国际制度和规范框架内，各种不同的行为者，通过协商合作，共同应对全球性的经济、政治、环境、健康和安全等问题，以维持正常的全球共同利益和秩序。所谓全球治理，指的是通过具有约束力的国际规则解决全球性的冲突、生态、人权、移民、毒品、走私、传染病等问题，以维持正常的国际政治经济秩序。蔡拓、杨雪冬和吴志成合著的《全球治理概论》于2016年出版，这是国内第一本探讨全球治理的教材。书中指出，类似治理概念，全球治理同样存在多种定义。他们倾向于支持全球治理委员会对全球治理的定义。

孙国强对全球治理有详略不一的两种解读。他认为，从理论上说，治理，"governance"不同于政府"government"。政府是一种组织机构，而治理是一种管理和协调的方式与过程，它可以是国家层次的治理，也可以是国际或全球层次的治理。简单地说，全球治理一般指在全球范围内个人、公共机构以及私人机构用以指导、决定和管理他们共同事务的各种方法和规则的总和，是"对不同集团关心的公共事务做出集体选择"的过程。这种治理不是世界政府。从全面的角度看，全球治理是以各主权国家、正式或非正式的国际组织和全球公民社会推进全球化，管理、控制和解决以和平、发展、生态、民主为主的全球问题为根本，以全球伙伴关系为基础，以全球学为指导，以相互尊重、民主协商、合作博弈、实现共赢为手段，以建立健全、完善发展一整套维护人类安全、和平发展、福利、平等和人权的新的国际组织政治新秩序为核心的规则和制度，以最大限度地实现和增进人类共同利益为最终目的的全新全球体系。

很长一个时期，人们对"全球治理"的认识还存在分歧，用"国际治理""世界范围的治理""全球秩序的治理"等不同概念来表述。虽然持续不断的学术探讨和政策争论后还没有形成明确的观点，但把治理概念运用到全球却是这样一个现象的必然结果，即国际体系不再仅仅包括国家，而是世界政治发生根本性的变化。非国家行为者的斐然成就及其重要性和影响力的逐渐扩大是当代世界事务的一个显著特征。

一个新术语得到学术界的关注和讨论是常见的，但是很少能有一个术语如"全球治理"这般得到如此多的国际组织和机构的青睐与解读。综上，笔者认为，以全球治理委员会于1995年发布的《天涯成比邻》报告为标志，世界政治领域的许多学者开始使用"全球治理"概念。与此同时，全球变革及其根源和内涵成为国际关系理论探讨中的重大问题。全球治理理论已经成为理解本时代核心问题的一个重要而有益的视角。"全球治理"实际上是"治理"理念在全球层面的拓展与运用，二者在基本原则和核心内涵上是一致的，只是前者的适用范围比后者更广泛，内涵也更加丰富。

第三节　全球治理体系的基本内涵

冷战结束后，世界力量对比格局发生重大变化，国际格局和国际秩序都随之进入重大调整期，进入了一个新的历史时期。国际社会也随之面临一系列的新挑战，如何识别和应对全球化所带来的全球性问题？现有的世界秩序是需要保持并进行必要的调整或改革，还是需要推翻重新建立一个新秩序？国际格局和秩序并不会停止运转去等待人们进行思考，国际事务中的新参与主体不断增多，对社会公正和共同利益的关注度不断上升，对可持续发展的呼声愈加高涨，各类别的对话与协商等新合作方式层出不穷，诸如此类的新现象不断涌现，形成了与既有的国际事务运行模式和途径并存的一种新模式、新趋势——全球治理。

当前，世界正处于百年未有之大变局中，其中最主要的一个变化是全球治理体系的大变革。自 18 世纪以来，国际秩序始终由欧美发达国家主导，先后经历了欧洲列强主导的威斯特伐利亚体系和近代国际关系体系，以及接替欧洲霸权的由美国霸权主导的二战后现代国际体系。自人类迈入信息时代起，特别是以 2016 年英国"脱欧"和 2017 年特朗普执政下的美国频频"退群"为标志，伴随着新兴国家的崛起，二战以来确立的国际秩序和治理格局正处于革故鼎新的转型期。

全球治理体系的内涵，可从以下方面进行解析：其一，全球治理的目的和意义，即为什么要实行全球治理；其二，谁负责实施全球治理，即全球治理的主体是哪些；其三，要治理什么，即全球治理的客体（难题和挑战）是什么；其四，怎样进行全球治理，即全球治理的方式（途径）有哪些；其五，全球治理向何处去，即全球治理的目标是什么，以及要达到什么效果。

一、全球治理的行为体

全球治理的兴起，既表明了人类对全球化所带来的共同问题及命运的认知和理解，也意味着共同努力追求全球性安全和繁荣的实际行动。不过，对于全球治理的行为体或者说主体认定问题，学界既有相同的观点也有不同的观点，相同点是普遍都认同全球治理最显著的特征就是行为体多元化，以区别于传统的国际治理行为体只有主权国家。关于全球治理行为体具体包括哪些，学者们有各自的阐述。例如，"要正确理解全球治理的内涵、形式、动力和方向，应该将社会运动、非政府组织、区域性的政治组织、议题网络、政策网络、全球公民社会、跨国联盟、跨国游说团体和知识共同体等纳入观察和分析范围之内"①。这是目前包括了最多行为体的观点。还有人认为全球治理行为体包括四类，即主权国家、国际组织、区域性组织和全球公民社会。全球治理中的国家、国际组织、区域性组织、非政府组织等将以平等关系，共同承担全球性问题的责任。

全球治理超越了传统民族国家的界限，将民族国家与超国家、跨国家、非国家主体有机结合在一起，形成了一种新的合作格局。民族国家依然是国内和国际政治生活的主体，也是全球治理的主体。但一些重要的国家集团和国际组织，如联合国、世界贸易组织、国际货币基金组织、世界银行和二十国集团（Group of 20，G20）等开始超越各主权国家的传统边界，深度参与全球事务，对国际社会的政治经济进程产生直接的重大影响。一些非政府的国际民间组织、各种跨国社会运动、政策网络和智库等迅速增加。它们既在国内影响民族国家的政策制定和实施，也在

---

① 陈家刚. 全球治理：概念与理论[M]. 北京：中央编译出版社，2017: 4.

国际上影响全球治理规制的制定和全球治理机制的形成。

从应对具体的问题和挑战的角度看，不同的问题可能会有不同的行为体。但是，从宏观角度看，全球治理所涉及的议题、面临的需要应对和解决的问题与挑战具有多样性、复杂性及重要性等特征，意味着牵扯到多方利益，由此吸引众多行为体参与，也是全球化深化发展的必然结果。

二、全球治理的对象（客体）

有学者指出，全球治理的对象必须满足五个条件：一是涉及全人类的共同利益；二是任何一个国家、国际组织、公民社会都无法单独解决；三是国际社会的共同行动和合作治理必须具有民主的合理性、规范的法律性和机制的权威性；四是超越任何意识形态、社会制度、人权、宗教、民族的差异和对立，保持中立；五是必须顾及各方、兼顾长远、有利于长期发展，不留太大的后遗症。

简单地说，全球治理的对象就是全球化带来的诸多问题。具体表现为那些超越主权国家之间边界和自然空间边界的、前所未有地对人类总体利益构成挑战的问题和现象，例如，全球环境问题、全球气候变化问题、全球恐怖主义、极端天气等。

三、全球治理的方式

全球治理是一种协商与合作的治理，维护全球秩序和利益必然是超越暴力和冲突，依赖于协商、对话和合作的治理。全球治理不仅意味着要有正式的制度，例如国家、政府间组织通过制定规则维护世界秩序，也意味着会有其他各种类型的组织和团体，例如跨国公司、多边组织对全球性事务产生影响。

全球治理是一种超边界的政治形式，而不是一种去政治化的管理方式。它将国内的与全球性的、正式与非正式的治理机制及行为联系并整合起来，以追求一种超越国界的全球性秩序和利益。

全球治理是一种规则的治理，全球性规则是治理过程的权威来源，规则的制定与施行是各国及不同组织共同参与的结果。全球治理是一种诉诸共同利益与价值的治理，维护全球利益是全球治理主体的共同责任。

全球治理是一种民主的治理，国家、国际组织、区域组织、非政府组织等以平等关系，共同承担对于全球性问题的责任。

简言之，全球治理是国际关系中，基于国际法治的、多方对话与交流、共同应对挑战、维护共同利益的磋商机制、制度以及各类合作方式的总称。

四、全球治理的目标

全球治理在尊重差异的基础上，日益建构起既具有普遍性，又尊重特殊性的价值取向。也有学者认为，全球治理的目标是维护、实现和发展全人类的共同利益，建设一个和平、民主、平等、自由、开放、文明、富裕、可持续发展的全球人类社会。全球治理制度安排的内容和作用方式主要表现在 16 个方面。归纳起来就是实现普世价值，一方面是共同遵循的，另一方面是共同追求的。从共同遵循方面看，我们都承认只有一个地球，承认人类共同利益的存在，承认人人都平等的原则。从共同追求方面看，全人类都希望建立一个民主、平等、和平发展、公开、公平、公正、幸福富裕、文明的国际政治新秩序，期望建立一个人与自然、人与人和谐共存、可持续发展的世界新体系。

综上所述，随着全球治理的不断扩展和深入，全球治理体系将进一步发展，其内涵也将更加丰富。全球治理是一个重大的理论问题，也是全球性的实践问题，更是一个跨界系统工程，需要用系统性思维去理解和思考。全球治理需涉及各种多层次、宽领域、多主体参与的制度安排。

全球治理体系的内涵一般包括以下几个方面：

其一，这是一个新的合作格局，一种民主的治理。与传统的、偏重以主权国家为主导的国际体系不同，在全球治理体系中，重要的国家集团、国际组织、国际非政府组织、民间社团、政策网络、学术团体等越来越多地参与、影响全球治理的规则制定和机制构建，各方以平等关系，共同承担对全球性问题的责任。

其二，这是一个新的制度安排，一种规则治理。与以政府间组织为主体对国际规则和国际机制做出安排的传统国际体系不同，全球治理体系需要一系列多层次、多领域、多主体的制度安排，全球治理规则的制定和实施是各方共同作用的结果。

其三，这是一个新的解决路径，一种基于共同利益与价值的治理。全球治理既要求各国遵循人类的共同价值，又要求尊重各国的多样性需求，还要求顾及人与自然的和谐共存。面对全球化带来的困境与挑战，国际社会需要共同探索新的解决路径，维护全球利益是全球治理所有行为体的共同责任。

其四，这是一个新的治理结构，一种包容性的治理。全球治理以协商与合作为主要方式，维护全球共同利益和秩序，依赖于多层级、跨领域的协商、合作，以应对各种不确定的挑战，不同行为体需积极采取集体行动，不断提高治理能力，形成跨越各种界限的治理结构。

其五，这是一个新的治理目标，一种追求人类共同价值的治理。全球化所带来的问题是人类面临的共同挑战，关注的是人类的共同利益。全球治理的不断深化必将倡导和弘扬新的文明观、新的时代观、新的发展观、新的伦理观等新的共同价值观，处理人类公共事务，实现人类与自然的和谐共存与可持续发展。

02

第二章

全球海洋治理的兴起

海洋是全球系统的重要组成部分，各个国家和地区之间的联系经由海洋变得更加紧密。当前，全球海洋形势严峻，过度捕捞、环境污染、气候变化、海平面上升、海水变暖和酸化等问题时有发生，对人类社会和海洋的可持续发展带来极大影响和挑战。海洋既是陆地冲突的延伸战场，又因其蕴藏的资源成了国家间觊觎和竞争的对象。从全球海洋治理发展历史看，全球海洋治理的产生体现了全球治理理念在海洋领域的延伸和适用。全球海洋治理的兴起主要源自两方面动因：一方面是海洋面临着越来越严峻的由人类活动所造成的损害和威胁；另一方面是人类也面临着来自海洋的前所未有的快速变化和挑战。伴随海洋所提供的全球财富而来的是一系列同样影响到所有国家的全球性挑战。没有任何一个国家能够单独应对和解决这些挑战，全球海洋治理应运而生。

第一节 全球海洋治理的概念

"全球海洋治理"一词已被广泛运用。国内外许多学者从不同学术兴趣和专业领域出发，对全球海洋治理的概念等相关理论问题进行了研究。但是，目前国内外对于"全球海洋治理"一词的概念及内涵仍有多种解释，尚无统一的定义。

一、全球海洋治理理念的提出

全球海洋治理理念的产生既有现实需求，也涉及充分的国际共识。

据目前收集到的资料，"海洋治理"作为一个专有术语最早是由美国海洋法学者万·戴克（Van Dyke）于1993年提出的。[①]

20世纪90年代初提出的全球海洋治理理念，已经具备较好的国际基础和法律依据。当时，全球治理（特别是全球环境治理）的理论研究以及国际实践正处于轰轰烈烈的大发展阶段，对于海洋领域来说，不可能不受到触动和启发。传统的海洋管理一般是在具体某个海域（如领海、专属经济区或公海），或针对具体某个事项（如环保或渔业）来解决问题。而当时海洋正面临越来越多的环境压力和威胁，特别是海洋环境污染和过度捕捞，这些问题难以运用传统的海洋管理手段来解决，因此万·戴克提出的海洋治理理念可谓恰逢其时。

20世纪90年代，全球海洋治理的兴起已有比较充分的国际共识，具体体现在：一方面，环境治理理念在那时已经得到国际社会的认可和接受；另一方面，从《联合国海洋法公约》的内容规定也可以看出，在20

---

① Van Dyke J M, Zaelke D, Hewison G. Freedom for the Seas in the 21st Century : Ocean Governance and Environmental Harmony[M]. Washington DC : Island Press, 1993.

世纪 70 年代，各国谈判代表已经有了开展合作以便共同应对和解决海洋问题的海洋治理意识。例如，该公约前言第三段明确指出："意识到各海洋区域的种种问题都是彼此密切相关的，有必要作为一个整体来加以考虑。"而且，《联合国海洋法公约》第十二部分专门规定了海洋环境的保护和保全，旨在防止、减少和控制海洋环境污染。在这种时代背景下，全球海洋治理的理念一经出现就很快获得了国际社会的广泛认同和支持。

全球海洋治理属于全球治理的组成部分。开展全球海洋治理有其必然性：一是海洋的自然属性决定国际社会必须携手治理。全球各个海洋之间是流动互通的，海洋生态和环境问题自然就跨越国家海上边界，跨越各行业的管理范围。二是海洋的社会属性决定了国际社会必须开展对话与合作。国际海洋事务及全球性问题皆事关数亿人的生存与发展，各方必将在竞争的同时开展合作。

二、全球海洋治理的概念

总体而言，目前学术界对全球海洋治理这一概念并没有形成统一认识，就连用词也不统一。就像"国际秩序""世纪秩序""全球秩序"等术语经常被混用一样，学者们和各国际组织也经常使用"海洋治理""全球海洋治理"和"国际海洋治理"等术语。

（一）海洋治理

伊丽莎白·曼·鲍基斯（Elizabeth Mann Borgese）被誉为"海洋之母"，她于 1972 年创办国际海洋学院，发起了第一届世界海洋和平大会（Pacem in Maribus，每两年举办一届，该会议的发起被视为海洋治理的里程碑）。她认为海洋治理是指由政府、当地社区、行业和其他"利益相关者"治理海洋事务的方法，这种方法是由国内法、国际法、公法、司法、习俗、传统、文化以及由上述要素所构建的机构与程序形成的综合系统。神野美伽

（Makoto Seta）则认为海洋治理可以指广义上的海洋管理。[①]

部分学者对海洋治理的定义，强调其目的在于可持续利用海洋、保护海洋环境、管理海洋资源。例如，D.皮克（D.Pyć）介绍了海洋治理的两种定义。它既可以指对海洋的各种利用和海洋环境的保护，也是一种为维持海洋生态系统结构和功能所必需的过程。[②] D.皮克关于海洋治理的定义被阿德乌米（Adewumi）所写的文章引用。[③]辛格（Singh）对海洋治理的定义：海洋治理是指以可持续和有序的方式治理人类海洋活动的一种集体性质的尝试，其总体目标是养护和保护海洋环境。耶蒙德（Germond）指出，海洋治理的目标是使国家和非国家利益相关方能够以在最佳条件下运作的方式利用海洋空间、管理海洋资源，规制、组织和监控人类活动、海上的货物和人员流动。[④]

辛格认为现代海洋法发展的三个阶段都促进了海洋治理：第一阶段是 1958 年早期编纂海洋法的尝试，海洋空间被初步分为国家之间的独立空间，确定各国对哪些空间拥有管辖权；第二阶段是 1958 年至 1982 年，各国逐渐意识到以部门来管理人类活动、促进海洋环境保护的重要性；第三阶段（当前阶段）反映了海洋治理概念所寻求的利益，这一概念与国

---

① Seta M. The contribution of the international organization for standardization to ocean governance[J]. Revien of European, Comparative & International Environmental（Lan）, 2019, 28: 304-313.

② Pyć D. Global ocean governance[J]. TransNav: International Journal on Marine Navigation and Safety of Sea Transportation, 2016, 10（1）: 159-162.

③ Adewumi I J. Exploring the nexus and utilities between regional and global ocean governance architecture[J]. Frontiers in Marine Science, 2021, 8: 4.

④ Germond B. Clear skies or troubled waters : The future of european ocean governance[J]. European View, 2018, 17（1）: 89-96.

际环境法和人权法的平行发展相互交织。①

迈尔斯（Miles）则从海洋治理的构成要素角度来解读海洋治理的概念，即规范、机制安排和实体政策。他提出在解读海洋治理的概念时，"综合"（integration）和"利益平衡"（balance of interests）这两个术语值得关注。"综合"表明海洋空间之间紧密联系，需要被视为一个整体；"利益平衡"表明平衡不同类别的参与体的利益，关注公平利用海洋环境及其资源和海洋秩序。随着海洋治理进入21世纪，迈尔斯认为将"可持续"的术语融入海洋治理很有必要。②

（二）全球海洋治理

1999年，罗伯特·L.弗里德海姆（Robert L. Friedheim）将全球海洋治理界定为"制定一套公平、有效地分配海洋用途与资源的规则和做法，提供解决冲突的手段，以获取和享受海洋惠益，特别是缓解相互依赖世界中的集体行动问题"③。泰德·L.麦克多曼（Ted L. McDorman）在其文章《国际海洋治理与国际司法争端解决》中也引用了弗里德海姆关于全球海洋治理的定义，他认为，全球海洋治理是一种面向未来的定义，即确定未来要实现什么目标。尽管当前存在一整套治理海洋的规则与实践框架，但它们是否符合全球海洋治理的定义仍存在争议。④国内有学者认为，全

---

① Singh P A, Ort M. Law and policy dimensions of ocean governance[C]//YOUMARES 9-The Oceans: Our Research, Our Future: Proceedings of the 2018 conference for YOUng MArine RESearcher in Oldenburg, Germany. Springer International Publishing, 2020:45-56.

② Miles E L. The concept of ocean governance : evolution toward the 21st century and the principle of sustainable ocean use[J]. Coastal Management, 1999, 27（1）:1-30.

③ Friedheim R L. Ocean governance at the millennium : where we have been—where we should go[J]. Ocean & Coastal Management, 1999, 42（9）: 747-765.

④ McDorman T L. Global ocean governance and international adjudicative dispute resolution[J]. Ocean & Coastal Management, 2000, 43（2）: 255-275.

球海洋治理作为全球治理的一个实践领域，是指主权国家、国际政府间组织、国际非政府组织、跨国企业、个人等主体，通过具有约束力的国际规制和广泛的协商合作来共同解决全球海洋问题，进而实现全球范围内的人海和谐以及海洋的可持续开发利用的过程。

（三）国际海洋治理

与全球海洋治理相关的另一个术语为"国际海洋治理"。欧盟环境署将其定义为：为当代人和下一代人的利益，以保持海洋健康、高生产力、安全和有弹性的方式管理和使用世界海洋及其资源的过程。国际可持续发展研究所（International Institute for Sustainable Developmen，IISD）的定义与欧盟环境署的类似，都注重国际海洋治理对保障海洋健康、生产的作用和弹性的特点。IISD认为国际海洋治理试图以确保海洋健康、生产力和弹性的方式管理海洋及其资源。这一术语源于 1972 年在斯德哥尔摩举行的联合国人类环境会议，经会议产生的《斯德哥尔摩行动计划》重点关注解决海洋问题的必要性，特别是海洋污染问题。欧盟国际海洋治理协商会议与欧盟环境署的定义不同，更接近鲍基斯关于"海洋治理"的定义。该会议认为，国际上没有公认的"国际海洋治理"定义，"海洋治理"一词包括在国际范围内管理海洋的规则、机构、程序、协议、安排和活动，以《联合国海洋法公约》为总体法律框架，在此基础之上建立了管辖权、机构和具体框架的组合。

坎普斯（Campos）则从区别国际海洋和全球海洋角度进行了分析。他认为国际海洋是指公海或者国家管辖范围外的海洋，而全球海洋则是指海洋整体。国际海洋治理是指与海洋相关的全球公域的治理；全球海洋的国际治理是指不仅包括公海，也包括国家管辖范围内的海域的多元主体参与的具有包容性的治理。基尔大学社会科学研究所的国际海洋治理团队将国际海洋治理定义为"在各种国家和非国家行为体的参与下，当地、国家和全球治理结构相互作用的多级治理"，这种定义方式与鲍基斯的海洋治理定义具有相似之处，强调国家与非国家行为体的参与，以及从区域到全球的多层次治理。

当然，也有学者更加重视规则，将全球海洋治理视为规则治理，认为海洋治理指的是一系列正式和非正式的规则、安排、机构和相关活动的总称，这些规则、安排、机构和相关活动可以用来对海域利用的方式进行规划，对海洋问题进行管控和评估，决定哪些活动应该被允许或禁止，以及决定处罚和其他应对方式的适用。[①]

我国学者对全球海洋治理也有很多研究。王琪、崔野对全球海洋治理的定义为：在全球化的背景下，各主权国家的政府、国际政府间组织、国际非政府组织、跨国企业、个人等主体，通过具有约束力的国际规制和广泛的协商合作来共同解决全球海洋问题，进而实现全球范围内的人海和谐以及海洋的可持续开发和利用的过程。他们认为，全球海洋治理的基本内涵来源于治理理论与全球治理理论。相较于全球治理，全球海洋治理是在全球化不断扩展和全球治理逐渐成熟的背景下产生的，在时间上与全球治理存在继承关系；其次，全球海洋治理与全球治理有着相似的基本目标，以有效应对日益严重的全球性问题为目的，且在价值理念方面具有一致性，而两者的区别是对全球性问题的界定范围有所不同。[②] 面对层出不穷的国际性海洋问题、海洋争端，有许多学者提出要

---

① Juda L, Hennessey T. Governance profiles and the management of the uses of large marie ecosystems[J]. Ocean Development and International Law, 2001, 32: 43-44.

② 王琪，崔野. 将全球治理引入海洋领域——论全球海洋治理的基本问题与我国的应对策略[J]. 太平洋学报，2015（6）: 20.

更新全球海洋治理的理念。例如，叶泉认为，全球海洋治理的理念就是要处理好人与海之间的关系和全球海洋治理主体之间的关系，基于人类共同利益对各自的主权进行局部让渡。①

笔者认为，全球海洋治理是在国际法律制度框架下的各方开展对话合作、维护共同利益的动态过程，即：全球海洋治理是指国际社会各界秉持人海和谐理念，以促进社会经济与海洋可持续发展为目的，遵循国际法治原则，搭建多层级平台开展对话与合作，采取共同行动应对全球性海洋问题的一个发展进程。

三、全球海洋治理与其他相关用语的辨识

（一）海洋治理与海洋管理

尽管目前对于海洋治理有不同的定义，但从上述各个定义可看出，它们有一个共同点，即：主要应对和处理的是那些国家管辖范围之外的海洋事务。

海洋管理则主要针对沿海国国内海洋事务行为。后来发展成为一个更加全面的概念——海洋综合管理。

海洋管理是指沿海国对其管辖海域的自然环境、海洋资源、海洋设施和海上活动，采用法律、行政、经济和科技等手段进行的指导、协调、监督、干预和限制等活动。海洋管理按其属性可分为海洋综合管理和海洋行业管理两个方面。海洋综合管理是指国家通过各级政府对其管辖海域内的资源、环境和权益等进行的全面的、统筹协调的监控活动。按其管理内容可分为海洋权益管理、海洋资源管理和海洋环境管理。按其管理的区域又可以分为海域管理、海岸带管理和海岛管理。海洋行业管理

---

① 叶泉 . 论全球海洋治理体系变革的中国角色与实现路径[J]. 国际观察，2020（5）：84.

是指涉海行业部门对其所关心的海洋资源开发利用或环境保护等进行的计划、组织和控制活动。①

　　治理与政府管理有着巨大区别。治理是一系列活动领域里的管理机制，是一种由共同的目标支持的活动，管理活动的主体未必是政府，也无须依靠国家的强制力量来实现。治理既包括政府机制，也包括非正式的、非政府的机制。最早开始研究全球治理问题的美国学者詹姆斯·罗西瑙指出，可以将全球治理设想为"包括通过控制行为来追求目标以产生跨国影响的各类人类活动——从家庭到国际组织——的规则系统"。

　　（二）全球海洋治理与国际海洋治理

　　国际层面的治理可分为全球治理与国际治理。国际治理有更长久的历史，至少第二次世界大战后，国际公共事务的治理就呈现出一系列国际机制所框定的国际治理，其根本点是这种治理仅仅是国家之间通过建立国际组织，形成国际条约来管理公共事务，行为体是国家，并未包含市场与社会主体。全球治理是全球化的伴生物，其主体不再局限于国家，同时包括市场（私人企业、跨国公司）和社会。换言之，在国际治理阶段，市场和社会是被管理的对象、被治理的客体，而在全球治理阶段，市场与社会既是被治理的客体，又是治理的主体。②上述全球治理与国际治理之间的词义差异，对于辨识全球海洋治理与国际海洋治理这两个术语之间的差异有借鉴意义。

四、全球海洋治理的目的

　　自 20 世纪 80 年代以来，与其他国际政治、经济、环境等领域一样，

---

① 郭琨，艾万铸. 海洋工作者手册[M]. 北京：海洋出版社，2016：635.
② 蔡拓. 全球学与全球治理[M]. 北京：北京大学出版社，2018：229.

海洋领域也面临着越来越多的全球性海洋问题和挑战。全球性海洋问题是指超越了地球上各海洋的自然边界和各国管辖海域的政治法律边界，对海洋和人类带来共同威胁和挑战的，仅凭任何一国或一个组织均无法应对的海洋问题。在此时代背景下，全球海洋治理应运而生。全球性海洋问题具有普遍危害全人类公共利益的特征。

全球海洋治理的主要目的是在主权国家海洋利益与全球海洋公共利益、既有治理行为体的权威化与新增行为体的普世化、海洋管理碎片化与海洋治理一体化、海洋资源开发利用与海洋生态环境保护等各类对立关系和矛盾之间，通过对话与合作，开展必要的利益调整和制度规则创新，构建适应新时代发展需求的应对和处理全球海洋事务的权力分配和角色定位的国际新机制、新格局和新体系，避免和减缓来自海洋的挑战和人类活动对海洋的伤害，维护全球海洋和平秩序，促进人海和谐共存，携手推进海洋与人类社会经济的可持续发展。

就海洋治理而言，除了条约和习惯法外，国际上出现了对一些重要的国际软法文件越来越依赖的情况。例如 1992 年联合国环境与发展大会上通过的《里约宣言》（*Rio Declaration*）以及《21 世纪议程》（*Agenda 21*），作为重要的软法文件，已经在海洋治理中发挥了重要的作用，其中一些重要原则，如预警（风险防范）原则、可持续发展原则等已经逐渐发展成国际习惯法。

第二节 全球海洋治理体系

全球性海洋问题的复杂性和跨界性决定了全球海洋治理必然是一个系统性问题，而不是单一问题。不论是治理主体还是被治理的客体，不论是治理机制还是方式途径，也不论是治理依据还是原则，都不可能是单一的，而必须是系列的和系统的。

一、全球海洋治理基本构成要素理论

全球海洋治理究竟由哪些基本构成要素组成，国内外学者对此展开了许多研究。在国外研究中，最广泛引用的是鲍基斯的三要素论。她认为，海洋治理的综合系统中有三个至关重要的组成部分：法律框架、机制框架、实施工具。鲍基斯的观点得到了其他学者的肯定。除此之外，D.皮克认为有效的海洋治理需要涉及全球议定的国际规则和程序、基于共同原则的区域行动、国内法律框架和综合政策。[①]

丽萨·M.坎贝尔（Lisa M. Campbell）则认为，全球海洋治理有三个重要主题：行为者（actor）、规模（scale）和知识（knowledge）。行为者包括联合国及其机构、科学家和科学合作、非政府组织、私人主体。规模是指全球海洋治理的规模大，涵盖地球70%的区域；量化治理过程及水平，以描述地方、国家、区域或全球之间的关系；以及不同参与者如何借助规模推动特定议程。知识则是指将过去被隐藏或不可得的海洋知识可视化。[②]

---

① Pyć D. Global Ocean Governance[J]. International Journal on Marine Navigation and Safety of Sea Transportation，2016，10（1）：159.

② Campbell L M，Gray N J，Fairbanks L，et al. Global oceans governance：new and emerging issues[J]. Annual Review of Environment and Resources，2016，41：517-543.

独立世界海洋委员会（Independent World Commission on the Oceans）的观点与上述观点不同，其提出的海洋治理的五个要素，包括团结（unity）、紧迫（urgency）、潜力（potential）、机会（opportunity）和托管（trusteeship）。团结要求抛弃将海洋划分为一系列单独海域的传统观点；紧迫要求认识到现有的海洋利用方式所带来挑战的严重性；潜力是指如果对海洋进行创造性和良好的运用，海洋将会为人类带来额外的惠益；机会则是指当前全球环境和公众关于海洋对人类生存重要性日益增强的认识所带来的可能性；托管则鼓励公众和社会为海洋健康而投入更多积极的努力。

我国学者对此也有研究。刘晓玮整理了国外学者对全球海洋治理的研究综述。她从全球海洋治理的主体、客体、价值、制度四个方面来研究全球海洋治理。她认为，全球海洋治理的客体是全球性海洋问题；全球海洋治理的核心要素是制度，制度也是全球海洋治理研究最普遍的切入点，对于海洋治理而言，如何建构有效制度、制度如何有效是目前最急迫的命题；全球海洋治理的主要主体是主权国家，企业、科学家是全球海洋治理的重要参与者，政府间国际组织是制定和实施制度的实际行为体；现有的研究成果对于全球海洋治理的价值思考过少，但是共识建设需要一个基本价值要素。[1]与刘晓玮提出的四个方面类似，王琪、崔野将全球海洋治理的基本构成要素分为四种类型，即目标、规制、主体、客体。[2]

具体到各构成要素。就全球海洋治理的规制体系/制度体系而言，王

---

[1] 刘晓玮. 追求善治：国外学界关于全球海洋治理的研究综述[J]. 浙江海洋大学学报（人文科学版），2021（3）：13-18.

[2] 王琪，崔野. 将全球治理引入海洋领域——论全球海洋治理的基本问题与我国的应对策略[J]. 太平洋学报，2015（6）：20-21.

琪、周香认为，全球海洋治理的制度体系由四重维度构成：一是形成了以《联合国海洋法公约》为核心，以涉海国际公约、协定、议定书等正式法律形式为主，以联合声明、谅解备忘录、国际组织的决议及行动计划等不具备正式国际法效力的涉海国际协议为补充的全球海洋治理的国际规则。二是形成了由联合国框架下的联合国海洋大会、国际海事组织、国际海底管理局、大陆架界限委员会、国际海洋法法庭、联合国教科文组织政府间海洋学委员会及联合国环境规划署等组成的全球海洋治理的国际机构。三是形成了为治理特定海洋领域问题而成立的全球海洋治理的国际政府间组织及国际非政府组织。四是形成了涉及各个海洋治理领域的国际会议和国际安排等一系列全球海洋治理的国际机制。①

袁沙等认为全球海洋治理的主体有四类——国家行为体、国际政府间组织、国际非政府组织、跨国公司。②全球海洋治理的客体，即全球海洋治理所指向的对象，总体而言是已经或者将要影响全人类共同利益的海洋问题。具体而言，袁沙也把客体分为四大类：一是全球海洋污染问题；二是全球海洋生态破坏问题；三是海盗及海上恐怖主义问题；四是海洋争端，主要包括海洋领土及领海争端。③

笔者认为，理解和解构全球海洋治理，至少要回答以下五个方面问题：其一，全球海洋治理的行为体（主体）是谁？其二，全球海洋治理的问题和挑战（对象或客体）是什么？其三，以什么为依据和遵循什么原则去治理？其四，通过什么途径或运用什么方式去治理？其五，全球海洋治理要达到什么目标或效果？将上述种种问题的答案汇总起来，也就构

---

① 王琪，周香. 从过程到结果：全球海洋治理制度的建构主义分析[J]. 东北亚论坛，2022，31（4）：80.

② 袁沙，郭芳翠. 全球海洋治理：主体合作的进化[J]. 社会观察，2018（8）：14.

③ 袁沙. 全球海洋治理：客体的本质及影响[J]. 亚太安全与法律研究，2018（2）：87-89.

成了全球海洋治理体系的基本内涵和关键要素。

二、全球海洋治理体系的基本架构

从发展过程看，20世纪70年代末至80年代初，全球海洋治理理念产生，并在国际实践中逐渐转化为行动得以落实与发展，至今也不过40余年。全球海洋治理的理论与实践仍处在探索和发展过程中，尚未形成完善的理论体系，未形成完整的法律和规则体系，也未形成普遍接受和认可的统一的原则和运行机制。总之，目前尚不存在完善的全球海洋治理体系，不论是理论方面还是实践方面。故此，"全球海洋治理体系"是值得学术界继续深入探讨和研究的一个重要议题。以下内容是笔者的一些粗浅思考。

全球海洋治理体系的基本构成要素包括：一是参与治理的各类行为体，其特征是多元性；二是需进行治理的问题和挑战，其特征是跨界性；三是全球海洋治理的依据和原则，其特征是公平性；四是全球海洋治理的实施路径及方式方法等，其特征是多样性；五是全球海洋治理的目标和效果，其特征是公共性。将这些问题的答案汇总起来，就构成了全球海洋治理体系的基本内涵和基本架构。

全球海洋治理的行为体（主体）主要包括主权国家、政府间国际或区域性组织及其所属机构、国际非政府组织、私营部门（包括跨国公司和企业等）、社会各界和公众等。在全球海洋治理的各类行为体之中，占据主导地位的依然是主权国家。海洋属于全人类，因此，参与全球海洋治理的并非只有沿海国，而是全世界所有国家，包括沿海国和非沿海国。

全球海洋治理的问题和挑战（对象或客体）可分为两大类：一类是从海洋的视角出发，海洋面临两大挑战，包括来自全球气候变化等自然因素和来自人类活动等人为因素的挑战；另一类是从人类的视角出发，人类面临来自海洋的挑战，包括已知其巨大威力的海洋灾害和未能评估其风险的海洋变化，例如，海水变暖、酸化和海平面上升等。

全球海洋治理的依据主要包括国际法和各类国际文件以及它们所包含的主要原则。国际法方面，主要包括《联合国海洋法公约》和其他所有的涉海国际条约；国际文件（国际"软法"）方面，主要包括联合国及其所属机构、其他国际组织、重要的国际会议所达成的国际共识，通常以决议、决定、倡议等方式呈现。

三、全球海洋治理应遵循的基本原则

此处的基本原则主要是指国际法、海洋法的基本原则以及国际最低标准，主要包括那些已经被国际社会在一系列的国际条约和法律文件，以及许多国际诉讼或仲裁的判决或裁定中被采纳，并被广泛地应用到陆地以及各类海洋相关行业活动的相关原则和最低标准。随着国际海洋治理实践的发展，适用于现代海洋治理的基本原则也在不断发展和演变。从现有国际实践看，学者认为应遵循以下原则：遵守国际法（又称国际法治）、有条件的公海自由、海洋生态环境保护和保全、国际合作、科学管理、风险防范、生态系统可持续和平衡利用、信息公开（又称决策公开）、国家管理全球海洋环境责任等原则。

四、全球海洋治理的实施路径

实施路径主要包括由联合国及其他国际组织、区域性组织、各类官方和非官方的国际会议和论坛等构成探讨全球性海洋问题的多层级平台和各类型的对话机制，各类行为体在这些平台和机制下，针对具体的海洋重大问题或挑战，开展对话与交流，并达成共识采取集体行动和单个行动，维护共同的海洋利益的全部决策和实施过程的总称。

五、全球海洋治理的总体目标

总体目标是共同应对各类重大的跨界海洋问题，可持续利用海洋及其资源，保护海洋生态环境，改善海洋健康状况，实现人海和谐共处、共同有序发展的目标。

综上，全球海洋治理体系是促进各行为体之间有机融合和良性互动，有效应对和减少全球性海洋问题，在不同层级和类型的国际平台下运作的一系列系统和机制的总称。

03

第三章

全球海洋治理的
历史与主要方式

与人类海洋活动的漫长历史相比，全球海洋治理的历史相当短暂。海洋的存在无需人类，而人类的存在离不开海洋。古代人类积累了一些海洋地理知识，但总体上对海洋的认知有限。人类在海洋的活动始于沿岸和近海的"盐渔之利舟楫之便"，人类享用着海洋给予的馈赠，与海洋和平相处。19世纪初到20世纪初，机器大工业时代的产生和发展，极大提升了人类开发利用自然资源的能力，同时也赋予了人类前所未有的驶向远海、潜入深海的能力——甚至是"征服"海洋的能力。从这时起，人类与海洋的关系发生历史性改变。19世纪70年代，人类首次环球海洋科考（英国"挑战者"号进行的环球海洋科考）所取得的丰硕成果为海洋学的设立奠定了重要基础，也开启了人类探索深海大洋的全新历史。人类对海洋了解的越多，海洋活动也就越多，对海洋环境生态造成的压力也就越大，而海洋环境的日益恶化逐渐让人类警醒。全球海洋治理的广泛兴起始于20世纪70年代，发展势头迅猛，治理形式多样，成就令人瞩目。

第一节　全球海洋治理的历史进程

人类对海洋的认识和治理是一个不断发展与深化的过程。综观漫长的历史过程，人类对海洋的认识、开发利用与治理可分为四个阶段：无须治理的自然状态海洋、探索和争霸之下的海洋、大开发无法律规制的海洋、亟待全面治理的海洋。

一、无须治理的自然状态海洋

自远古时代至 15 世纪之前，这是原始利用海洋，无需海洋治理的时期。在 15 世纪前，接触海洋的人主要是沿海地区的居民。此阶段人类对海洋的认识很有限，形成的最基本认识是鱼盐之利和舟楫之便。人类在海洋上的活动范围也很有限，基本上只在沿海地区。

总体上看，不同海区人们之间的利益没有交集，这是不需要海洋治理的时期。

二、探索和争霸之下的海洋

15 世纪至第二次世界大战结束前后，这是探索海洋、争霸海洋的时期，是海洋规则逐渐形成的时期，是人类逐步构建全球海洋秩序的时期，是全球海洋治理的萌芽期。在此期间，人类最主要的海洋活动是航行和捕鱼。航海技术和装备得到极大发展，海洋知识得到不断积累，海洋科学处于萌芽状态，海洋规则逐步形成和发展。在商业航行方面，欧洲国家在跨海贸易过程中形成了许多海商习惯规则，其中最著名的是海损规则，成为海商法的最古老和最核心规则。

15 世纪后期大航海时代，欧洲探险家发现了新大陆，开辟了新航线，进行环球航行，扩大了世界市场，推动了欧洲资本主义的发展。人们充分认识到了海洋的战略价值，海上通道控制权成为欧洲海洋强国争夺的焦点。在海上霸权更迭和利益重新分配之时，欧洲国家之间逐步形成了一些海洋规则。在海洋的军事利用方面，欧洲国家之间历经数百场海上战争，形成了许多海战规则。在海洋空间的权利分配方面，最著名的是 17 世纪荷兰国际法学家雨果·格劳修斯提出的"公海自由论"和英国法学家塞尔登提出的"闭海论"，通过国家大量实践，逐渐形成了领海和公海法律制度，构建起了"国家领有"和"人类共有"并存的世界海洋秩序，这是国际海洋法律体系的核心内容。

19 世纪，在自然学家们探索自然的兴趣和电报公司试图铺设跨海电缆的商业发展需求等多方面因素的共同驱动下，科学家对海洋和南北极的考察、水下调查和研究活动逐渐增多，极大地增加了人类对海洋的认识。1872 年 12 月，从英国朴次茅斯港启航的"挑战者"号，进行了为期41 个月的海洋调查，这被誉为人类历史上"第一次纯科学的海洋探险"和"海洋科学的发端"。"挑战者"号此次海洋探险活动取得了丰硕成果，不仅极大地丰富了人类的地理学、水文地理学知识，而且为海洋地质学、海洋生物学等学科的设立奠定了重要基础。从全球海洋治理发展历史看，这个时期内，形成了一些国际海洋规则和法律制度，特别是 1958 年以日内瓦四个海洋法公约为代表，构建起近代海洋基本秩序，标志着国际社会形成了以谈判制定国际海洋法律制度，以规则协调和分配各方海洋权利的方式处理国际海洋事务的治理意识。但是，上述历史进程尚未达到现代意义上的全球海洋治理的程度，这是因为：其一，主导和参与治理的主体单一，主要是西方海洋强国，绝大多数沿海国和国际社会其他各方尚无实际治理能力；其二，治理的客体（对象）单一，主要是针对海洋权利和利益的国家分配，这仅是国际社会共同利益的一个方面，与现代意义上全球海洋治理的内涵尚有很大差别。因此，这个时期可谓全球海洋治理的萌芽期。

三、大开发无法律规制的海洋

二战结束后至 20 世纪 60 年代末期，是海洋大调查、海洋资源大开发、海洋环境遭人类污染受到重创的时期，是全球海洋治理被忽视的时期。二战期间，美国和欧洲的一些国家意识到为了实施和保障海上军事活动（尤其是潜艇和水雷的水下活动），需要了解更多的海洋知识，特别是水下情况。二战结束后，这些国家加大力度扶持海洋科学研究，包括资金支持、调整海洋科学研究体制机制、整合力量设立新的海洋科学研究机构等，开展了大量的海洋调查活动。20 世纪 50 年代，海洋科学成为现代科学意义上的一门独立学科。随着海洋科学、技术和装备的迅猛发展，人类利用海洋空间、勘探开发海洋资源的能力得到极大提升。与此同时，人类对海洋却有诸多严重的错误认知。一方面，人类误以为海洋是一个资源取之不尽、用之不竭的地方，凭借越来越强大的开发能力对海洋资源进行掠夺式的开发利用；另一方面，人类错误地高估了浩瀚大海的自净能力，把海洋当作"天然垃圾场"，无节制地向海洋排放各类污染物，倾倒各类废弃物。人类的活动对海洋（特别是近海区域）的生态环境造成了极大的损害，对海洋安全造成了严重威胁。这个时期是海洋开发利用活动最多且最无序的历史阶段，国际社会几乎遗忘了海洋治理，这个时期也是全球海洋秩序大调整、大变革的前夜。

四、亟待全面治理的海洋

20 世纪 70 年代初至今，是现代海洋秩序得以全面构建的时期，是全球海洋治理得到高度重视并步入快速发展的时期。自 20 世纪 70 年代初以来，人类对海洋的认识得到极大提升，意识到在开发利用海洋的同时，还要保护海洋，开启了现代意义上的全球海洋治理进程。这个时期内，各方高度重视国际海洋事务，通过各种途径的对话与交流，达成了许多共识，分别体现在国际条约、国际文件、国际倡议、国际计划和项目等方面。

第二节 全球海洋治理中的国际法治

全球海洋治理的方式非常多样化,主要包括:国际法治、政治共识以及技术解决方案等。全球海洋治理是基于法治的治理。目前在全球、地区、沿海国等层面已经建立起较为完备的法律制度体系和机制框架。全球海洋治理的法治原则和法律依据主要体现在国际条约和国际习惯法中。其中,1958年于日内瓦签订的四个海洋法公约、1982年通过的《联合国海洋法公约》,连同海洋环境污染治理和渔业资源管理等方面的国际条约和国际习惯法,对于推动全球海洋法治具有十分重要的意义,为全球海洋治理提供了基本制度框架。

一、《联合国海洋法公约》体系

《联合国海洋法公约》是一部规范人类海洋活动的综合性条约。该公约主要内容包括前言、320条正文和9个附件。总体上,公约内容可归纳为三个方面:其一,继承并发展了日内瓦海洋法公约的主要内容。例如,继承了日内瓦海洋法公约中有关领海、大陆架和公海等的核心内容,同时又有新的发展,确定了领海和大陆架最大宽度的标准,特别是新发展了200海里外大陆架外部界限的划定规则和具体技术标准。其二,对一些习惯规则进行编纂,使之成为条约法。例如,尊重历史性权利、传统捕鱼权等习惯法规则,并在公约相关条款中赋予了历史性权利优先地位。其三,适应时代发展需求,在广大发展中国家的积极推动下,协调各方利益,制定了许多新的海洋法制度。例如,用于国际航行的海峡、岛屿、群岛国、国际海底区域、海洋环境保护和养护、海洋科学技术发展与转让等。

（一）《联合国海洋法公约》的重要意义和作用

在国际海洋法发展史上，《联合国海洋法公约》具有里程碑地位，并得到国际社会的广泛认同。

截至目前，全世界已经有 152 个国家签署并批准了《联合国海洋法公约》。

《联合国海洋法公约》对世界海洋进行了分类划区、定性管理。首先，将海洋划分为两大类，即：国家管辖范围内的海域与国家管辖范围外的海洋。其次，又将前述两大类海域进一步细分为了具有不同法律地位的区域。一类是广义的国家管辖海域，包括内水、领海、毗连区、专属经济区和大陆架。其中，内水和领海属于沿海国主权；其余海区属狭义的沿海国管辖海域，沿海国在这些海域内没有主权，对应不同事务而分别享有管制权、主权权利、管辖权。另一类是国家管辖范围外的海域，即公海和国际海底区域。公海和国际海底区域就是通常所说的海洋中的"国际公地"。

《联合国海洋法公约》赋予了各海域不同的法律地位，为世界海洋划分出了不同的政治法律和地理界限，规定了各国在不同海域里享有的权利和应承担的义务。《联合国海洋法公约》是国际海洋治理的成果，是发达国家与发展中国家之间、沿海国与其他国家之间利益协调和政治妥协的结果，也是现代国际海洋秩序的集中表现。

（二）《联合国海洋法公约》设立的三个专门机构

依据《联合国海洋法公约》规定，设立三个专门机构，国际海底管理局、大陆架界限委员会、国际海洋法法庭，分别负责管理国际海底区域资源，审议沿海国提交的 200 海里外大陆架外部界限资料，解决因解释和适用该公约条款而产生的争端问题等事务。

1994 年 11 月 16 日，在《联合国海洋法公约》生效的同时，国际海底管理局（以下简称管理局）在牙买加首都金斯敦宣告正式成立。管理局是缔约国按照公约第十一部分组织和控制"区域"内活动，特别是管理"区域"资源的组织（第 157 条第 1 款）。根据《联合国海洋法公约》第 1 条用语和范围的规定，"区域"是指国家管辖范围外的海床和洋底及其底土。"管理局"是指国际海底管理局。"区域"内活动是指勘探和开发"区域"资源的一切活动。根据《联合国海洋法公约》第十一部分第 156 条规定设立管理局，公约的所有缔约国都是管理局的成员。

"区域"空间广阔、资源丰富，是全人类的共同继承财产。随着人类社会对资源需求的持续增加和对环境问题的日益重视，"区域"在空间、资源、环保、经济、科研等方面的价值不断提升。"区域"的开发利用、环境保护和利益分享受到国际社会的普遍关注，牵涉国际社会的整体利益，攸关人类生存与发展的共同命运，是人类活动的新疆域和全球治理的重要领域。"人类共同继承财产"原则奠定了"区域"治理的法理基础。按照公约第 137 条至第 141 条，任何国家、自然人或法人都不得将"区域"的任何部分及其资源占为己有，不得对其主张或行使主权或主权权利；"区域"及其资源为全人类所有，由管理局代表全人类进行管理和控制；"区域"对所有国家开放，应专为和平目的利用；"区域"勘探开发应为全人类的利益进行，管理局在无歧视的基础上公平分配从"区域"内活动中取得的财政及其他经济利益。

根据《联合国海洋法公约》第 153 条第 1 款的规定，"区域"内的勘探和开发活动应按照公约有关规定和管理局制定的规则、规章和程序进行。管理局代表全人类组织和控制国际海底区域内的活动和资源。2000 年、2010 年和 2012 年，管理局就"区域"内的三种矿产资源先后通过了三个勘探规章:《"区域"内多金属结核探矿和勘探规章》《"区域"内多金属硫化物探矿和勘探规章》《"区域"内富钴铁锰结壳探矿和勘探规章》。管理局还颁布了一系列程序、标准和建议,主要有《依照〈执行1982 年 12 月 10 日《联合国海洋法公约》第十一部分的协定〉附件第 1 节第 9 段延长已核准勘探工作计划期限的程序和标准》《指导承包者评估"区域"内海洋矿物勘探活动可能对环境造成的影响的建议》《关于承包者及担保国按照勘探工作计划开始培训方案的若干指导建议》《关于承包者报告实际和直接勘探支出的指导建议》《就年度报告内容、格式、结构向承包者提供的指导建议》《指导承包者放弃多金属硫化物和富钴铁锰结壳勘探合作规定区域的建议》。上述相关规则、规章和程序,为促进和实现"区域"的有效治理奠定了坚实的制度基础。

"区域"治理主体具有多元性。政府间国际组织、非政府组织、承包者以及其他利益攸关方在"区域"治理中都发挥了重要作用。管理局目前有 168 个成员国(方)。管理局大会目前有 90 多个观察员,其中包括近30 个非政府组织观察员,这些观察员在"区域"治理方面发挥了重要作用。承包者是"区域"治理的重要主体。在勘探阶段,承包者投入大量财力、人力,完成各项勘探合同义务,包括保护环境、向管理局提供数据资料、为管理局和发展中国家人员提供培训机会和培训资金等。"区域"及其资源是人类的共同继承财产,"区域"利益攸关方的范围较为广泛,一些研究机构甚至专家个人在实践中也以利益攸关方的身份参与了"区域"治理的相关活动,在"区域"制度定期审查、《"区域"内矿产资源开发规章》草案(以下简称《开发规章》草案)制定等方面发挥了重要作用。

"区域"治理客体具有复杂性。"区域"治理涉及作为全人类共同继承财产的"区域"资源的可持续利用、资源开发利用与环境保护的冲突,沿海国管辖权益与全人类对"区域"的共同利益的协调，公海活动与"区域"活动的冲突与协调等多方面问题，治理客体具有复杂多样的特征。"区域"内的活动主要包括科学研究，探矿、勘探和开发，环境保护等，按照《公约》，从事上述活动的具体要求不同，各自的法律性质和地位也不同。

截至 2021 年底，管理局已与 22 个承包者签订了 31 份勘探合同，涉及 21 个国家（担保国），具体包括：中国（5 块），俄罗斯（3 块），韩国（3 块），日本（2 块），印度（2 块），德国（2 块），法国（2 块），英国（2 块），巴西（1 块），新加坡（1 块），比利时（1 块），基里巴斯（1 块），库克群岛（1 块），波兰（1 块），牙买加（1 块），瑙鲁（1 块），汤加（1 块），保加利亚、古巴、捷克、波兰、俄罗斯、斯洛伐克（上述 6 国共同成立了国际海洋金属联合组织，1 块）

经过多年讨论，《开发规章》的制定取得了诸多进展，但仍有不少重大事项，如"区域"资源开发涉及的各方的权利义务的平衡、缴费机制、环境问题、企业部相关问题、决策和检查机制、标准和指南的制定等，需要继续研究和讨论。

缔约方和管理局也非常关注"区域"的生态环境保护问题，在增进人类对海底生态环境的认知和保护方面做了大量工作。担保国的相关立法以及管理局制定的勘探规章，都将环境影响评价、预防性措施制定和最佳环境做法等有关环境保护的重要原则纳入"区域"环境保护和管理之中，并规定了具体的措施。2012 年，管理局制定了首个区域环境管理计划，即克拉里昂—克利珀顿区环境管理计划。2018 年，管理局通过了《关于制定"区域"的区域环境管理计划的初步战略》，确定大西洋中脊、印度洋三交点脊和结核带地区以及西北太平洋和南大西洋的海山为制定区域环境管理计划的优先区域。

当前，国际海底采矿尚处于技术装备研发阶段，远远没能达到实施商业化采矿的程度。不过，近年来，一些国际环保组织开始利用国际平台发声，站在海洋环保的道义制高点上要求暂缓甚至禁止国际海底采矿活动。由此引发一个矛盾，即：应如何平衡经管理局批准而获得专属勘探权和采矿权的承包方的合法权利与环保组织站在道义制高点上提出的环保要求之间的矛盾？这是全球海洋治理中需处理的一个重要问题。

根据《联合国海洋法公约》第 76 条和附件 2 的规定，设立大陆架界限委员会（简称委员会）。委员会是《联合国海洋法公约》所设立的三个专门性机构中的唯一非常设机构，由联合国海洋与海洋法司作为其秘书处，每年在联合国总部召开委员会全体会议和小组委员会会议。委员会由 21 个海洋地质等领域的专家组成，其主要职责是审议沿海国依据《联合国海洋法公约》第 76 条和附件 2 规定提交的划定其 200 海里外大陆架外部界限的相关科学证据和法理依据（简称"划界案"），并提出建议。委员会代表国际社会"监督"沿海国不得侵占属于全人类的国际海底区域。自 1997 年成立以来，截至 2022 年 8 月 11 日，委员会共收到 93 个划界案（不包括修订案），划界案来自 74 个沿海国，其中有些划界案是多个国家联合提交的，也有的国家提交了其分布在不同海域的多个划界案。

委员会的工作面临较大困难和挑战，出现了许多在《公约》制定时无法预见的问题。例如，工作量远远超过预期，给委员们带来了极大的负担。由于委员会是非常设机构，委员们往返联合国以及在开会履行职责期间的所有费用包括医疗费用等均由其国家负担；委员们不是专职的，用于审议划界案的时间也超出预期，对其在国内的本职工作也造成影响。又如，全球海底状况千差万别，在科学上确定大陆架外部界限并非一件容易的工作，而是涉及非常复杂的海洋地质构造和海底地形地貌等许多科学技术问题，特别是如何准确地解读，并在具体海域科学地适用《公约》第 76 条第 5—6 款所规定的三种海底高地以及《谅解声明》在孟加拉湾以外地区的适用原则等问题，在审议具体划界案中都容易产生分歧。

委员会的工作事关沿海国大陆架权益，也事关全人类的共同利益，具有极其重大的意义。沿海国提交的划界案中难免存在大陆架主张范围重叠的问题。对政治法律争端问题的复杂性和敏感性，委员会在成立之初就有清醒的认识。为了解决此问题，委员会自第一届就开始讨论制定相关规则。委员会历经四届会议讨论，最终在委员会《议事规则》里确立了"有争端、不审议"规则，并自始至终坚持该条款须经缔约国会议审议后方可通过。委员会在制定《议事规则》过程中，考虑了各方意见，放弃了"可酌情确定提出的划界案是否涉及任何已存在的争端""即使存在陆上或海上争端，仍应审理和认可争端任一当事国提出的划界案"的草案案文。这些都表明国际社会及委员会均充分意识到涉争端划界案的复杂性、委员会职责的局限性且考虑了各国对争端有关事项的管辖权。依照"有争端，不审议"规则处理涉争端的划界案，对于维护沿海国合法权益以及国际海洋秩序和平稳定具有重要意义。

委员会有义务遵守其《议事规则》，它是约束委员会行动的规范性文件。"有争端，不审议"规则的法律依据源于《公约》第 76 条第 10 款和附件 2 第 9 条。《公约》第 76 条第 10 款规定："本条规定不妨害海岸相向或相邻国家间大陆架界限划定的问题。"《公约》附件 2 第 9 条也重申"委员会的行动不应妨害海岸相向或相邻国家间划定界限的事项"。《议事规则》"有争端，不审议"规则落实了《公约》规定的"不妨害"国家间划界的原则。"不妨害"国家间划界的原则明确了委员会处理和审议划界案的权力范围。委员会对划界案仅能提出建议，如果其他国家不同意委员会对涉及其依据《公约》享有的权利问题进行审议，委员会则不得提出影响这些国家利益的建议。委员会必须避免处理可能有损于国家间划界事宜的划界案。在争端产生不同的结果能够导致不同的大陆架外部界限时，委员会推迟审议的做法是较为恰当的。有观点认为"有争端，不审议"规则阻碍了委员会依照《公约》第76条第8款履行"应提出建议"的义务。然而，《议事规则》还提供了三种方式，使涉争端划界案能够被审议：一是沿海国依照《议事规则》附件1第3条，以部分划界案的形式，避免涉及存在争端的部分；二是两个或多个沿海国采取《议事规则》附件1第4条中规定的联合划界案形式；三是争端当事国在《议事规则》附件1第5条（a）款框架下事前进行协商，同意委员会对涉争端划界案进行审议。

国际海洋法法庭（以下简称为法庭）是根据1982年《联合国海洋法公约》第287条规定的四种导致有拘束力裁判的强制程序之一，[①]并按照公约附件6设立的常设的专门性国际司法机构。然而，在第三次海洋法会议上，日本等一些国家曾反对建立这一新的国际司法机构。他们认为，国际法院可以解决有关解释或适用公约的争端，而创设新法庭不仅将削弱国际法院的作用，而且还存在判例间发生冲突的可能性。另外，创设新法庭的高额费用也很可能与其所解决争端的有限数量不成比例。[②]导致国际海洋法法庭创立的一个重要政治因素是发展中国家当时对国际法院

---

① 《联合国海洋法公约》第287条规定的四种有拘束力裁判的强制程序包括："（a）按照附件6设立的国际海洋法法庭；（b）国际法院；（c）按照附件7组成的仲裁法庭；（d）按照附件8组成的处理其中所列的一类或一类以上争端的特别仲裁法庭。"

② 赵理海. 海洋法的新发展[M]. 北京：北京大学出版社，1984：190.

十分不信任，他们认为一个新的法庭将会更有效地保护他们的利益。[①]

国际海洋法法庭由《联合国海洋法公约》缔约方大会选举产生的 21 名法官组成。法庭是根据《联合国海洋法公约》第十五部分和附件 6 设立的司法机构。法庭除了对《联合国海洋法公约》的缔约方开放之外，也对符合规定的其他国家、组织和实体开放。法庭设有海底争端分庭、简易程序分庭、特别分庭和专案分庭。法庭的管辖权包括：《联合国海洋法公约》附件 6《法庭规约》第 21 条规定的"按照本公约向其提交的一切争端和申请"；《法庭规约》第 22 条规定的"其他协定范围内的争端的提交"；也包括《联合国海洋法公约》第 288 条规定的诉讼管辖等。通俗地说，法庭对有关《公约》的解释或适用的任何争端，以及对赋予法庭管辖权的任何其他协定中具体规定的所有事项都具有管辖权；对与《公约》有关的涉及海洋区域的划界、航海、海洋生物资源的养护和管理、海洋环境的保护和保全以及海洋科学研究的争端拥有管辖权。除了诉讼管辖权之外，法庭还拥有咨询管辖权。《联合国海洋法公约》没有规定法庭的咨询管辖权，在公约中提及咨询意见的两个地方（第 191 条和第 159 条第 10 款），有权提供咨询意见的都是海底争端分庭。《法庭规约》第 21 条规定法庭的管辖权包括"将管辖权授予法庭的任何其他国际协定中具体规定的一切申请"。这一宽泛的表述，不能排除其中包括向法庭寻求咨询意见的"申请"。对于法庭是否拥有咨询管辖权问题，目前国际社会仍有分歧，存在质疑。

迄今为止，法庭一共收到 29 个案件，其中第 29 号案应当事方请求终止审理，从法庭案件列表中移除，目前在审案件 1 个。

---

① Shigeru Oda. Dispute Settlement Prospects in the Law of the Sea[J]. International and Comparative Law Quarterly, 1995: 865. 转引自高健军.《联合国海洋法公约》争端解决机制研究[M]. 北京：中国政法大学出版社，2010: 86-87.

不过，客观地说，《联合国海洋法公约》始终处在不断地完善和发展过程中。在谈判过程中，该公约的第十一部分条款就已经开始被修订，产生了与公约并行的第一个执行协定。在 20 世纪公约谈判晚期，为了弥合发达国家与发展中国家在新制定的国际海底区域制度问题上产生的严重分歧，各方作出让步，同意就《联合国海洋法公约》草案中第十一部分国际海底区域的条款内容开展新的磋商。为了不破坏《联合国海洋法公约》各个部分之间已经达成的微妙平衡，缔约方们同意将修订内容单列出来，以《执行〈联合国海洋法公约〉第十一部分的协定》的方式予以解决。《联合国海洋法公约》在 1994 年开始生效之后，仍处于不断的发展进程中，已经出台了《跨界高度洄游鱼类种群协定》，而将要出台的是"国家管辖范围以外海洋生物多样性养护和可持续利用协定"（简称 BBNJ 协定）。

必须指出的是，现代海洋法是现代国际法的一个重要组成部分，《联合国海洋法公约》规定了许多法律制度和规则，对规范海洋活动发挥着重要作用，构成了现代海洋法的重要组成部分。海洋法是调整国家之间在沿海国享有管辖权的海域及不属于任何国家管辖的海域及海底的关系的法。海洋法是条约和习惯规则的混合。一方面，《联合国海洋法公约》规定了许多法律制度和规则，对规范海洋活动发挥着重要作用，构成了现代海洋法的重要组成部分。必须指出的是，另一方面，它明显地带有时代烙印。例如，关于海洋保护问题，当时人们仅重视海洋环境污染治理问题，却尚未充分地认识到人类活动对海洋生态系统所带来的压力和危害。《联合国海洋法公约》里虽然用了"保护（protection）"和"养护（preservation）"两个词，但具体条款内容主要是关于海洋环境保护的，几乎没有涉及海洋生态，尤其是海洋生物多样性的养护问题。而且，《联合国海洋法公约》无法处理所有的海洋用途，还有许多国际条约和国际文件、习惯法以及国家实践都在共同发挥着重要作用，推动着包括该公约在内的现代海洋法不断取得新发展。具体表现为：

首先，从《联合国海洋法公约》的内容看，有些问题并未得到充分解决。例如，航行自由、海洋科学研究等重要术语均未在《联合国海洋法公约》中予以定义。又如，《联合国海洋法公约》并没有成功地处理所有海洋用途，其他许多国际条约也在发挥重要作用。至少包括《伦敦公约》和国际海事组织框架下的十余个防止海洋环境污染的公约及其议定书，以及适用于南极地区的《南极条约》体系下的相关议定书。

其次，从发展的视角看，《联合国海洋法公约》具有时代局限性。《联合国海洋法公约》是 20 世纪 70 年代谈判后制定的，因此，不可避免地具有那个时代对于海洋的认知和理念的局限性。例如，《联合国海洋法公约》只规定了海洋环境保护，只字未提对海洋生态系统或海洋生物多样性的养护问题。原因是国际社会对于养护海洋生态系统、保护海洋生物多样性的认知、理念和需求，是从 20 世纪 90 年代里约环境与发展大会之后才逐渐形成的。目前正在进行的 BBNJ 协定磋商，是对《联合国海洋法公约》中的一个制度空白进行填补的尝试。

最后，从应对新挑战的角度看，现代海洋法仍然处于不断发展的进程中。一些在《联合国海洋法公约》谈判时还不是问题的问题，例如，气候变化引起的海平面上升、塑料垃圾污染、海上自主船舶新技术运用等，都将给现有的海洋法制度带来新挑战。这些新挑战，有的已经成为或即将成为制定新的国际协定或当代海洋法新规则的推动力。

综上所述，《联合国海洋法公约》的缔约者们很清晰地意识到了该公约无法处理全部海洋问题，为此，在《联合国海洋法公约》前言里明确规定了"确认本公约未予确定的事项，应继续以一般国际法的规则和原则为准据"。简言之，《联合国海洋法公约》是现代海洋法的重要组成部分，但不是全部。面对快速变化所带来的新挑战，国际社会应共同努力，不断完善当代海洋法相关的制度和规则，共同构建更加公平合理的海洋秩序，实现海洋可持续发展目标。

二、防治海洋污染的国际法律体系

防治海洋环境污染问题在当代全球海洋治理中占据着十分重要的位置。它是推动当代全球海洋治理兴起的首要因素，也是当今全球海洋治理的最主要切入点和最重要议题。当代国际海洋法中，海洋环境污染防治是通过国际条约最多的一个领域，主要包括《联合国海洋法公约》、国际海事组织牵头制定的全球性和区域性防治海洋环境污染公约及其议定书、双边条约，此外，还有南极环境保护的立法等。这些国际公约旨在减少人类活动对海洋生态环境的损害，分别对来自不同源头的污染物排放进入海洋的相关事宜做出了规定，建立了许多重要的法律制度，共同搭建起了预防海洋污染、保护海洋环境的国际法律体系。关于防治海洋环境污染的国际公约及相关议定书有 20 多个。

（一）关于防治海洋环境污染的全球性公约

1.综合性防治海洋污染、保护海洋环境的公约。1958 年通过的《公海公约》的第 25 条对防止海洋污染做出了规定："（1）各国应参照主管国际组织所订定之标准与规章，采取办法，以防止倾弃放射废料而污染海水。（2）各国应与主管国际组织合作采取办法，以防止任何活动因使用放射材料或其他有害物剂而污染海水或其上空。"1982 年，《联合国海洋法公约》第十二部分海洋环境的保护和保全，将可能污染海洋环境的污染物来源分成六大类，即：陆地来源的污染、国家管辖的海底活动造成的污染、来自"区域"内活动的污染、倾倒造成的污染、来自船只的污染、来自大气层或通过大气层的污染，并对防止、减少和控制这些污染海洋环境的相关事项进行了较为全面的原则性规定。

2.关于预防船舶污染海洋的公约。国际海事组织是上述《公海公约》和《联合国海洋法公约》所指的主管国际组织，其职责之一是预防来自船舶的各类污染物质对海洋造成污染和有害影响。在控制和防治船舶海洋污染方面，国际海事组织制定了一系列公约，并与时俱进地对许多公约进行了多次修订，以适应新的发展阶段，主要包括：1973年《国际防止船舶污染公约》及其1978年议定书（简称《73/78防污公约》，MARPOL73/78），此后该公约又进行了多次修正。《73/78防污公约》是一个全面控制船舶污染的公约，不仅对油类污染，而且对化学品、其他有害物质、垃圾和污水的污染及空气污染和船舶的气体排放等皆做出了规定。《73/78防污公约》是一个系列性公约，在1973年和1978年公约的基础上，不断进行修正、添加附则，对防止船舶排放污染海洋做出了越来越严格的规定。例如，2011年通过的修正案规定了减少国际航运温室气体排放的强制性措施，对所有的新船均规定了强制性的能率设计指数和船舶能效管理计划。2001年《国际控制船舶有害防污底系统公约》，禁止在船用防污底漆中使用有害的有机锡，并将建立一个机制以防止未来出现在防污底漆系统中使用其他有害物质的可能性。该公约于2008年生效。2004年《国际船舶压载水与沉积物控制和管理公约》，对防止船舶压载水带有的外来有害水生物传播对海洋造成潜在的破坏性影响做出了相关规定。2009年5月，海事组织通过了《香港国际安全与无害环境拆船公约》。

3.关于控制海洋倾倒废物的公约。国际海洋组织于1972年通过了

《防止倾倒废物和其他物质造成海洋污染公约》（简称《伦敦公约》）。该公约之后被 2006 年生效的《1996 年伦敦公约议定书》所取代，除了某些列于经核准的清单中的物质之外，该议定书禁止在海上倾倒废物。此外，该方面的公约还有 1972 年的《防止船舶和飞机倾弃废物污染海洋公约》。

4.关于控制陆源污染的公约。在这方面主要有两个公约，即：1974年国际海事组织制定的《防止陆源物质污染海洋的公约》，1985 年联合国环境规划署制定的《保护海洋环境免受陆源污染的蒙特利尔准则》。

5.关于防止油类、有毒有害物质污染海洋和污染损害赔偿的公约。在这方面，国际海事组织制定了许多公约，包括：1954 年《防止油类污染公约》（于 1962 年和 1971 年做了修正）、1969 年《国际干预公海油污事件公约》、1969 年《国际油污损害民事责任公约》、1971 年《干预设立国际油污损失赔偿基金的国际公约》、1973 年《关于油类以外物质造成污染时在公海上进行干涉的议定书》、1989 年《国际救援公约》和 1990 年《国际油污防备、反应和合作公约》，这些公约旨在概述各国应对突发紧急事故的能力；2000 年《油污防备、反应和合作公约——有害有毒物质议定书》、1996 年《国际海上运输有害有毒物质的损害责任和赔偿公约》以及更新该公约的 2010 年议定书。这些公约一起确立了防止油污污染和为油污受害人提供赔偿的法律体系。

（二）关于防治海洋环境污染的区域性公约和双边条约

除了上述全球性公约之外，为了保护区域海洋环境，联合国环境署、国际海事组织以及南极协商国等签订了许多防治海洋环境污染的区域性公约和议定书等。例如：

1. 1974 年《波罗的海海洋环境保护公约》；

2. 1975 年《地中海行动计划》、1976 年《保护地中海免受污染公约》；

3. 1978 年《科威特海洋环境污染保护合作区域公约》、1990 年《科威特陆源污染议定书》；

4. 1981 年《中西非区域海洋及海岸环境发展暨保护合作公约》；

5. 1982 年《红海和亚丁湾环境维护区域公约》；

6. 1983 年《东南太平洋海洋环境和海岸区域保护公约》《保护东南太平洋免受陆源污染议定书》；

7. 1983 年《泛加勒比地区海洋环境开发和保护公约》；

8. 1985 年《东非区域海洋和海岸环境保护、管理暨发展公约》；

9. 1986 年《南太平洋地区自然资源和环境保护公约》；

10. 1992 年《保护东北大西洋海洋环境公约》。

地中海沿岸国家高度重视防止海洋污染，签订了一系列区域性条约，从多方面预防海洋污染。例如，《预防船舶和飞机倾废污染地中海的议定书》（ *Protocol for the Prevention of Pollution of the Mediterranean Sea by Dumping from Ships and Aircraft* ）、《关于合作防止船舶污染和在紧急情况下防止地中海污染的议定书》（ *Protocol Concerning Cooperation in Preventing Pollution from Ships and, in Cases of Emergency, Combating Pollution of the Mediterranean Sea* ）、《保护地中海免受陆源污染物及活动污染议定书》（ *Protocol for the Protection of the Mediterranean Sea against Pollution from Land-Based Sources and Activities* ）、《地中海特别保护区和生物多样性议定书》（ *Protocol Concerning Specially Protected Areas and Biological Diversity in the Mediterranean* ）、《关于保护地中海免受大陆架、海床及其底土勘探和开发造成污染的议定书》（ *Protocol for the Protection of the Mediterranean Sea against Pollution Resulting from Exploration and Exploitation of the Continental Shelf and the Seabed and its Subsoil* ）、

《防止危险废物越境转移及其处置污染地中海议定书》(*Protocol on the Prevention of Pollution of the Mediterranean Sea by Transboundary Movements of Hazardous Wastes and Their Disposal*)、《地中海海岸带综合管理议定书》(*Protocol on Integrated Coastal Zone Management in the Mediterranean*)等。

此外，为了保护南极环境，1991年10月4日，第十一届四次南极条约协商国特别会议上通过了《关于环境保护的南极条约议定书》。议定书对保护南极环境做了全面的规定，为南极大陆及附近地区的生态环境制定了严格的保护措施，其中包括规定在今后50年内禁止在南极地区进行一切商业性矿产资源开发活动等。议定书建立了南极环境保护委员会，以附件方式分别规定了环境影响评价、南极动植物保护、废物处置和管理、防止海洋污染和区域（特别保护区）的保护和管理等制度。该议定书于1992年10月3日生效。

也有一些国家就其邻近海域的环境保护问题签订了双边条约，例如1974年意大利和南斯拉夫签署的《亚得里亚海及沿岸区域海水污染保护合作协议》，1974年加拿大与美国签订的《建立漏油及其他有害物质共同污染意外事故计划协议》等。

三、公海渔业资源养护和管理的国际公约与区域性公约

沿海渔业（包括专属经济区内的所有渔业）为沿海国，特别是发展中国家提供了粮食、营养和生计保障，但是，沿海海洋生态系统也承受着巨大的压力。在全球范围内，经评估的海洋鱼类资源中有近30%被过度开发。绝大多数过度开发的地区位于发展中国家的沿海和岛国。这种状况威胁到了许多较贫穷人口的生计、粮食安全和营养供给。海洋渔业雇用了6000多万人，包括渔民和后续工作岗位，其中约85%是小规模

渔民和主要在发展中国家沿海水域作业的渔业工人。妇女，约占捕捞渔业和水产养殖业就业人员的一半。沿海渔业贡献了海洋捕捞渔业每年约8000万吨产量的85%。据估计，全球副渔获量为3850万吨，占总渔获量的40%以上，尤其还存在捕获后丢弃的情况，这很大程度上导致了过度捕捞、对非目标物种的威胁以及生态系统的破坏。渔业管理，历来是国际海洋领域的热点问题，备受国际社会的关注，也一直是全球海洋治理中非常重要的一个领域。

公海捕鱼自由是最古老的国际海洋法规则。二战后，保护公海渔业资源的国际立法活动逐渐增加。为了合理利用和养护公海渔业资源，联合国和区域性渔业组织制定了许多渔业协定。例如，1958年日内瓦《公海渔业和生物资源养护公约》，1982年《联合国海洋法公约》，1995年通过的《执行1982年12月10日〈联合国海洋法公约〉有关养护和管理跨界鱼类种群和高度洄游鱼类种群的规定的协定》（简称《鱼类种群协定》，这是《联合国海洋法公约》的第二个执行协定）。1992年5月墨西哥政府和联合国粮农组织在墨西哥的坎昆召开负责任捕鱼国际会议，并通过了《坎昆宣言》。与会各国同意在《联合国海洋法公约》框架内，促进国际合作，以达到合理管理与养护公海生物资源的目的。根据坎昆会议精神，联合国粮农组织通过了1993年《促进公海上渔船遵守国际养护和管理措施的协定》（简称《遵守协定》）。1995年通过了《国际负责任渔业行为守则》，为了协助守则的实施，联合国粮农组织渔业部就各类问题制定了详细的指导方针。1999年粮农组织制订了3项计划：《捕鱼能力管理国际行动计划》《鲨鱼保护及管理国际行动计划》《减少延绳钓渔业中误捉海鸟国际行动计划》。这些公约为公海重要经济鱼类的养护和管理构建起了基本法律制度，对于公海渔业资源可持续发展具有重要意义（详见表3-1）。

表3-1　主要区域性渔业公约及协定（王子齐制表）

条约名称（中/英）	通过时间	涵盖区域
《国际捕鲸管制公约》 *International Convention for the Regulation of Whaling*	1946 年 12 月 2 日	适用于各缔约政府管辖下的捕鲸母船、沿岸加工站和捕鲸船，以及这些捕鲸母船、沿岸加工站或捕鲸船进行作业的全部水域。
《中白令海狭鳕资源养护与管理公约》 *Convention on the Conservation and Management of Pollock Resources in the Central Bering Sea*	1994 年 6 月 16 日	适用于从白令海沿海国划定领海宽度的基线量起的 200 海里以外的白令海公海区域。出于科学目的，本公约下的活动可在白令海内扩展到公约区域外。
《北太平洋溯河性鱼类种群养护公约》 *Convention for the Conservation of Anadromous Stocks in the North Pacific Ocean*	1992 年 2 月 11 日	适用区域为从领海基线量起的 200 海里以外、北纬 33 度以北的北太平洋及其毗连水域。出于科学目的，公约下的活动可以在从领海基线量起的 200 海里以外的北太平洋及其毗连水域内向南延伸。
《北太平洋公海渔业国际公约》（修正本） *International Convention for the High Seas Fisheries of the North Pacific Ocean, as amended*	1952 年 5 月	适用于北太平洋和毗邻地区除领海外的所有海域。
《北太平洋公海渔业资源养护和管理公约》 *Convention on the Conservation and Management of High Seas Fishery Resources in the North Pacific Ocean*	2012 年 2 月 24 日	适用于北太平洋公海区域，排除白令海公海区域及为单一国家专属经济区所包围之其他公海区域。
《南太平洋公海渔业资源养护与管理公约》 *Convention on the Conservation and Management of High Seas Fishery Resources in the South Pacific Ocean*	2012 年 8 月 24 日	除另有规定外，本公约依国际法适用于在国家管辖范围外的太平洋水域。亦应适用于北纬 10 度线与南纬 20 度线和东经 135 度线与 150 度线所包围的国家管辖区域外的太平洋水域。

续表

条约名称(中/英)	通过时间	涵盖区域
《养护大西洋金枪鱼国际公约》 *International Convention for the Conservation of Atlantic Tunas*	1966 年 5 月 14 日	适用区域为大西洋所有水域，包括各毗连海域。
《黑海捕鱼公约》 *Black Sea Fishing Convention*	1966 年 3 月 21 日	适用区域为黑海。
《预防中北冰洋不管制公海渔业协定》 *Agreement to Prevent Unregulated High Seas Fisheries in the Central Arctic Ocean*	2017 年 11 月	适用于北冰洋中部公海海域。
《南印度洋渔业协定》 *Southern Indian Ocean Fisheries Agreement*	2012 年 6 月 21 日	协定范围位于联合国粮食及农业组织划分的除 200 海里专属经济区海域外的 51 和 57 渔区公海范围内。51 渔区中管辖海域分布范围北至北纬 10 度线，南至南纬 45 度线，东至东经 80 度线，西至西经 30 度线。57 渔区中管辖海域分布范围北至北纬 20 度线，南至南纬 55 度线，东至东经 120 度线，西至西经 80 度线。
《南极海洋生物资源养护公约》 *Convention for the Conservation of Antarctic Marine Living Resources*	1982 年 4 月 7 日	适用于南纬 60 度以南区域以及该纬度与构成部分南极海洋生态系统的南极幅合带之间区域的南极海洋生物资源。
《南方蓝鳍金枪鱼养护公约》 *Convention for the Conservation of Southern Bluefin Tuna*	1994 年 5 月 20 日	适用于南方蓝鳍金枪鱼的养护、利用。
《西北大西洋渔业未来多边合作公约》 *Convention on Future Multilateral Cooperation in the Northwest Atlantic Fisheries*	1979 年 1 月 1 日	西北大西洋的大部分海域。

中国自 1985 年起开始探索发展公海渔业，至 2019 年底有 1589 艘公海渔船在太平洋、印度洋、大西洋公海和南极海域作业。中国始终坚持走公海渔业绿色可持续发展道路，致力于科学养护和可持续利用公海渔业资源，主动、积极履行《联合国海洋法公约》《鱼类种群协定》以及相关区域渔业管理组织有关公海捕鱼国的船旗国义务，加入了 8 个区域渔业管理组织和 2 个区域渔业安排，不断完善和加强公海渔业立法和管理制度建设监管，采取多种措施开展公海捕鱼作业管理，自主养护并与世界各国合作养护公海生物资源，促进全球渔业的可持续发展。

四、养护海洋生物多样性等其他公约

海洋和沿海地区生物多样性的养护与可持续利用问题，也是国际条约关注的问题。除了《联合国海洋法公约》对海洋环境保护有专章规定之外，在《联合国气候变化框架公约》和《生物多样性公约》框架内，海洋和沿海地区，特别是海洋生物多样性问题，也都是重点关注的议题。马拉喀什全球气候行动伙伴关系将通过促进政府、城市、地区、企业和投资者之间的合作，包括在海洋和沿海地区开展合作，支持落实《巴黎协定》。根据《巴黎协定》提交的国家自主贡献中，70% 以上包括海洋和海洋相关问题。

（一）谈判中的国家管辖范围以外海洋生物多样性养护和可持续利用协定

国家管辖范围以外海洋生物多样性养护和可持续利用国际协定谈判是当前海洋和海洋法领域最为重要的立法项目，事关占全球海洋总面积约 70% 的海洋秩序调整和海洋利益的再分配问题。国家管辖范围以外的海域包含两类：一是公海；二是国际海底区域。

目前，根据联合国大会授权，联合国组织《联合国海洋法公约》缔约

方和观察员等正在进行谈判，将制定《联合国海洋法公约》的第三个执行协定，即"国家管辖范围以外海域生物多样性养护和可持续利用协定"简称BBNJ协定①。随着 1992 年世界环境与发展大会的召开以及《生物多样性公约》的通过，人们进一步增强了保护海洋环境和养护海洋生态系统的意识。在这方面，科学家们的呼吁及他们对公众的海洋知识普及和引导也发挥了积极作用。2004 年，联合国大会通过第 59/24 号决议，决定设立不限成员名额的非正式特设工作组（以下简称"特设工作组"），专门研究BBNJ问题。2004 年联合国大会做出决定，授权设立不限名额工作组，召集各国专家对国家管辖范围外海洋生物多样性问题进行讨论。2004 年至 2015 年期间，共召开了 9 次工作组会议和 2 次会间研讨会。各方就解决BBNJ问题达成了"认识上的共识"，即应在《联合国海洋法公约》框架下制定具有法律约束力的国际协定，一揽子解决海洋遗传资源及其惠益分享问题，包括海洋保护区在内的划区管理工具、环境影响评价、能力建设与海洋技术转让这四项议题，为推动BBNJ协定谈判向前发展迈出了关键性的一步。根据 2015 年 6 月联合国大会第 69/292 号决议，就BBNJ协定的法律性质以及谈判的路线图和时间表做出决定，授权开启《联合国海洋法公约》第三个执行协定——关于国家管辖范围以外海域生物多样性养护和可持续利用的法律文书——的谈判进程。2016 年至 2017 年，联合国召开了 1 次组织程序会议和 4 次筹备会议，各方就解决BBNJ问题在"框架上达成共识"，即向联合国大会提交供其审议的BBNJ协定草案要素。2017 年 12 月联合国大会做出第 72/249 号决议，决定召开政府间大会拟订案文，并尽早出台BBNJ协定。经过 2017 年至

---

① 该协定英文名称为Agreement under the Unieed Nafions Convention on the Law of the Sea on the Conservation and Sustainable Use of Marine Biological Diversity of Area beyond National Jurisdiction.

2018 年上半年的 4 次非正式政府间磋商和 2018 年下半年开始至 2022 年 8 月的 5 次政府间正式会议磋商，目前，该协定案文已基本形成。欧盟等有关国家力推在 2023 年初举行第 5 次政府间会议的续会，期望能解决各方尚存的分歧，尽快完成制定 BBNJ 协定的谈判。从目前谈判案文的内容看，该协定一旦通过，将确立一个重要的海洋法新制度——海洋保护区制度。该制度将对古老的公海自由原则带来实质上的限制和冲击，也会对现行的国际海洋秩序引发重大调整。[①]

（二）《生物多样性公约》

《生物多样性公约》是 1992 年里约环境与发展会议通过的三个公约之一。《生物多样性公约》（以下简称《公约》）是各国为保护生物多样性、持续利用其组成部分以及公平合理分享由利用遗传资源而产生的惠益而达成的国际公约。《公约》第 3 条确定了处理国家管辖范围以外海洋生物多样性的基本原则。依照《联合国宪章》和国际法原则，各国具有按照其环境政策开发其资源的主权权利，同时亦负有责任，确保在他管辖或控制范围内的活动，不至于对其他国家的环境或国家管辖范围以外地区的环境造成损害。《公约》第 4 条规定该公约的管辖范围为以不妨碍其他国家权利为限，除非本公约另有明文规定，应按下列情形对每一缔约国适用：一是生物多样性的组成部分位于该国管辖范围以内；二是在该国管辖或控制下开展的过程和活动，无论该行为或效果发生于何处，此种过程和活动可位于该国管辖区内，也可在该国管辖区外。换言之，《公约》适用于缔约国管辖范围之内，包括属地管辖和属人管辖。位于公海或国际海底区域的海洋生物多样性的养护和可持续利用问题，超过了各国的属

---

① 2023 年 3 月，第 5 次政府间正式会议续会原则通过了该协定的实质条款（英文版）；2023 年 6 月，该协定获得正式通过并签署。中国等 80 余个国家在开放签署的第一、二天先后签署。

地管辖范围，但一国可以基于属人管辖权，对其管辖或控制下的行为适用《公约》的有关规定，避免或减少对国家管辖范围以外海洋生物多样性的不利影响。

在国家管辖范围以外地区，《公约》的规定仅适用于在缔约国管辖或控制范围内开展的可能对生物多样性产生不利影响的活动和进程。由于缔约国对国家管辖范围以外地区内的资源没有主权或管辖权，所以他们对这些地区的生物多样性具体组成部分的养护和可持续利用没有直接义务。为实现对相关资源的有效养护和管理，《公约》第5条强调，要求缔约国尽可能与其他缔约国、国际组织，就国家管辖范围以外的海洋生物多样性问题开展合作。

2020年是《生物多样性战略计划（2011—2020年）》的收官之年，计划中提出了到2020年保护全球10%海洋的目标（也称"爱知生物多样性目标"第11项）。然而到2020年底，这一目标的实施进展依然很有限。为了规划未来十年的全球海洋生物多样性保护，各国开始着手在《生物多样性公约》框架下制定2020年后的海洋保护目标。2020年1月13日，公约秘书处发布了"2020年后全球生物多样性框架"（简称"框架"）"零案文"，提出了5个与2050愿景相关的总目标以及20个行动目标，其中行动目标2，即保护地目标备受关注。该目标提出："通过保护地和其他基于区域的有效保护措施保护对生物多样性特别重要的地区，到2030年至少覆盖此类地点的60%，至少30%的陆地和海洋地区，至少10%受到严格保护。"至此，"3030目标"正式纳入框架磋商进程，即"到2030年，至少保护全球30%的陆地和海洋"。2020年6月，共同主席和秘书处更新了框架案文，保护目标案文更新为"到2030年前，通过连通和有效的保护地或其他基于区域的有效保护措施体系养护和保护至少30%的地球"，与前述"3030 目标"基本一致，但删除了"零案文"中"对生物多样性特别重要的地区"和"严格保护"的数量目标。依据第十四次缔约国大会的决定，成立了不限成员名额的工作组，开展框架的制定和谈判工作。2022 年，工作组先后在瑞士日内瓦和肯尼亚内罗毕召开会议，继续磋商框架和其他相关文件。目前各方对案文仍然存在一些分歧。2022 年 11 月，第十五次缔约国大会（COP15）第二阶段会议在加拿大蒙特利尔（该公约秘书处所在地）举行。

欧盟成员国等西方国家一直在巧妙地推动《生物多样性公约》的适用范围不断地向国家管辖海域之外的公海和国际海底区域扩展。欧盟明确要求在即将召开的COP15 第二阶段大会上通过一个"高雄心目标"——到 2030 年，将地球表面 30% 的陆地和海洋纳入保护范围。

（三）其他有关生物多样性的全球性和区域性条约

种类繁多的野生动物和植物是地球自然系统中不可替代的一部分，为了保护某些海洋野生动植物资源免遭过度开发利用，除了前文所述的国际公约之外，国际社会还订立了一些全球性和区域性条约。例如，1957 年《保护北太平洋海豹临时公约》、1971 年《关于特别是作为水禽栖息地的国际重要湿地公约》（简称《湿地公约》，又称《拉姆萨尔公约》）、1972 年《保护南极海豹公约》、1973 年《濒危野生动植物物种国际贸易公约》、1990 年《关于特别保护区和受特别保护的野生物的议定书》以及防止外来物种入侵的《国际船舶压载水与沉积物控制和管理公约》等。这些公约制定了一系列的珍稀濒危野生动植物的保护制度，包括野生动植物物种国际贸易制度、分级保护制度、就地保护制度、迁地保护制度、动物运输的控制措施等，直接或间接地促进了海洋生物多样性的保护。

全球的海洋是互相连接和融通的，全球性海洋问题和挑战超越了这些人为设定的界限。全球海洋治理中存在着一个矛盾，即：应对全球性海洋问题需跨界的需求与现有国际海洋秩序需相对稳定的需求之间存在矛盾。全球海洋治理也应顾及《联合国海洋法公约》谈判过程中所达成的各方利益之间的微妙平衡，遵循海洋国际法治原则，综合考虑各方面因素，兼顾和平衡各方面利益，才能得到各方的支持和积极参与，得以有效推进。

第三节 全球海洋治理的国际政治

虽说谈判制定并通过国际条约是国际政治重大成果的一个重要体现，但是，国际上也还有许多事务尚不需要或时机尚不成熟无法通过制定国际条约的方式去应对或解决，而是可以通过召开多边国际会议或论坛，以通过会议决议、宣言、声明或倡议等多种国际文件的方式加以处理，或者通过专业机构发布重要研究报告等方式，展示出各方对所讨论的议题已达成的政治共识或采取集体行动的意愿进行协调。为了叙述方便，下文将上述各类文字材料统称为国际文件。全球海洋治理中，有许多重要理念最先就是通过重要的国际文件提出的。这些国际文件虽然不具有法律拘束力，但是，它们标志着国际社会在海洋生态环境保护等全球海洋治理重大议题上所达成的基本共识。这些国际文件所阐述的理念、原则、行动方案等是世界各国共同利益和共同意愿的体现，构成了全球海洋治理的基本政策框架，并已经得到了国际社会的广泛接受和实施。

一、全球性环境会议开启当代全球海洋治理进程

在全球治理的概念和理念的形成、发展过程中，孕育、萌生出了全球海洋治理的理念。因此，那些对于全球生态环境治理和全球发展来说具有里程碑意义的多边国际会议，实质上也是形成全球海洋治理概念和理念的重要依托和平台。这些国际平台和国际文件在全球治理中发挥着主权国家无法替代的重要作用，发挥了传播知识、凝聚共识、指导方向以及推动国家采取行动等积极作用。因此，有必要回顾和梳理全球环境治理与发展历程中具有里程碑意义的会议及其文件。

促进发展一直是联合国的一项重要使命。1961年，联合国大会通过了第一个关于发展问题的决议，启动了"联合国发展十年"计划，制定了

发达国家应该提供不少于国民生产总值 1% 的预算作为发展援助经费的目标(1970 年改为 0.7%)。1964 年,为了给发展中国家融入世界经济提供更好的制度安排和指导,联合国贸易与发展会议应运而生,发展中国家以此为平台建立了"77 国集团",为推动建立国际政治经济新秩序奠定了基础。此后,联合国分别在 1970 年、1980 年、1990 年通过了第二个、第三个和第四个"联合国发展十年"计划。1987 年世界环境发展委员会在《我们共同的未来》报告中第一次提出了可持续发展的新发展理念。在第四个计划里,联合国已经明确将发展、保护环境和改善人的境况结合起来,明确了可持续发展的发展战略。

1972 年 3 月,罗马俱乐部在其《增长的极限》报告中首先提出了"全球问题"的概念,并称其为"人类困境研究"。报告提出"地球的资源和承载能力是有限的,世界的人口和资本若以现在的增长模式发展下去,终将使地球在未来 10 年内达到基线,世界将面临一场灾难性的崩溃。因此,应采取'零增长'对策限制增长,让人口、经济和社会发展维持在70 年代初的水平并使之均衡运动,以保证人类的生存环境——地球生态不再恶化"。罗马俱乐部报告的最大贡献是提出了"全球问题";不过,该报告也有明显的时代局限性。该报告基于当时的认知和发展方式提出了"零增长"的对策,但是这个对策显然太过理论化,忽略了谋求更美好生活是人类的本能需求,因而缺乏可执行性。

1972 年 6 月,联合国人类环境大会在斯德哥尔摩召开,共有 113 个国家、19 个政府间机构和 400 个其他非政府组织的代表出席。会议通过了全球性保护环境的《联合国人类环境会议宣言》(简称《人类环境宣言》),号召各国政府和人民为保护和改善环境而奋斗。本次会议开创了人类社会环境保护事业的新纪元,这是人类环境保护史上的第一座里程碑。这次会议是人类历史上首次以环境为核心议题的高级别会议，并达成了广泛共识。自此之后，环境问题日益进入大多数国家最高层次的议程中，许多条约、组织以及机制纷纷涌现。人类环保意识逐步提高，启动了大量新的国际行动。从此，人类真正开始以全球性的合作来应对全球性的环境恶化。同年的第二十七届联合国大会，把每年的 6 月 5 日定为"世界环境日"。《人类环境宣言》提出了 7 个共同观点和 26 项共同原则，对于促进国际环境法的发展具有重要作用，也为全球海洋环境治理奠定了重要的政策基础。《人类环境宣言》的第 7 项共同原则是："各国应该采取一切可能的步骤，防止海洋受到那些会对人类健康造成危害、损害生物资源和破坏海洋生物舒适环境的或妨害海洋其他合法利用的物质的污染。"斯德哥尔摩人类环境会议上关于环境问题的国际大讨论和呼吁保护环境的重要国际共识，对于同时期的第三次联合国海洋法会议讨论制定新的国际海洋法具有积极影响，并反映在了 20 世纪 70 年代讨论起草、1982 年通过的《联合国海洋法公约》中。该公约专门设立了第十二部分"海洋环境的保护和保全"。这是国际海洋法发展史上的一个创新之举，此前的海洋法，包括习惯法和 1958 年日内瓦四个海洋法公约都只规定人类如何利用海洋和开发海洋资源，从未如此重视海洋环境保护问题。防止海洋污染，保护海洋环境，成为当代全球海洋治理进程中被重视和积极应对的第一个重大挑战。

二、全球性发展会议确立了保护与可持续发展并行的理念

1987 年，环境特别会议在东京召开，世界环境与发展委员会发表了《我们共同的未来》（又称《布伦特兰报告》），指出了发展与环境的联系，要求决策者在解决全球问题时考虑环境、经济和社会问题间的相互关系。报告建议建立环境保护和可持续发展的法律机制，评估全球风险以应对

环境挑战。本次大会虽然是环境特别会议，但是会议上发布的报告明确将环境与发展问题紧密联系了起来，标志着人类在全球治理理念和机制等方面都迈出了新的一步。

为纪念斯德哥尔摩第一次人类环境会议召开 20 周年，1992 年 6 月 3 日至 14 日，联合国在巴西里约热内卢召开了联合国环境与发展大会。这是历史上第一次把环境保护议题提升到"全球性峰会"的层次，该会议又被称为"环发大会"或"地球峰会"（Earth Summit）。这是继 1972 年 6 月瑞典斯德哥尔摩联合国人类环境会议之后，环境与发展领域中规模最大、级别最高的一次国际会议。来自 100 多个国家和地区的代表、60 多个国际组织的代表及 102 位国家元首或政府首脑出席大会，非政府组织的 2400 多名代表参会，另有 17000 人参加了非政府组织平行活动。中国时任国务院总理李鹏出席大会并发表讲话。这是一个划时代的盛会，为迎接新世纪的挑战做准备。会议通过了三项重要文件：《21 世纪议程》《关于森林问题的原则声明》《关于环境与发展的里约热内卢宣言》（简称《里约宣言》）。

《21 世纪议程》旨在鼓励发展的同时保护环境，这是国际社会在 20 世纪末为即将到来的 21 世纪共同设计和描绘的全球可持续发展的行动蓝图。《21 世纪议程》共 20 章，包含 78 个方案领域。第 17 章是"保护大洋和各种海洋，包括封闭和半封闭海以及沿海区，并保护、合理利用和开发其生物资源"，指出"海洋环境——包括大洋和各种海洋以及邻接的沿海区域——是一个整体，是全球生命支持系统的一个基本组成部分，也是一种有助于实现可持续发展的宝贵财富。本章提到的《联合国海洋法公约》各项条款所反映的国际法规定了各国的权利和义务，并提供了一个国际基础，可借以对海洋和沿海环境及其资源进行保护，实现可持续发展。这需要在国家、此区域、区域和全球各级对海洋和沿海区域的管理和开发采取新的方针"，该方案领域对海洋环境保护的行动依据和目标做出了详尽规定。在《21世纪议程》实施5年之后，1997年6月28日联合国大会第十九届特别会议第十一次全体会议通过了《进一步执行〈21世纪议程〉方案》，在第一部分承诺声明中写道："我们承诺务必在2002年下一次全面审查《21世纪议程》时，在实现可持续发展方面取得重大的进展。这份《进一步执行〈21世纪议程〉方案》是我们达到上述目标的工具。我们承诺充分执行这项方案。"该方案的第三部分审查了《21世纪议程》所规定的"需采取紧急行动的各领域内的《21世纪议程》实施情况"，在"海洋""小岛屿国家"部分，肯定了所取得的进展，指出了仍然存在海洋污染日益严重的问题，对各国政府明确提出了迫切需要采取的7个方面行动的要求。

《里约宣言》将"可持续发展"的概念引入其中，主要内容包括序言和27项原则，包括在决策中综合考虑环境与发展问题，污染者付费原则，承认共同但有区别的责任，以及在决策中采取预防原则，等等。本次会议为全球治理确立了许多重要原则。这些原则后续被反复写入其他国际文件和国际条约，例如，污染者付费原则成了海洋环境法的重要原则和法律制度之一，共同但有区别的责任则延续到了全球气候治理领域，并被写入了《巴黎协定》等治理气候变化的国际公约中。

1998年12月17日，联合国大会通过决议，指定2000年9月6日开幕的第五十五届大会为"联合国千年大会"，并且召开"联合国千年首脑会议"。1999年至2000年期间，联合国举办了一系列千年活动，其中包括2000年4月3日安南秘书长在纽约联合国总部所作的千年报告《我们民众》。

2000 年 9 月 6 日至 8 日，联合国千年首脑会议在纽约联合国总部举行，会议的主题是"21 世纪联合国的作用"。召开联合国千年首脑会议的建议是联合国秘书长安南在 1997 年提出的，并于 1998 年 12 月 17 日第五十三届联合国大会上获得通过。这次联合国千年首脑会议规模空前，180 多个国家的代表，其中包括 150 多个国家的元首或政府首脑出席了会议。中国时任国家主席江泽民出席会议并在会上发表重要讲话。联合国千年首脑会议通过了《联合国千年宣言》，确立了 8 个方面的千年发展目标。

2002 年，各国领导人在约翰内斯堡召开可持续发展世界首脑会议，包括来自 191 个国家和政府的代表在内的 21000 多人参加了会议。大会重申了可持续发展是国际议程的中心目标，发布了《约翰内斯堡可持续发展宣言》和《约翰内斯堡执行计划》。各国首脑做出了新承诺。这次会议确立了全球治理新机制，建立了环境保护与可持续发展相结合、同步治理的体制。相比之前相关的国际文件内容，《约翰内斯堡执行计划》中增加了大量的海洋内容，第三部分"改变不可持续的消费形态和生产形态"中，围绕海洋 7 个方面问题（第 30—36 个），提出了 31 个具体的行动要求。

2012 年 6 月，联合国可持续发展大会（即"里约+20"峰会）在巴西里约热内卢召开。本次峰会是 1992 年联合国环境与发展大会和 2002 年可持续发展世界首脑会议的重要延续，来自 191 个国家和地区的 5 万名代表参会，其中包括 86 位国家元首和政府首脑。会议最大的成果是重申了里约原则。本次会议首次充分调动了国际组织和民间团体的理论，积极聚集社会公众的智慧。随着 2015 年千年目标截止时间的临近，会议上与会者对"2015 年后发展议程"展开了激烈讨论。

2015 年 9 月 25 日，联合国可持续发展峰会在其纽约总部召开，联合国 193 个成员国代表在峰会上正式通过 17 个可持续发展目标。制定可持续发展目标，在 2000—2015 年千年发展目标到期之后继续指导 2015—2030 年的全球发展工作。可持续发展目标旨在从 2015 年到 2030 年间以综合方式彻底解决社会、经济和环境三个维度的发展问题，转向可持续发展道路。

三、引领现代全球海洋治理的联合国"海洋十年"计划

2016 年，联合国《首次世界海洋评估》(*First World Ocean Assessment*) 报告向全世界宣告：海洋健康状况堪忧，且留给人类启动海洋可持续管理的时间已不多。

意识到全球海洋问题是高度跨界问题，现有的只强调跨部门的综合管理和政策的方案仍然不足以应对和解决。为了找到逆转海洋健康状况衰退局面的有效途径，2017 年 12 月联合国大会通过第 72/73 号决议，决定自 2021 年 1 月正式启动"联合国海洋科学促进可持续发展十年（ 2021—2030 年 ）"(United Nations Decade of Ocean Science for Sustainable Development，以下简称"海洋十年"）计划，并呼吁政府间海洋学委员会与各成员国、专门机构、基金、项目和联合国实体以及其他政府间组织、非政府组织和各利益攸关方协商，共同参与编写《"海洋十年"实施计划》(以下简称《实施计划》)。

2018 年海委会从全球遴选了 19 位海洋科学领域专家组成执行规划组（ Executive Planning Group ）牵头开展《实施计划》的编写工作。在经过一系列全球和区域研讨会、广泛征求各方意见并修改完善之后，2020 年 7 月底，按照联合国大会第 74/19 号决议的规定，《实施计划》草案提交联合国大会第七十五届会议。第七十五届联合国大会批准了"海洋十

年"的实施计划（联合国大会第 75/239 号决议），并指定联合国教科文组织政府间海洋学委员会负责协调"海洋十年"的实施，并确定在全球遴选高级别专家组成咨询委员会，由 5 名联合国机构代表和 15 名国家代表组成，向联合国和海委会提供咨询建议，审议和批准"海洋十年"行动，指导"海洋十年"的相关工作。

联合国"海洋十年"计划已于 2021 年 1 月正式启动。"海洋十年"计划以"构建我们所需要的科学、打造我们所希望的海洋"为愿景，描绘了"海洋十年"的预期成果、挑战与目标，以及实施、治理、协调、筹资、监督与审查等机制。"海洋十年"是一项全球性行动计划，具有跨地域、跨部门、跨学科、跨世代的特点，将在《联合国海洋法公约》法律框架下由各国及相关机构负责具体实施。该计划旨在开展科学能力建设，加强全球合作伙伴关系，通过提供数据、信息、知识和能力支撑，助推实现全球法律和政策框架中的目标，包括《联合国气候变化框架公约》（含《气候变化巴黎协定》）、《生物多样性公约》（含《2020 年后全球生物多样性框架》）、联合国《2030 年可持续发展议程》以及即将出台的《公约》框架下的BBNJ执行协定等。

"海洋十年"被联合国喻为"一生一次"的计划，是联合国发起的海洋大科学综合性顶层计划，它将通过激发和推动海洋科学领域的变革，在全球和国家层面构建更加强大的基于科技创新的治理体系来实现海洋的可持续发展。这将深刻改变人类对海洋的认知与行为模式，深刻影响乃至引领海洋秩序的演化过程，也将为全球海洋治理提供全面的指导和行动方案。

随着科技水平的发展，人类开发利用自然资源的能力和生产力不断提高，社会经济得到快速发展，在此过程中，环境状况也不断恶化。从

1972 年《人类环境宣言》到 1992 年《里约宣言》的发布，显示出人们的环境保护意识在不断增强，也展示出了国际社会采取行动保护环境的共同意愿和决心。联合国环发大会通过的《里约宣言》和《21 世纪议程》在世界环境保护历史进程中具有里程碑意义，也为海洋环境保护提供了重要的方向指引和具体的政策指导。

四、联合国海洋可持续发展大会及其成果

过去十年来，涉及海洋议题的国际会议迅速增多，反映了人们对海洋治理的高度关注，其中一些重要的国际会议形成较多成果，对全球海洋治理具有积极影响。

第一次联合国海洋可持续发展大会。在 2017 年 6 月 8 日"世界海洋日"到来之际，根据联合国大会相关决议、由斐济和瑞典政府共同主办的"可持续发展目标 14：保护和可持续利用海洋和海洋资源以促进可持续发展"高级别会议（简称联合国海洋大会）于 6 月 5 日在纽约联合国总部开幕。会议呼吁国际社会改变思考和行动的方式，扭转海洋衰退的趋势，并推动建立创新合作伙伴关系，探寻"养护和可持续利用海洋和海洋资源"的有效解决方案。这是联合国在《海洋法公约》通过后时隔 35 年召开的关于海洋议题的高级别会议，吸引了世界各国的关注，联合国 193 个会员国的代表、其中包括十几位国家元首与政府首脑、70 多位部长以及商界、学术界、民间团体、海洋专家等近 5000 人与会。

本次大会由全体大会，关于海洋污染防治、海洋生态保护、海水酸化应对、可持续渔业、海洋科研能力等主题的对话会，国家和国际组织以及非政府组织等举办的各类边会组成。

会前及会议期间，各国政府、国际组织、民间团体、私营部门、学术界等积极响应会议要求，共提出 1300 多项自愿承诺，涵盖了第 14 个

目标的各项具体目标。这些自愿承诺是国际社会积极参与全球海洋治理的政治共识和集体行动的一次重要体现。

第二次联合国海洋可持续发展大会。2022 年 6 月 27 日至 7 月 1 日，第二届联合国海洋大会在葡萄牙首都里斯本举行。会议主题为"扩大基于科学和创新的海洋行动，促进落实目标 14：评估、伙伴关系和解决办法"。多国政要、国际组织代表、商界领袖、科学家、非政府组织以及青年志愿者与会，讨论共同应对海洋所面临挑战的解决方案。会议通过了"里斯本宣言"，同意加大基于科学和创新的海洋行动力度，以应对当前的海洋形势。

与第一届海洋大会相同，多场涉及深度交流与碰撞的互动对话会议与大会的全体会议同步进行，这些海洋重点议题涉及海洋污染、海洋酸化、海洋生态、海洋经济、海洋渔业、海洋科学、海洋法等。

会议呼吁与会各方提交自愿承诺。联合国海洋大会是海洋可持续发展领域最重要的国际会议。会议结束时通过了成果文件《2022 年联合国海洋大会宣言——我们的海洋、我们的未来、我们的责任》。

五、国家主办的海洋会议

自从进入"海洋世纪"以来，沿海国纷纷举办多种形式的海洋大会，搭建国际交流平台，围绕全球海洋治理的热点问题，展开广泛的对话，引领全球海洋治理。例如，自 2001 年起举办了五次的"海洋、海岸和岛屿全球海洋论坛""国际海洋保护区大会"；自 2005 年起举行了三次的保护生物学学会的"国际海洋保护大会"；从 2009 年开始每两年举行一次的"世界小规模渔业大会"（2010 年和 2014 年分别举行）；自 2014 年起，美国国务院主办的"我们的海洋"，此后分别由美国与相关国家或组织联合主办，包括 2015 年与智利、2016 年与欧盟、2017 年与挪威、2019 年与印度尼西亚、2022 年与帕劳等。葡萄牙政府也连续主办了多次"蓝色会议"。2022 年 10 月 27 日韩国第十六届釜山世界海洋论坛闭幕。2022 年 11 月中国厦门举办国际海洋周。中国自然资源部海洋发展战略研究所和第二海洋研究所已联合举办了 7 届"大陆架和'区域'的科学与法律国际研讨会"。2014 年 8 月 28 日，中国举办亚太经合组织第四届海洋部长会议，会议通过了《厦门宣言》，并列入当年年底举办的亚太经合组织领导人会议成果清单。这些会议反映了各国政府、学界、非政府和私营部门对海洋治理和海洋相关活动的极大关切，通过会议和论坛等多边平台，传播经验和海洋治理新理念，交流思想和观点，发现问题并探讨解决或应对的举措。

04

第四章

全球海洋治理的
行为体

全球海洋治理进程，有其独特的推进方式。全球海洋问题和挑战的跨界性基本特征，决定了任何一个国家或组织都无能力去独自应对，也决定了参与全球海洋治理的行为体必然是多方面的，具备多元性的特征。全球海洋治理的行为体主要包括：国家（包括沿海国和内陆国）、政府间国际组织（包括联合国等全球性国际组织和欧盟等区域组织）、非政府间国际组织、私营部门（包括跨国公司和企业等营利性市场主体）、社会各界（包括智库、学术界、公众人物和民众等，具有非营利性质）。

第一节　国家

全球海洋治理的最根本特征是行为体多元化。与既往由主权国家行为体构成国际体系不同，全球海洋治理体系不仅包括主权国家，还包括许多非国家行为体，例如国际组织、私营部门及社会公众等多个行为体。这些行为体均以某种形式参与到全球治理中来，围绕某一个特定全球问题开展互动，构成相互联系并相互作用的全球海洋治理行为体。毋庸置疑的是，在全球海洋治理中，国家始终占据主导地位并发挥着不可替代的作用。

一、沿海国

在全球海洋治理体系中，国家始终占据着最主要的地位并发挥着主导作用。导致这个现象的主要原因有两个方面：一方面，国家是国际关系和国际事务的最基本和最主要的行为体（主体），全球海洋治理所涉及的各类问题，都首先与国家息息相关。相比其他行为体，国家参与全球海洋治理的意愿和积极性最高。另一方面，相比其他行为体，国家拥有最强的能力和最多的资源去参与和实施全球海洋治理。

依据其领土与海洋的关联性，世界上的国家可分为两大类：一类是沿海国，是指其领土的全部或一部分与世界四大洋或其边缘海的一部分直接连接的国家；另一类是非沿海国，也称为内陆国，是指没有海岸的国家，这些国家领土的四周完全被其他国家的领土所包围，与海洋完全不相连，例如蒙古、不丹等。

目前，世界上有200多个国家和地区，其中有193个主权国家是联合国会员国，其余的因各种历史和政治原因没有或不能加入联合国。在联合国193个会员国中，只有38个是内陆国，约占全世界国家总数

20%；有 155 个是沿海国，约占全世界国家总数 80%。沿海国分布在五大洲和全球 54 个海洋的周边，具体包括：亚洲 36 个，欧洲 30 个，非洲 38 个，美洲 35 个，大洋洲 16 个。根据各国海岸情况，沿海国之间的关系可分为三大类：一是海岸相向国家，例如，韩国与日本；二是海岸相邻国家，例如，朝鲜与韩国；三是海洋既相向又相邻的国家，例如，中国与朝鲜、中国与越南。

海洋属于全人类。在全球海洋治理的行为体之中，沿海国在数量上占比最大，他们与世界海洋的联系最紧密，既是海洋的最大受益者也是海洋挑战的最直接承受者。沿海国是全球海洋治理中的主力军。

二、沿海国与非沿海国的海洋权利和义务

全球海洋治理并不仅仅只关涉沿海国利益，而是关系到全人类的共同利益，必然也包括非沿海国的利益。全世界所有的国家和地区分别以各种方式参与全球海洋治理。例如，从当代国际造法过程看，沿海国和内陆国都是当代海洋法律与制度的缔造者，他们共同在 20 世纪 70 年代初至 80 年代初通过谈判通过了《海洋法公约》。《海洋法公约》为各国在海洋上分配了相应的权利和义务，也为全球海洋治理提供了非常重要的法律依据和基本原则。

在海洋上，不仅沿海国拥有许多权利和利益，内陆国也同样享有相关权利和自由。众所周知，《海洋法公约》赋予了沿海国在海洋上从事各类活动的权利，并要求其承担相应的义务；但一般公众可能没有注意到的是，根据公约内容，内陆国在海洋上也享有多方面的权利和自由。

按照《海洋法公约》的规定，各国在海洋上的权利、自由以及相应的义务（为了叙述的简便，以下将这些权利、自由及其相应义务一并简称为权利）可分为三大类：一是各国在公共海洋空间——公海和国际海底区

域——所享有的平等权利和自由；二是沿海国在其管辖区域内享有的权利，包括领海主权、毗连区管制权、专属经济区和大陆架的两项主权权利和三项管辖权；三是其他国家（其他的沿海国和内陆国）在沿海国专属经济区和大陆架享有的合法权利和自由，但应适当顾及沿海国的权利和义务，应遵守沿海国按照《海洋法公约》的规定和其他国际法规所制定的法律法规。

《联合国海洋法公约》在多个部分的多个条款里赋予了内陆国在海洋里享有多方面的权利和自由。例如，第十部分专门设立了"内陆国出入海洋的权利和过境自由"，其中第125条明确赋予了内陆国"出入海洋的权利和过境自由"；第131条则规定了内陆国船舶在海港内应享有其他外国船舶所享有的同等待遇。[①]第四部分专属经济区里也赋予了内陆国参与分享沿海国专属经济区里渔业资源的权利。第58条规定了"其他国家在专属经济区内的权利和义务"，还赋予了内陆国在沿海国的专属经济区内享有航行和飞越自由、铺设海底电缆和管道自由以及行使其他合法用途的权利。[②]第十一部分设立了国际海洋法的一个新制度——国际海底区域制度。其中第136条明确规定了："'区域'及其资源是人类的共同继承财产。"第137条第2款还规定："'区域'内资源的一切权利属于全人类，由管理局代替全人类行使。"第140条的条名是"全人类的利益"，明确规

---

① 《联合国海洋法公约》第125条出入海洋的权利和过境自由，第1款：为行使本公约规定的各项权利，包括行使与公海自由和人类共同继承财产有关的权利的目的，内陆国应有权出入海洋，为此目的，内陆国应享有利用一切运输工具通过过境国领土的过境自由。第131条海港内的同等待遇：悬挂内陆国旗帜的船舶在海港内应享有其他外国船舶所享有的同等待遇。

② 《联合国海洋法公约》第58条第1款：在专属经济区内，所有国家，不论为沿海国或内陆国，在本公约有关规定的限制下，享有第87条所指的航行和飞越的自由，铺设海底电缆和管道的自由，以及与这些自由有关的海洋其他国际合法用途，诸如同船舶和飞机的操作及海底电缆和管道的使用有关的并符合本公约其他规定的那些用途。

定了"'区域'内活动应依本部分的明确规定为全人类的利益所进行，不论各国的地理位置如何，也不论是沿海国或内陆国，并特别考虑到发展中国家和尚未取得完全独立或联合国按照其大会第 1514（VX）号决议和其他有关大会决议所承认的其他自治地区的人民的利益和需要"。

三、国家利益集团

各国以多种方式参与国际事务，最常见的是直接以国家名义参与，此外也常以国家利益集团方式参与。国家利益集团是指基于共同利益诉求而组成的国家团体，其目的是借助集团的力量最大化地维护自身利益。海洋领域与其他国际政治经济领域一样，在应对海洋挑战方面，各国家利益集团之间以及相同集团内部的各国之间都有许多共同利益，但在具体议题下仍有较大分歧。

在 20 世纪 70 至 80 年代，海洋领域的国家利益之争主要集中在西方海洋强国与广大发展中国家之间。20 世纪 90 年代初以来，欧洲国家将环保理念引入海洋领域，加大力度宣传并推动海洋环保成为国际热点议题。世界各国，特别是沿海国，在开展海洋环境保护这个问题上很快就达成共识，一致认为需加强合作共同应对海洋挑战；但在具体的一些议题上，例如保护措施和标准等，特别是如何平衡开发利用与保护之间的关系等，沿海国之间出现较大分歧。一方面，在发达的沿海国利益集团与发展中沿海国利益集团之间存在分歧；另一方面，在发展中沿海国利益集团内部也产生了分歧。

"发展中国家"是一个司空见惯的术语，通常与之对应的是"发达国家"一词。"发展中国家"一词，在国内外官方和学术表述中，通常是对那些欠发达国家的总称。然而，至今对"发展中国家"和"发达国家"这两词尚无权威定义，各国官方、联合国等国际组织官员及相关国际文件等各种表述中，虽然也常用这些词语，但从来都没有给出明确的定义。

目前，以下 31 个国家一般被视为当今世界的发达国家，除此之外的剩余国家都是发展中国家。这些发达国家包括：英国、爱尔兰、法国、荷兰、比利时、德国、奥地利、瑞士、挪威、冰岛、丹麦、瑞典、芬兰、意大利、西班牙、葡萄牙、希腊、斯洛文尼亚、卢森堡、捷克、斯洛伐克、马耳他、塞浦路斯、美国、加拿大、澳大利亚、新西兰、日本、以色列、新加坡、韩国。在发达国家里，约 90% 是沿海国，只有 3 国（卢森堡、捷克和斯洛伐克）是内陆国，约占发达国家总数的 10%。

当前，在联合国有关海洋法律事务磋商的程序中，都是先由各国家集团的主席国代表该集团发言，表达该集团内各国达成共识的立场观点；然后再由各国代表发言，表达该国的立场观点。由于一个国家集团内部，各国之间针对某个具体问题既有共识也会有分歧，因此，主席国代表集团的发言仅表述达成一致的内容。那么，在代表本国的国家发言中，通常就会包括两方面内容，其一是原则立场表态，表示其总体上支持该国家集团立场观点，维护集团的团结；其二则是重点表达该国自己的立场观点，有时是强调和补充说明集团立场观点，但更多的是表达与集团立场观点不同的内容。

在以往的联合国海洋法磋商中，世界各国主要分成两大集团阵营，一是发达国家集团，主要由欧洲国家和美国等几个其他地区的发达国家构成，国家数量仅 30 多个；二是发展中国家集团，即"77 国集团和中国"。"77 国集团和中国"是目前世界最大的发展中国家合作组织，有 130 多个成员国，古巴是 2023 年的集团主席国。但是，在联合国最新一轮的海洋法磋商中，即制定一个关于国家管辖范围外海洋生物多样性养护与可持续利用的具有法律拘束力的文件（协定）的过程中，国家利益集团主要分为：欧盟以及一些与欧盟立场基本一致的非欧盟成员国，例如瑞士、英国等；77 国集团和中国；非洲集团、太平洋小岛屿发展中国家集团。在磋商过程中，在一些重要议题上，发展中国家集团内部出现了较为严重的分歧，分离出许多次区域国家集团，例如，加勒比国家集团、拉美核心国家集团等。此外，还有许多国际非政府组织以观察员身份参会并发言。

西方发达海洋国家与广大发展中沿海国、传统海洋强国与新兴大国在全球海洋治理体系中的角色定位变化及其所发挥的作用，是推动全球海洋治理体系变革的决定性因素。

第二节　政府间国际组织

国际组织、国际会议、国际机制和国际条约都是国际关系发展到一定阶段的产物，在近代和现代的国际秩序构建过程中都发挥了不可或缺的作用。

一、国际组织的定义及其重要作用

狭义的国际组织（International Organization）是指三个或以上国家（或其他国际法主体）为实现共同的政治经济目的，依据其缔结的条约或其他正式法律文件建立的常设性机构，是国际法主体之一。广义上的国际组织还包括非政府间的国际组织。本节内容对国际组织的介绍采用狭义层面含义，仅指政府间国际组织，而非政府间国际组织（Non-Governmental Organization，NGO）将在下节介绍。

从历史发展的脉络看，有几个国际会议及其成果在国际政治和国际关系中占有里程碑式的地位，具体包括：威斯特伐利亚体系、维也纳体系（又称欧洲协调）、凡尔赛—华盛顿体系、雅尔塔体系。17 世纪，威斯特伐利亚和会开创了通过国际会议解决国际问题的先例。一战结束后成立的国际联盟则是现代国际组织形成的主要标志。二战后，以联合国为核心的各类国际组织、国际条约、非政府组织大量产生。

据国际协会联盟（Union of International Associations）发布的《国际组织年鉴》统计：1909 年，全世界只有 37 个政府间国际组织和 176 个非政府间国际组织。20 世纪初，有 200 余个国际组织，之后，国际组织急速增加，到 20 世纪 50 年代发展到 1000 余个，70 年代末增至 8200 余个。随着信息技术的迅猛发展和全球化趋势的推进，国际组织快速扩张，它们不仅数量上数以万计，而且覆盖广泛，包括政治、经济、社会、文化、体育、卫生、教育、环境、安全、贫穷、人口、妇女儿童等众多与人类生存和发展相关的领域，已成为左右世界局势和人类社会发展的重要力量，了解国际组织的发展与现状，就是了解国际社会的发展与现状。到1990年国际组织数量达到了2.7万个，1998年为4.8万余个，21世纪初超过5.8万个。到2017年，各类型的国际组织总数超过6.7万个，遍布世界200多个国家和地区。①根据《国际组织年鉴》最新数据显示，截至2021年末，世界上有7.5万余个国际组织，覆盖了200多个国家和地区，包括有主权国家参加的政府间国际组织和民间团体成立的非政府间国际组织，它们既有全球性的，也有地区性、国家集团性的。其中比较活跃的有4.2万个。不过，真正的政府间国际组织只有300个左右。

各国以国际组织为平台纵横捭阖，就国际重大问题和重大利益进行对话与协调。在一定意义上，由国际会议和国际组织构成的国际制度改变了国际社会的发展方向和进程，使得国际社会逐渐处于一种制度化的有序状态之中。国际组织的主要功能和作用是管理全球化所带来的国际社会公共问题。如同一国政府是本国内外事务的管理者，国际组织在一定意义上充当了国际社会共同事务的管理者的角色。特别是在那些专门性或技术性领域，从邮政、电信、海事、卫生，到气象、民航、原子能、知识产权，诸如此类。全球性或区域性管理规则的制定，管理机构的建立与运作，都是由相关国际组织来完成的。尽管极少数国际组织的组织职能表现出一体化的倾向，但是就大多数组织而言，其组织职能本质上是一种国家合作的形式，是一种非主权的行政职能。

---

① The Union of International Associations. Yearbook of International Organizations 2017—2018. Leiden, The Netherlands: Brill, 2017, 6.

二、全球海洋治理中的政府间组织

以联合国为代表的政府间国际组织是牵头发起和组织开展全球海洋治理的重要主体，国际组织在全球海洋治理中发挥了重要作用。

（一）联合国总部

联合国有许多部门、机构和机制参与全球海洋治理，主要包括：联合国大会、联合国秘书处、经济及社会理事会等正式的机构和部门，也包括世界海洋日、海洋网络、秘书长海洋事务特使等专门机制及人员。

联合国秘书处及其下设部门在推动全球海洋治理，特别是国际海洋法治方面发挥着重要作用。自 20 世纪 50 年代召开联合国第一次海洋法会议以来，联合国秘书处、法律事务办公室及其下设的海洋事务和海洋法司在组织和协调国际海洋法编纂方面发挥了重要作用。海洋事务和海洋法司是《联合国海洋法公约》起草过程中的主要办事机构，也是该公约的秘书处和大陆架界限委员会的秘书处。

联合国将 1998 年定为"国际海洋年"，目标包括：（1）全面审查国际海洋政策与计划，确保协调发展，创造优秀成果；（2）提高公众意识，使公众认识到海洋对人类生活的重要性及人类生活对海洋造成的影响。

2008 年联合国于第六十三届联合国大会做出决议，自 2009 年 6 月 8 日开始，将每年的 6 月 8 日确定为"世界海洋日"（World Oceans Day）。联合国秘书长潘基文就此发表致辞时指出，人类活动正在使海洋世界付出可怕的代价，个人和团体都有义务保护海洋环境，认真管理海洋资源。2009 年联合国将首个世界海洋日的主题确定为"我们的海洋，我们的责任"。我国也将每年 6 月 8 日定为"世界海洋日"暨全国海洋宣传日，2022 年的主题为"保护海洋生态系统，人与自然和谐共生"，且"十四五"期间都沿用该主题。

海洋问题一直是联合国大会关注的议题之一。从 2012 年的 A/RES/66/68 号决议到 2021 年的 A/RES/75/239 号决议，联合国大会每年都发布 1 个或多个涉及海洋问题的大会决议，一共发布了 41 个决议（详见表 4-1）。

表4-1　联合国大会涉海决议统计（2012—2021年）（陈曦笛制表）

备案年度	决议编号	议程名称	主要内容
2021	A/RES/76/72	海洋和海洋法（2021）	冠状病毒病对海洋问题的影响；气候变化与海洋；海洋可持续性；能力建设和向各国技术援助；"Safer"号所构成威胁的解决办法；法律和政策框架；海洋空间；人的方面的重要性（海上劳工、海上移民与性别平等）；海上安全和安保；平衡经济增长与环境保护和社会发展；通过跨部门综合方法加强执行工作。
2021	A/RES/76/71	通过 1995 年《执行 1982 年 12 月 10 日〈联合国海洋法公约〉有关养护和管理跨界鱼类种群和高度洄游鱼类种群的规定的协定》和相关文书等途径实现可持续渔业（2021）	实现可持续渔业；协定执行；相关渔业文书；非法、未报告和无管制的捕捞活动；监测、控制和监视及遵守和执行；捕捞能力过剩；大型中上层流网捕捞；兼捕渔获物和丢弃物；次区域和区域合作；海洋生态系统中的负责任渔业；能力建设；联合国系统内的合作；海洋事务和海洋法司的活动。
2020	A/RES/75/239	海洋和海洋法（2020）	海平面上升及其影响；冠状病毒病对海洋问题的影响及应对；气候变化；法律和政策框架；海洋空间；人的方面的重要性（海上劳工、海上移民与性别平等）；海上安全和安保；平衡经济增长与环境保护和社会发展；通过跨部门综合方法加强执行工作。

续表

备案年度	决议编号	议程名称	主要内容
2020	A/RES/75/89	通过 1995 年《执行 1982 年 12 月 10 日〈联合国海洋法公约〉有关养护和管理跨界鱼类种群和高度洄游鱼类种群的规定的协定》和相关文书等途径实现可持续渔业（2020）	实现可持续渔业；协定执行；相关渔业文书；非法、未报告和无管制的捕捞活动；监测、控制和监视及遵守和执行；捕捞能力过剩；大型中上层流网捕捞；兼捕渔获物和丢弃物；次区域和区域合作；海洋生态系统中的负责任渔业；能力建设；联合国系统内的合作；海洋事务和海洋法司的活动。
2020	A/RES/74/213	可持续发展（2020）	为评估海上倾弃化学弹药所生废物的环境影响和提高对此种影响的认识而采取合作措施。
2019	A/RES/74/25	《宣布印度洋为和平区宣言》的执行情况（2019）	印度洋特设委员会；请特设委员会主席继续与委员会成员进行非正式协商。
2019	A/RES/74/19	海洋和海洋法（2019）	海洋科学与联合国海洋科学促进可持续发展十年；促进海洋健康；气候变化；建立可持续的海洋经济并建设复原力；法律和政策框架；海洋空间；人的方面的重要性（海上劳工、海上移民与性别平等）；海上安全和安保；平衡经济增长与环境保护和社会发展；通过跨部门综合方法加强执行工作。
2019	A/RES/73/292	2020 年联合国支持落实可持续发展目标 14：保护和可持续利用海洋和海洋资源以促进可持续发展会议（2019）	2020 年联合国支持落实可持续发展目标 14：保护和可持续利用海洋和海洋资源以促进可持续发展会议暂行议事规则等程序性安排。

续表

备案年度	决议编号	议程名称	主要内容
2019	A/RES/74/18	通过 1995 年《执行 1982 年 12 月 10 日〈联合国海洋法公约〉有关养护和管理跨界鱼类种群和高度洄游鱼类种群的规定的协定》和相关文书等途径实现可持续渔业（2019）	实现可持续渔业；协定执行；相关渔业文书；非法、未报告和无管制的捕捞活动；监测、控制和监视及遵守和执行；捕捞能力过剩；大型中上层流网捕捞；兼捕渔获物和丢弃物；次区域和区域合作；海洋生态系统中的负责任渔业；能力建设；联合国系统内的合作；海洋事务和海洋法司的活动。
2018	A/RES/73/124	海洋和海洋法（2018）	法律和政策框架；海洋空间；人的方面的重要性（海上劳工、海上移民与性别平等）；海上安全和安保；平衡经济增长与环境保护和社会发展；通过跨部门综合方法加强执行工作。
2018	A/RES/72/249	根据《联合国海洋法公约》的规定，就国家管辖范围以外区域海洋生物多样性的养护和可持续利用问题拟订一份具有法律约束力的国际文书（2018）	根据《联合国海洋法公约》的规定，就国家管辖范围以外区域海洋生物多样性的养护和可持续利用问题拟订一份具有法律约束力的国际文书。
2018	A/RES/72/72	通过 1995 年《执行 1982 年 12 月 10 日〈联合国海洋法公约〉有关养护和管理跨界鱼类种群和高度洄游鱼类种群的规定的协定》和相关文书等途径实现可持续渔业（2018）	实现可持续渔业；协定执行；相关渔业文书；非法、未报告和无管制的捕捞活动；监测、控制和监视及遵守和执行；捕捞能力过剩；大型中上层流网捕捞；兼捕渔获物和丢弃物；次区域和区域合作；海洋生态系统中的负责任渔业；能力建设；联合国系统内的合作；海洋事务和海洋法司的活动。

续表

备案年度	决议编号	议程名称	主要内容
2017	A/RES/72/73	海洋和海洋法（2017）	人为水下噪声；促进海洋健康；气候变化对海洋的影响（海洋变暖和酸化）；可持续的海洋发展及海洋资源利用支持小岛屿发展中国家和内陆发展中国家法律和政策框架；海上人员；航运和海事安全；养护和可持续利用海洋及其资源的挑战和机遇；通过跨部门综合方法加强执行工作；解决海洋争端；国际合作；小岛屿发展中国家。
2017	A/RES/72/21	《宣布印度洋为和平区宣言》的执行情况（2017）	印度洋特设委员会；请特设委员会主席继续与委员会成员进行非正式协商。
2017	A/RES/71/312	我们的海洋、我们的未来：行动呼吁（2017）	支持落实可持续发展目标14，即保护和可持续利用海洋和海洋资源以促进可持续发展；可持续渔业；IUU捕捞（非法、未报告和无管制的捕捞活动）；国家管辖范围以外区域海洋生物多样性的养护和可持续利用。
2017	A/RES/71/220	为评估海上倾弃化学弹药所生废物的环境影响和提高对此种影响的认识而采取合作措施（2017）	可持续发展；为评估海上倾弃化学弹药所生废物的环境影响和提高对此种影响的认识而采取合作措施。
2017	A/RES/71/123	通过1995年《执行1982年12月10日〈联合国海洋法公约〉有关养护和管理跨界鱼类种群和高度洄游鱼类种群的规定的协定》和相关文书等途径实现可持续渔业（2017）	实现可持续渔业；协定执行；相关渔业文书；非法、未报告和无管制的捕捞活动；监测、控制和监视及遵守和执行；捕捞能力过剩；大型中上层流网捕捞；兼捕渔获物和丢弃物；次区域和区域合作；海洋生态系统中的负责任渔业；能力建设；联合国系统内的合作；海洋事务和海洋法司的活动。

续表

备案年度	决议编号	议程名称	主要内容
2016	A/RES/71/257	海洋和海洋法（2016）	海洋废弃物、塑料和塑料微粒；联合国海洋和海洋法问题不限成员名额非正式协商进程第十七次会议；可持续的渔业发展；海洋与气候变化和海洋酸化；支持小岛屿发展中国家和内陆发展中国家；法律和政策框架；海上人员；航运和海事安全；养护和可持续利用海洋及其资源的挑战和机遇；通过跨部门综合方法加强执行工作；解决海洋争端；国际合作；小岛屿发展中国家。
2016	A/RES/71/124	世界金枪鱼日（2016）	决定将5月2日定为世界金枪鱼日。
2016	A/RES/70/303	联合国支持落实可持续发展目标14：保护和可持续利用海洋和海洋资源促进可持续发展会议的举办方式（2016）	联合国支持落实可持续发展目标14：保护和可持续利用海洋和海洋资源以促进可持续发展会议的举办方式；会议议事规则等程序事项
2016	A/RES/70/226	联合国支持落实可持续发展目标14：保护和可持续利用海洋和海洋资源以促进可持续发展会议（2016）	略。
2016	A/RES/70/75	通过1995年《执行1982年12月10日〈联合国海洋法公约〉有关养护和管理跨界鱼类种群和高度洄游鱼类种群的规定的协定》和相关文书等途径实现可持续渔业（2016）	实现可持续渔业；协定执行；相关渔业文书；非法、未报告和无管制的捕捞活动；监测、控制和监视及遵守和执行；捕捞能力过剩；大型中上层流网捕捞；兼捕渔获物和丢弃物；次区域和区域合作；海洋生态系统中的负责任渔业；能力建设；联合国系统内的合作；海洋事务和海洋法司的活动。

续表

备案年度	决议编号	议程名称	主要内容
2015	A/RES/70/235	海洋和海洋法（2015）	海洋问题与可持续发展：可持续发展的环境、社会和经济三个层面的整合；联合国海洋和海洋法问题不限成员名额非正式协商进程第十六次会议；国家管辖范围以外区域海洋生物多样性；支持小岛屿发展中国家和内陆发展中国家；法律和政策框架；海上人员；航运和海事安全；养护和可持续利用海洋及其资源的挑战和机遇；通过跨部门综合方法加强执行工作；解决海洋争端；国际合作；小岛屿发展中国家。
2015	A/RES/70/1	变革我们的世界：2030年可持续发展议程（2015）	目标14：保护和可持续利用海洋和海洋资源以促进可持续发展。
2015	A/RES/70/123	给予环印度洋联盟大会观察员地位（2015）	给予环印度洋联盟大会观察员地位。
2015	A/RES/69/322	南大西洋和平与合作区（2015）	确定海洋在地球系统中的重要性。
2015	A/RES/70/22	联合国支持落实可持续发展目标14：保护和可持续利用海洋和海洋资源以促进可持续发展会议（2015）	略。
2015	A/RES/69/292	根据《联合国海洋法公约》的规定，就国家管辖范围以外区域海洋生物多样性的养护和可持续利用问题拟订一份具有法律约束力的国际文书（2015）	决定根据《联合国海洋法公约》的规定，就国家管辖范围以外区域海洋生物多样性的养护和可持续利用问题拟订一份具有法律约束力的国际文书。

续表

备案年度	决议编号	议程名称	主要内容
2015	A/RES/69/109	通过1995年《执行1982年12月10日〈联合国海洋法公约〉有关养护和管理跨界鱼类种群和高度洄游鱼类种群的规定的协定》和相关文书等途径实现可持续渔业（2015）	实现可持续渔业；协定执行；相关渔业文书；非法、未报告和无管制的捕捞活动；监测、控制和监视及遵守和执行；捕捞能力过剩；大型中上层流网捕捞；兼捕渔获物和丢弃物；次区域和区域合作；海洋生态系统中的负责任渔业；能力建设；联合国系统内的合作；海洋事务和海洋法司的活动。
2014	A/RES/69/245	海洋和海洋法（2014）	海产食品在全球粮食安全方面的作用；《联合国海洋法公约》生效二十周年：执行与挑战；应对气候变化和海洋酸化对海洋和海洋资源的影响；支持小岛屿发展中国家和内陆发展中国家；法律和政策框架；海上人员；航运和海事安全；养护和可持续利用海洋及其资源的挑战和机遇；通过跨部门综合方法加强执行工作；解决海洋争端；国际合作；小岛屿发展中国家。
2014	A/RES/69/15	小岛屿发展中国家快速行动方式（萨摩亚途径）（2014）	认可本决议所附该会议题为"小岛屿发展中国家快速行动方式（萨摩亚途径）"的成果文件。
2014	A/RES/68/208	为评估海上倾弃化学弹药所生废物的环境影响和提高对此种影响的认识而采取合作措施（2014）	为评估海上倾弃化学弹药所生废物的环境影响和提高对此种影响的认识而采取合作措施。

备案年度	决议编号	议程名称	主要内容
2014	A/RES/68/71	通过1995年《执行1982年12月10日〈联合国海洋法公约〉有关养护和管理跨界鱼类种群和高度洄游鱼类种群的规定的协定》和相关文书等途径实现可持续渔业（2014）	实现可持续渔业；协定执行；相关渔业文书；非法、未报告和无管制的捕捞活动；监测、控制和监视及遵守和执行；捕捞能力过剩；大型中上层流网捕捞；兼捕渔获物和丢弃物；次区域和区域合作；海洋生态系统中的负责任渔业；能力建设；联合国系统内的合作；海洋事务和海洋法司的活动。
2013	A/RES/68/70	海洋和海洋法（2013）	法律和政策框架；海上人员；航运和海事安全；养护和可持续利用海洋及其资源的挑战和机遇；通过跨部门综合方法加强执行工作；解决海洋争端；国际合作；小岛屿发展中国家。
2013	A/RES/68/24	《宣布印度洋为和平区宣言》的执行情况（2013）	印度洋特设委员会；请特设委员会主席继续与委员会成员进行非正式协商。
2013	A/RES/67/266	南大西洋和平与合作区（2013）	促进南大西洋和平与合作区的建设。
2013	A/RES/67/79★	通过1995年《执行1982年12月10日〈联合国海洋法公约〉有关养护和管理跨界鱼类种群和高度洄游鱼类种群的规定的协定》和相关文书等途径实现可持续渔业（2013）	实现可持续渔业；协定执行；相关渔业文书；非法、未报告和无管制的捕捞活动；监测、控制和监视及遵守和执行；捕捞能力过剩；大型中上层流网捕捞；次区域和区域合作；海洋生态系统中的负责任渔业；能力建设；联合国系统内的合作；海洋事务和海洋法司的活动。

续表

备案年度	决议编号	议程名称	主要内容
2013	A/RES/67/5	2012 年 12 月 10 日和 11 日审议题为"海洋和海洋法"的项目和纪念《联合国海洋法公约》开放供签字三十周年的大会全体会议（2013）	会议出席人员等组织安排。
2012	A/RES/67/78★	海洋和海洋法（2012）	海洋酸化对海域环境的影响；联合国海洋和海洋法问题不限成员名额非正式协商进程第十四次会议；《联合国海洋法公约》的作用与影响；法律和政策框架；海上人员；航运和海事安全；养护和可持续利用海洋及其资源的挑战和机遇；通过跨部门综合方法加强执行工作；解决海洋争端；国际合作；小岛屿发展中国家。
2012	A/RES/66/231	海洋和海洋法（2011）	海洋中的可再生能源；以《联合国海洋法公约》为基础应对海洋挑战；考古和历史文物的保护；法律和政策框架；海上人员；航运和海事安全；养护和可持续利用海洋及其资源的挑战和机遇；通过跨部门综合方法加强执行工作；解决海洋争端；国际合作；小岛屿发展中国家。
2011	A/RES/66/68	通过 1995 年《执行 1982 年 12 月 10 日〈联合国海洋法公约〉有关养护和管理跨界鱼类种群和高度洄游鱼类种群的规定的协定》和相关文书等途径实现可持续渔业（2012）	实现可持续渔业；协定执行；相关渔业文书；非法、未报告和无管制的捕捞活动；监测、控制和监视及遵守和执行；捕捞能力过剩；大型中上层流网捕捞；兼捕渔获物和丢弃物；次区域和区域合作；海洋生态系统中的负责任渔业；能力建设；联合国系统内的合作；海洋事务和海洋法司的活动。

自 1994 年以来，联合国秘书长每年度都发布《海洋和海洋法》报告。该报告的主要内容包括两大方面，一方面是《海洋法公约》缔约国对该公约的执行情况，另一方面是介绍全球海洋事务总体情况。自 1994 年到 2022 年，共发布了 29 个《海洋和海洋法》报告（详见表 4-2）。每年度报告的主要内容都涵盖了全球海洋的各类重大问题，例如，《联合国海洋法公约》及其执行协定以及公约所设的三个机构的工作，海洋空间，国际航运活动，海上安全和海上犯罪，海洋环境和海洋生物资源，海洋生物多样性，海洋环境的保护和保全及可持续发展，气候变化，海洋科学和技术，小岛屿发展中国家，平衡经济增长与环境保护和社会发展，通过跨部门综合方法加强执行工作，能力建设方案及国际合作。不过，每年度报告议题略有变化，其中 1994 至 2005 年、2006 至 2010 年、2011 至 2017 年和 2018 至 2022 年期间，分别都有相同的议题；与此同时，在这些相同议题之外，各年份仍有一些各自不同的议题。各年度的相同和不同的议题请见表 4-2 中的具体归纳。

表4-2　联合国秘书长《海洋和海洋法》报告主要议题（陈曦笛制表）
（1994—2022年）

报告年度	主要议题 （说明：每年度报告议题既有相同也有不同，本表中将各时期的相同议题归纳到一栏，然后将各年份不同的议题分别单列一栏）
2018 至 2022 年期间的相同议题	法律和政策框架；海洋空间；人的方面的重要性（海上劳工、海上移民与性别平等）；海上安全和安保；平衡经济增长与环境保护和社会发展；通过跨部门综合方法加强执行工作。
2022	冠状病毒病对海洋问题的影响；人文层面（海上人权）的重要性；气候变化与海洋；海洋可持续性；为国家开展能力建设、提供技术援助；海洋观测的贡献、挑战与机会。
2021	冠状病毒病对海洋问题的影响；气候变化与海洋；海洋可持续性；能力建设和向各国提供技术援助；"Safer"号所构成威胁的解决办法。

续表

报告年度	主要议题 （说明：每年度报告议题既有相同也有不同，本表中将各时期的相同议题归纳到一栏，然后将各年份不同的议题分别单列一栏）
2020	海平面上升及其影响；冠状病毒病对海洋问题的影响及应对；气候变化。
2019	海洋科学与联合国海洋科学促进可持续发展十年；促进海洋健康；气候变化；建立可持续的海洋经济并建设复原力。
2018	人为水下噪声；促进海洋健康。
2011 至 2017年期间的相同议题	法律和政策框架；海上人员；航运和海事安全；养护和可持续利用海洋及其资源的挑战和机遇；通过跨部门综合方法加强执行工作；解决海洋争端；国际合作；小岛屿发展中国家。
2017	气候变化对海洋的影响（海洋变暖和酸化）；可持续的海洋发展及海洋资源利用；支持小岛屿发展中国家和内陆发展中国家。
2016	海洋废弃物、塑料和塑料微粒；联合国海洋和海洋法问题不限成员名额非正式协商进程第十七次会议；可持续的渔业发展；海洋与气候变化和海洋酸化；支持小岛屿发展中国家和内陆发展中国家。
2015	海洋问题与可持续发展：可持续发展的环境、社会和经济三个层面的整合；联合国海洋和海洋法问题不限成员名额非正式协商进程第十六次会议；国家管辖范围以外区域海洋生物多样性；支持小岛屿发展中国家和内陆发展中国家。
2014	海产食品在全球粮食安全方面的作用；《联合国海洋法公约》生效二十周年：执行与挑战；应对气候变化和海洋酸化对海洋和海洋资源的影响；支持小岛屿发展中国家和内陆发展中国家。
2013	海洋酸化对海域环境的影响；联合国海洋和海洋法问题不限成员名额非正式协商进程第十四次会议；《联合国海洋法公约》的作用与影响。
2012	海洋中的可再生能源；以《联合国海洋法公约》为基础应对海洋挑战；考古和历史文物的保护。
2011	海洋生态多样性保护与能力建设；海洋划界与跨界损害问题；在联合国可持续发展大会范畴内，帮助评估在实施关于可持续发展的主要首脑会议成果方面迄今取得的进展和依然存在的差距以及应对新的和正在出现的各种挑战；海洋科学研究、海洋科学和技术；海洋事务和海洋法司的能力建设活动。

续表

报告年度	主要议题 （说明：每年度报告议题既有相同也有不同，本表中将各时期的相同议题归纳到一栏，然后将各年份不同的议题分别单列一栏）
2006 至 2010 年期间的相同议题	《联合国海洋法公约》及其执行协定；海洋空间；《联合国海洋法公约》所设机构；国际航运活动动态；海上人员；海事安全；海洋科学和技术；海洋生物资源的养护和管理；海洋生物多样性；海洋环境的保护和保全及可持续发展；气候变化；国际合作；海洋事务和海洋法司的能力建设活动。
2010	包括海洋科学在内的海洋事务和海洋法方面的能力建设；各国就海洋环境包括社会经济方面的状况作出全球报告和评估的经常程序的基本组成内容提出的意见；人为因素与气候变化带来的海洋生态问题；海洋划界；大陆架界限委员会的工作情况。
2009	落实协商进程成果的情况（包括回顾进程，前九次会议的成就和不足之处）；国家管辖范围以外区域海洋生物多样性的养护和可持续利用问题；海盗行为；人为因素与气候变化带来的海洋生态问题；发展中国家的可持续发展能力建设；大陆架界限委员会的工作情况。
2008	海事安保与安全；国家管辖范围以外区域中的海洋生物多样性保护和可持续利用问题；特设不限成员名额的非正式工作组。
2007	海洋遗传资源；大陆架界限委员会和国际海底管理局的工作；小岛屿发展中国家。
2006	交存海图或地理坐标表，各国根据《公约》第 287、298 和 301 条所作声明和说明；大陆架界限委员会的划界案；印度洋海啸；采取跨部门方法管理海洋。
1994 至 2005 年期间的相同议题	《联合国海洋法公约》及其执行协定；海洋空间；国际航运活动；海上安全和海上犯罪；海洋环境和海洋生物资源；海洋科学和技术；能力建设方案；国际合作。
2005	养护和可持续利用国家管辖范围以外的海洋生物多样性；海洋遗传资源；大陆架界限委员会的最新发展；国家海洋主张；印度洋海啸。
2004	大陆架界限委员会；国际海底管理局；国家在海洋空间方面的实践；海上犯罪；国家管辖范围以外区域生物多样性的挑战与现有养护措施（强调海底生物）；确保缔约国充分履行海洋法所规定的义务；促进和加强机构间合作。

续表

报告年度	主要议题 （说明：每年度报告议题既有相同也有不同，本表中将各时期的相同议题归纳到一栏，然后将各年份不同的议题分别单列一栏）
2003	1995 年联合国《鱼类种群协定》缔约国第二次非正式会议；保护脆弱的海洋生态系统，并强调航海安全；2002 年"威望号"事故。
2002	国家管辖海区界限；大陆架界限委员会、海洋法法庭与国际海底管理局；关于《海洋法公约》第十一部分的协定与联合国《鱼类种群协定》。
2001	联合国《鱼类种群协定》；海洋污染问题；捕鱼作业；海运及航海的发展与挑战。
2000	联合国海洋事务非正式协商进程；具有特殊地理特性的国家；水下文化遗产。
1999	联合国机构对于海洋事务的关注、分工与协作；具有特殊地理特性的国家；水下文化遗产。
1998	科技发展与海洋资源利用；海上犯罪；海洋空间与资源争端；具有特殊地理特性的国家；水下文化遗产；海上设施。
1997	国际海洋机构条约系统的建立；审查《公约》的规范体系。
1996	体制性问题（定期审查与机构间合作）；水下文化遗产；生物多样性；国际海洋机构；钓鱼岛问题；放射性物质运输。
1995	海洋划界；海事争端与冲突；海洋考古。
1994	《公约》生效的情况与未来工作；依照《公约》的国家立法与实践；联合国海洋机构筹备；海洋生物资源；可持续发展委员会；争端解决；航道安排。

根据联合国大会会议议程的要求，针对《海洋法公约》关于执行《海洋法公约》第十一部分协定和执行高度洄游鱼类协定的情况以及海底采矿事项，秘书长自 1994 年至 2020 年分别提交了 28 份专题报告（详见表 4-3）。此外，根据联合国大会相关会议临时议程的要求，秘书长曾就特定海洋问题提交特别报告，一共有 12 个特别报告（详见表 4-4）。

表4-3 联合国秘书长关于海洋专题报告的主题（陈曦笛制表）

（1994—2020年）

报告年度	专题报告的主题
2020	海底捕捞对脆弱海洋生态系统和深海鱼类种群长期可持续性的影响。
2016	关于可持续渔业、解决底层捕捞对脆弱海洋生态系统的影响和深海鱼类种群的长期可持续性的规定所采取的行动。
2011	底层捕捞对脆弱海洋生态系统的影响和深海鱼类种群的长期可持续性问题。
2009	1995 年《执行 1982 年 12 月 10 日〈联合国海洋法公约〉有关养护和管理跨界鱼类种群和高度洄游鱼类种群的规定的协定》及相关文书采取的行动。
2006	捕捞对脆弱海洋生态系统的影响。
2004/2005/2007/2008/2012	通过 1995 年《执行 1982 年 12 月 10 日〈联合国海洋法公约〉有关养护和管理跨界鱼类种群和高度洄游鱼类种群的规定的协定》和相关文书等途径实现可持续渔业。
2003	《执行 1982 年 12 月 10 日〈联合国海洋法公约〉有关养护和管理跨界鱼类种群和高度洄游鱼类种群的规定的协定》（《鱼类种群协定》）的现状和执行情况及其对整个联合国系统相关或拟议文书的影响，特别是涉及发展中国家要求的第七部分的问题。
1996/1997/1998/2000/2002	大规模中上层漂网捕鱼；在国家管辖区和公海上未经许可捕鱼；副渔获物和抛弃物。
1994/1995	漂网捕鱼。
1995	在国家管辖区域内未经许可捕鱼（A/RES/50/549）。
1995	渔业副渔获物和抛弃物的影响（A/RES/50/552）。

续表

报告年度	专题报告的主题
1993/1994/1995/ 1996/1997/1999/2001	《执行 1982 年 12 月 10 日〈联合国海洋法公约〉有关养护和管理跨界鱼类种群和高度洄游鱼类种群的规定的协定》。
1994	关于深海海底采矿未决问题的协商情况的报告。

表4-4　联合国秘书长关于特定海洋问题的特别报告的主题（陈曦笛制表）

报告年度	特别报告的主题
2006	国家管辖范围以外区域海洋生物多样性的养护和可持续利用有关问题特设不限成员名额非正式工作组的报告。
2005	对海洋环境状况（包括社会经济方面）进行全球报告和评估。
2005	船旗国执行问题。
2004	对海洋环境状况（包括社会经济方面）进行全球报告和评估。
2004	船旗国执行问题。
2003	海洋环境状况全球报告和评估：关于模式的建议。
1997	1982 年《联合国海洋法公约》的生效对现有和拟议的相关文书和方案的影响。
1992	在执行《联合国海洋法公约》所体现的全面法律制度方面取得的进展。
1991	实现《联合国海洋法公约》规定的利益：为满足各国在开发和管理海洋资源方面的需要而采取的措施，以及进一步行动的方法。
1990	实现《联合国海洋法公约》规定的利益：各国在开发和管理海洋资源方面的需求。
1990	海洋科学研究。
1989	保护和保全海洋环境。

联合国经济及社会理事会（简称"经社理事会"）是《联合国宪章》规定的联合国 6 个主要机构之一。负责协调联合国系统内的 14 个专门机构、10 个职司委员会和 5 个区域委员会有关经济、社会等方面的工作，

协助联合国大会促进国际经济、社会合作和发展，包括海洋地区和小岛屿国家的社会经济的合作与发展。经社理事会也是联合国系统内负责协调和落实《联合国2030年可持续发展目标》的主要机构。2015年9月25日，联合国可持续发展峰会在纽约总部召开，联合国193个成员国在峰会上正式通过《2030年可持续发展议程》。议程里包含17项可持续发展目标，为2015至2030年期间的全球发展提供指导，其中可持续发展目标14是关于海洋可持续发展的，并鼓励各国向联合国提交国别可持续发展年度报告。经社理事会于2017年在联合国总部与斐济和挪威举办了（第一届）联合国海洋大会，旨在推动可持续发展目标14的落实。2022年4月在葡萄牙里斯本由葡萄牙和肯尼亚共同主办了第二届联合国海洋大会。经社理事会在全球海洋治理进程中发挥了重要的协调和促进作用。自2013年以来，联合国大会可持续发展问题高级别政治论坛每年都举行会议，议题中便包括海洋问题。2018年9月24日，联合国设立可持续海洋商业全球契约行动平台，布局海洋治理和监管。

联合国总部的相关部门和机制在全球海洋治理中发挥了重要的引领作用，具有指导意义。

（二）其他全球性国际组织

在联合国总部之外，还有许多机构在全球海洋治理中发挥着重要作用。联合国下设的许多专门机构和机制以不同方式指导和参与全球海洋治理。例如，联合国粮农组织、联合国环境规划署、联合国开发计划署以及联合国教科文组织等机构，作为国际海洋渔业和粮食安全、海洋环境保护、海洋经济产业发展、海洋教育、海洋科学和技术的发展与转让等方面事务的国际主管机构，它们分别依据各自职责参与全球海洋相关领域的治理。下面仅介绍几个不同类型的参与海洋事务管理的国际组织。

国际海事组织。这是联合国负责海上航行安全和防止船舶造成海洋污染的一个专门机构，总部设在英国伦敦。该组织最早成立于 1959 年 1 月 6 日，原名"政府间海事协商组织"。1982 年 5 月更名为国际海事组织。国际海事组织宗旨为促进各国间的航运技术合作，鼓励各国促进海上安全，提高船舶航行效率，在防止和控制船舶对海洋污染方面采取统一的标准，处理有关的法律问题。该组织主要活动包括：一是制定和修改有关海上安全、防止海洋受船舶污染、便利海上运输、提高航行效率及与之有关的海事责任方面的公约；二是交流上述有关方面的实际经验和海事报告；三是为会员国提供本组织所研究问题的情报和科技报告；四是用联合国开发计划署等国际组织提供的经费和捐助国提供的捐款，为发展中国家提供一定的技术援助。截至 1984 年底，国际海事组织制定并负责保存的公约、规则和议定书共有 30 个，其中已经生效的有 24 个。该组织的工作支持联合国可持续发展目标，也构成了全球海洋治理必不可少的组成部分。

联合国教科文组织政府间海洋学委员会简称海委会。海委会成立于 1960 年，位于法国巴黎。它是联合国教科文组织下属的一个促进各国开展海洋科学调查研究和合作活动的国际性政府间组织，也是国际公认的海洋科学研究国际主管机构。旨在通过科学调查，增加人类关于海洋自然现象及资源的知识。该组织与许多政府机关、民间机构、团体有联系，开展海洋调查、大气调查、海洋环境污染调查、地图绘制、海啸等方面的情报服务、研究进修等活动，现有 150 个成员国。联合国大会于 2017 年 12 月通过第 72/73 号决议，决定自 2021 年启动"联合国海洋科学促进可持续发展十年"，简称"海洋十年"计划（2021—2030 年）。2020 年 12

月 31 日，"海洋十年"计划正式获得联合国大会审议通过并于 2021 年 1 月正式启动。联合国大会授权教科文组织政府间海洋学委员会协调"海洋十年"的筹备和实施。"海洋十年"是联合国呼吁全世界积极参与的最新行动方案，将极大地推动全球海洋治理进程。

国际水道测量组织（International Hydrographic Organization，IHO）是一个历史悠久的咨询和纯技术性的机构。该组织成立于 1921 年 6 月，总部设在摩纳哥。设立国际水道测量组织是为了通过对海图和文件的改进，使海上航行更加方便和安全。该组织的宗旨是为实现各国水道测量单位之间的互通和协调，尽最大可能地使海图和文件一致化，采纳可靠有效的方法来进行和利用水道测量，发展水道测量方面的科学和描述性海洋学所使用的技术。目前为止，全球各大洋和各大海的自然地理范围界限都是由该组织发布的。国际水道测量组织在便利和保障全球海洋航行方面发挥了不可替代的作用。

国际法院（International Court of Justice，ICJ），又称国际法庭，是根据《联合国宪章》于 1945 年 6 月设立的联合国六大主要机构之一。法院于 1946 年开始运转，取代了自 1922 年于和平宫开始运作的常设国际法院，院址仍在荷兰海牙的和平宫。联合国在推动国际争端的司法解决方面不断取得进展。通过法律解决国际争端是《联合国宪章》规定的和平解决争端的方式和途径之一。国际法院作为联合国的主要司法机构，有两个主要职能：一是依据国际法解决各国向其提交的法律争端（争端解决职能）。法院对案件的判决具有法律拘束力。二是对获得正当授权的联合国机关和有关机构提交的法律问题发表咨询意见（咨询职能）。法院的咨询意见没有法律拘束力。至今，国际法院已经审理完毕的 100 多个案件里，海洋争端有 40 多个。国际法院通过审理和判决国家间的各类海洋争端，对有关国际条约条款和习惯法规则进行解读和适用，发挥条约解释的作用；对于一些不清晰的法律规定，国际法院在审案时甚至能诠释出新的海洋法原则和规则。典型的案例有英挪渔业案，通过该案的审理，法院判定挪威创造性划设的直线基线"不违反国际法"，自此，直线基线成了海洋法的一个规则。又如，北海大陆架案，法院经过审理德国与其邻国荷兰等在北海的大陆架划界争端，创设出著名的大陆架划界原则——自然延伸原则。尽管国际社会对于国际法院对一些案件的判决有异议，但总体上看，国际法院在和平解决国家间海洋争端、构建公平海洋秩序方面发挥了积极作用。目前列在法院在审案件清单里的海洋争端还有 3 个，在清单里的序号和名称分别为：2.尼加拉瓜海岸 200 海里以外尼加拉瓜与哥伦比亚大陆架划界问题（尼加拉瓜诉哥伦比亚）；9.危地马拉的领土、岛屿和海域主张（危地马拉/伯利兹）；11.陆地与海洋划界以及部分岛屿的主权归属（加蓬/赤道几内亚）。

全球环境基金（Global Environment Facility，GEF）。全球环境基金最初是世界银行 1990 年创建的支持全球环境保护和促进环境可持续发展的 10 亿美元试点项目，目的是支持环境友好工程。它是一个由 183 个国家和地区组成的国际合作机构，其宗旨是与国际机构、社会团体及私营部门合作，协力解决环境问题。全球环境基金正式成立于 1991 年 10 月。联合国开发计划署、联合国环境规划署和世界银行是全球环境基金计划的最初执行机构。

在 1994 年里约峰会期间，全球环境基金进行了重组，与世界银行分离，成为一个独立的常设机构。自 1994 年以来，世界银行仍然是全球环境基金信托基金的托管机构，并为其提供管理服务。作为重组的一部分，全球环境基金受托成为《生物多样性公约》和《联合国气候变化框架公约》的资金机制。全球环境基金与《关于消耗臭氧层物质的维也纳公约》的《蒙特利尔议定书》下的多边基金互为补充，为俄罗斯联邦及东欧和中亚的一些国家的项目提供资助，使其逐步淘汰对臭氧层损耗化学物质的使用。随后，全球环境基金又被选定为另外三个国际公约的资金机制，它们分别是：《关于持久性有机污染物的斯德哥尔摩公约》（2001）、《联合国防治荒漠化公约》（2003）和《关于汞的水俣公约》（2013）。全球环境基金管理着不同的信托基金，它们分别是：全球环境基金信托基金、最不发达国家信托基金、气候变化特别基金和名古屋议定书执行基金。

全球环境基金是世界上发展中国家在生物多样性保护、自然恢复、减少污染和应对气候变化等方面的最大资助机构。它为国际环境公约和产生全球效益的国家推动的倡议提供资金。发达国家和发展中国家都是或一直是全球环境基金信托基金的捐助者。全球环贷自成立以来已收到40个捐助国的捐款。在过去30年里，全球环境基金提供了220多亿美元的赠款和混合融资，并为多个国家和区域项目调动了1200亿美元的联合融资，另外还通过其小额赠款方案为2.7万个社区主导的倡议提供了资金。

三、区域性政府间国际组织

区域性国际组织，是指一个区域内若干国家或其政府、人民、民间团体基于特定目的，以一定协议而建立的各种常设机构。本部分所指的区域性国际组织是狭义的，即由若干国家政府组成的区域性组织，简称区域组织。

区域组织一般都是由位于同一个或相近的地理区域的国家组成的国际组织。它们的成员是特定地区内的若干国家，在历史、文化、语言等方面往往具有一定的联系，特别是存在共同关心的问题或共同的利益，因此，它们在和平解决争端、维持本区域和平与安全、保障共同利益及发展经济文化关系等方面，有进行协调、广泛合作并结成永久组织的需要。区域组织具有国际组织的一般特点，也具有其独有的特点：第一是地理性，其成员国基本上是特定区域内的国家；第二是共同性，成员国具有共同的利益和共同关心的问题，形成一种相互依存的关系；第三是协调性，区域性组织为成员国提供了重要的对话与交流平台，有助于成员国之间利益协调，有利于构建区域内的和平与稳定秩序，促进区域内社会、经济及其他领域的可持续发展。

（一）综合性区域组织

海洋领域的区域组织中，主要有两大类：一类是综合性政治经济组织，其中兼顾海洋事务的协调和处理。例如，欧盟、东盟、非盟等。一类是海洋专业性区域组织，专门为应对和解决某个海洋问题而设立的区域性组织，最常见的是区域渔业组织和区域海洋科学组织。例如，北大西洋渔业组织，北太平洋科学组织等。从其主要活动来看，海洋区域组织既具有政治方面的职能，也具有调整和促进解决本区域内海洋专业领域问题的作用。下面仅介绍在全球海洋治理中发挥重要作用的、有代表性的区域组织。

欧洲联盟（Europe Union），简称欧盟（EU），总部设在比利时首都布鲁塞尔。欧盟原是西欧各主要国家组成的组织，创始成员国有 6 个，分别为德国、法国、意大利、荷兰、比利时和卢森堡。欧盟的前身是欧洲共同体，现拥有 27 个会员国，正式官方语言有 24 种。1991 年 12 月，欧洲共同体马斯特里赫特首脑会议通过《欧洲联盟条约》，通称《马斯特里赫特条约》。1993 年 11 月 1 日，《马斯特里赫特条约》正式生效，欧盟正式诞生。欧盟的条约经过多次修订，运作方式依照《里斯本条约》进行。政治上所有成员国均为议会民主制国家，当时经济上为世界上第二大经济实体（其中德国、法国、意大利为八国集团成员），军事上除爱尔兰、奥地利、马耳他与塞浦路斯四国以外（其中前两国是国际公认的永久中立国），其余 23 个欧盟成员国均为北大西洋公约组织成员。欧盟主要机构包括欧洲理事会、欧盟理事会、欧盟委员会、欧洲议会、欧盟对外行动署、欧洲法院、欧洲统计局、欧洲审计院、欧洲中央银行、欧洲投资银行等。

欧盟奉行有效多边主义，倡导自由贸易，积极引领国际能源及气候变化合作，强调维护联合国的地位和作用，主张以和平方式解决地区热点问题。在对外关系方面，欧盟积极开展对外交往，已同世界近 200 个国家和国际组织建立了外交关系，与战略伙伴建有定期首脑会晤机制。有 160 多个国家向欧盟派驻了外交使团，欧盟也已在 120 多个国家及国际组织所在地派驻了代表团。在一些国际机构如世界贸易组织中，欧盟代表成员国发出声音并行使权利。欧盟还参与经济合作与发展组织（Organisation for Economic Cooperation and Development，OECD）工作，并在联合国及一些专业机构中派有观察员。在一定程度上，欧盟是欧洲事务的"超级政府"，欧盟决策机构以各种文件形式发布的战略、规划、政策、指令等，对成员国具有约束力，相当于是各成员国制定国内相关政策和立法必须依据的"上位法"。

欧盟高度重视海洋事务，包括欧盟内部的和全球的海洋问题。历史上，欧洲海洋强国是最早争夺全球海洋跨界利用权和控制权的国家，即海洋霸权国家。他们是近代国际海洋秩序的构建者和主导者，是推动形成近代和现代海洋科技体系的发端国。第二次世界大战之后至 20 世纪

70 年代初，欧洲国家与美国共同成为国际海洋事务的主导者。自 20 世纪 70 年代初以来，在国际海洋事务中，虽然广大发展中国家的影响力在不断增强，而且在国际组织和会议程序上、形式上各方是处于平等地位的，但在实质上，欧盟和美国等西方海洋强国凭据其强大的国际政治软实力和海洋科技硬实力，仍然占据实质上的主导地位。长期存在这种实际上不平等现象的根本原因是西方国家拥有强大的软实力，体现在他们所拥有的极强的海洋重大议题设置能力、拟定国际海洋法律文本和相关国际文件草案的制度性设计能力、把控海洋磋商进程及方向的主导能力等方面。

欧盟在海洋综合管理理念的基础上，最早提出实施海洋空间规划，并将其实践及相关技术标准等向全世界推广。在跨世纪的千禧年前后，国际社会有一个广为流传的说法即"21 世纪是海洋世纪"，意指海洋在人类未来生存和发展中将具有越来越重要的地位。进入 21 世纪以后，欧盟更加重视从战略高度确定海洋发展方向和重点领域，具有极强的前瞻性，陆续更新和实施了许多海洋战略和综合性海洋政策，尤其注重海洋环境保护和生物多样性养护等方面（详见表 4-5）。欧盟非常重视利用联合国等国际组织和区域性组织作为平台推广其海洋理念和实践经验，并运用各种资源和手段努力地将其理念、制度规则和技术标准等转化为国际政治和法律语言写入国际文件，进而转化成为国际理念和国际规则，最典型的体现在应对全球气候变化和保护生物多样性等领域。欧盟在全球海洋治理中发挥了重要的推动和主导作用。

表4-5 进入21世纪以来欧盟海洋战略和政策统计表（付玉制表）

序号	发布年份	发布机构	文件名称	英文名称
1	2006 年	欧盟委员会	《欧盟未来海洋政策：欧洲海洋愿景》绿皮书（非法规类基本文件）	Towards a Future Maritime Policy for the Union: A European Vision for the Oceans and Seas
2	2007 年	欧盟委员会	《综合性海洋政策》蓝皮书	The Integrated Maritime Policy
3	2008 年	欧洲议会和欧盟理事会	《海洋战略框架指令》	Marine Strategy Framework Directive
4	2009 年	欧盟委员会	《欧盟综合海洋政策的国际拓展》蓝皮书	Developing the International Dimension of the Integrated Maritime Policy of the European Union
5	2011 年	欧盟委员会	《欧盟2020生物多样性战略》	EU Biodiversity Strategy to 2020
6	2013 年	欧盟委员会	《欧盟水产养殖可持续发展战略指南》	Strategic Guidelines for the Sustainable Development of EU Aquaculture
7	2014 年	欧盟理事会	《欧盟海洋安全战略》	European Union Maritime Security Strategy
8	2014 年	欧洲议会和欧盟理事会	《建立海洋空间规划框架的指令》	Directive Establishing a Framework for Maritime Spatial Planning
9	2014 年	欧洲议会和欧盟理事会	《关于欧洲海洋渔业基金的规定》（欧洲议会和委员会2014年5月15日第508/2014号）	Regulation（EU）No. 508/2014 of the European Parliament and of the Council of 15 May 2014 on the European Maritime and Fisheries Fund
10	2016 年	欧盟委员会	《国际海洋治理：我们海洋未来的议程》	International Ocean Governance: An Agenda for the Future of Our Oceans

序号	发布年份	发布机构	文件名称	英文名称
11	2016 年	欧洲议会	《欧盟综合北极政策决定》	*Resolution on An Integrated European Union Policy for the Arctic*
12	2018 年	欧盟委员会	《循环经济中的欧盟塑料战略》	*A European Strategy for Plastics in A Circular Economy*
13	2019 年	欧洲议会和欧盟理事会	《减少某些塑料的环境影响指令》	*Directive on the Reduction of the Impact of Certain Plastic Products on the Environment*
14	2019 年	欧盟委员会	《欧洲绿色协议》	*European Green Deal*
15	2020 年	欧盟委员会	《欧盟 2030 生物多样性战略》	*EU Biodiversity Strategy to 2030*
16	2020 年	欧盟委员会	《欧盟海洋可再生能源战略》	*An EU Strategy to Harness the Potential of Offshore Renewable Energy for A Climate Neutral Future*
17	2021 年	欧盟委员会	《欧盟可持续蓝色经济新途径》	*Transforming the EU's Blue Economy for A Sustainable Future*
18	2022 年	欧盟委员会	《为可持续蓝色星球设定航向——欧盟国际海洋治理议程》	*Setting the Course for A Sustainable Blue Planet-Joint Communication on the EU's International Ocean Governance Agenda*

亚太经合组织（Asia-Pacific Economic Cooperation，APEC）是亚太地区层级最高、领域最广、最具影响力的经济合作机制，在地区经济发展方面具有重要影响力。1989 年 11 月 5 日至 7 日，澳大利亚、美国、日本、韩国、新西兰、加拿大及当时的东盟六国在澳大利亚首都堪培拉举行 APEC 首届部长级会议，标志 APEC 正式成立。但是，必须明确指出的是，亚太经合组织不是主权国家组成的政府间组织，而是由亚太地区经济体组成的非政治性的经济合作机制，例如，中国大陆、香港特别行政区和台湾省都以经济体成员名义加入了该组织。该组织的宗旨是支持

亚太区域经济可持续增长和繁荣，建设活力和谐的亚太大家庭，捍卫自由开放的贸易和投资，加速区域经济一体化进程，鼓励经济技术合作，保障人民安全，促进建设良好和可持续的商业环境。APEC现有21个成员和3个观察员，3个观察员分别是东盟秘书处、太平洋经济合作理事会、太平洋岛国论坛秘书处。在组织结构方面，APEC共有5个层次的运作机制。

海洋合作是APEC经济技术合作的支撑领域之一。在政策层面，APEC推进海洋合作的主要高层机制为不定期召开的APEC海洋部长会议。在工作层面，APEC经济技术委员会下设的APEC海洋与渔业工作组是牵头负责海洋合作的。APEC海洋与渔业工作组成立于2011年，由此前成立的APEC海洋环境海洋资源养护工作组和渔业工作组合并而成。APEC海洋与渔业工作组的宗旨是"促进贸易自由化和公开化，推进渔业、养殖和海洋生态系统资源及其产品和服务的可持续利用"。该工作组通过促进成员经济体之间，以及成员经济体与学术界、私营部门和区域、国际组织之间的合作来实现其目的。

近年来，海洋合作在APEC论坛上的热度不断上升。由APEC海洋与渔业工作组牵头，各经济体就区域海洋环境保护、海洋塑料、蓝色经济、防灾减灾、渔业和粮食安全议题开展积极研究探讨，陆续取得了《APEC海洋与渔业工作组蓝色经济共识》《APEC海洋可持续发展报告》《APEC海洋垃圾路线图》和《APEC非法捕鱼路线图》等重要成果，为成员经济体政府和科研界、企业界提供了重要政策指导和经验借鉴。在项目层面，APEC海洋与渔业工作组及相关工作组授权成员经济体开展了数量众多的海洋合作项目。仅2014至2018年间，来自亚洲、大洋洲、北美洲、南美洲的11个成员经济体便在APEC框架下发起了50项涉海合作项目，涉及绿色基础设施、海洋垃圾、水产品安全、海洋观测、粮食安全、灾害预警、海洋科技创新、可持续能源等众多议题。[①]

　　中国长期积极参与APEC海洋合作，大力承担APEC海洋合作项目，创立了"APEC蓝色经济论坛"和《APEC海洋可持续发展报告》等具有品牌效应的合作项目，在促进APEC蓝色经济合作、评估区域海洋可持续发展水平并提升可持续发展能力方面发挥了重要作用。2014年，APEC北京会议重点讨论了推动区域经济一体化，促进经济创新发展、改革与增长，加强全方位基础设施与互联互通建设三项重点议题。会议取得多项重要成果，发表了《北京纲领：构建融合、创新、互联的亚太——APEC领导人宣言》和《共建面向未来的亚太伙伴关系——APEC成立25周年声明》。在此会议期间，我国在厦门主办了APEC第四届海洋部长会议，确立了APEC海洋合作的四个支柱——沿海和海洋生态环境保护与防灾减灾、海洋在粮食安全及其相关贸易中的作用、海洋科技与创新以及蓝色经济。通过该部长会议，中国将蓝色经济及海洋科技创新两个新议题引入APEC海洋合作，扩展了以海洋环境保护和渔业管理为主的APEC海洋合作传统模式，为促进海洋业务多元化发展，提升海洋合作在APEC框架下的显示度奠定了基础。该部长会议通过了APEC加强海洋合作的《厦门宣言》，该宣言得到各方认可并被列入当年领导人非正式会议成果清单。中国积极牵头发起APEC海洋合作项目，在2011至2022年间承担了20个海洋项目，占APEC海洋与渔业工作组同期全部项目的近四分之一，有力推动了APEC海洋业务发展。通过持续的工作积累和理念引领，我国在APEC框架下创立了若干品牌合作项目。在2011

① Zhu X, Qiu W F, et al. APEC Marine Sustainable Development Report 2: supporting implementing SDG 14 and related goals in APEC[R]. APEC Secretariat, Singapore, 2019.

至 2021 年间举办了 7 届 APEC 蓝色经济论坛，吸引成员经济体、国际组织和私营部门广泛参与，引领经济体探讨蓝色经济模式，分享最近实践经验。带领经济体编写发布了 2 期《APEC 海洋可持续发展报告》，聚焦 APEC 通过海洋治理提升地区可持续发展能力的潜力和作用，被评价为"APEC 对联合国 2030 议程的贡献"。

其他区域组织。区域组织在协调其地理区域范围内的政治经济方面发挥了重要作用，海洋事务也是许多区域组织关注的重要议题之一。区域组织在区域海洋治理方面发挥了重要作用，它们为成员（国）提供对话平台，就共同关注的海洋问题进行协商，凝聚共识并采取集体行为共同应对。

按照不同标准，有不同类型的区域组织。按照性质划分，有的是综合性政府间区域组织，例如，东南亚国家联盟（Association of Southeast Asian Nations，ASEAN，简称东盟）、非洲联盟（African Union，AU，简称非盟）、太平洋共同体（Pacific Community，PC）和环印度洋联盟（The Indian Ocean Rim Association，IORA，简称环印联盟）等区域组织都非常关注海洋问题，先后都发布了其海洋战略。环印联盟成员国于 2015 年 10 月 23 日在印度尼西亚巴东举行的第 15 届部长理事会上，就海洋经济、航运安全、技术转移、旅游开发、环境保护、打击犯罪、防灾减灾等问题进行磋商，通过了《环印联盟海洋合作宣言》。还有的是海洋科学组织，例如，北太平洋海洋科学组织（The North Pacific Marine Science Organization，PICES）和南极研究科学委员会（Scientific Committee on Antarctic Research，SCAR）等。此外，还有许多区域科学组织，虽然它们不是海洋科学组织，但它们也与海洋科学有着密切联系，例如，国际科学理事会（International Council for Science，ICSU）体系下的许多科学机构。

（二）区域渔业组织

海洋捕捞是最古老的利用海洋的方式之一，也是最古老的生产活动之一。在很长的一段历史时期里，人类在认知上都存在一个误区，以为海洋鱼类是取之不尽、用之不竭的资源。同时，在国际法层面，自 17 世纪格劳修斯提出著名的公海自由论以来，公海捕鱼自由一直是公海的六大自由之首，也是国际海洋法最古老、最核心的一个原则。自近代到 20 世纪 70 年代，西方远洋捕捞强国一直充分地享受着公海捕鱼自由。

现代海洋渔业是许多岛国和沿海地区的海洋支柱产业，也是国际化、市场化程度较高的产业，在保障全球粮食安全、促进地区经济发展和减少贫困等方面发挥着重要作用。由于渔业捕捞是现存的唯一大规模利用野生生物资源的产业，国际社会在开发利用渔业资源的同时，也都采取多种多样的隔离和养护措施，致力于实现渔业资源的可持续利用。但是，鱼类的跨界洄游的特性决定了任何一国都不可能做到对鱼类资源的完全管理，特别是公海渔业资源，更需要国际社会采取集体行为共同养护。因此，自 1945 年以来，在世界范围内建立了许多国际性和区域性的渔业管理组织和机制。[①] 尤其是 20 世纪 80 年代以来，加强对海洋渔业活动管理和对渔业资源保护的呼声日渐增多，海洋渔业问题几乎成了联合国及许多全球性和区域性论坛，乃至国际学术会议的涉海会议的必备议题。

为有效地管理国际上的海洋渔业活动，保护渔业资源可持续利用，成立渔业管理组织或双边安排就成为国际渔业管理的必要选择。渔业资源包括多种经济鱼类。由于它们具有不同的习性和不同的生长周期等特点，对它们的捕捞和养护管理措施不可能完全统一。因此，国际上的渔

---

① 刘小兵，孙海文. 国际渔业管理现状和趋势[J]. 中国水产，2008（10）：30.

业管理组织也分为许多种类。渔业管理组织的目标一般是促进有关渔业资源的长期可持续利用。例如，中西部太平洋渔业委员会的目标为通过有效的管理，确保中西部太平洋高度洄游鱼类种群的长期养护和可持续利用。世界上有各种类型的国际组织，既有综合性区域渔业组织，例如，亚太渔业委员会（Asia-Pacific Fishery Commission，APFIC）、孟加拉湾项目政府间组织（The Bay of Bengal Programme，BOBP-IGO）等，也包括专门鱼类的区域组织，例如，美洲间热带金枪鱼委员会（Inter-American Tropical Tuna Commission，IATTC）和国际大西洋金枪鱼养护委员会（International Commission for the Conservation of Atlantic Tunas，ICCAT）等。

公海捕鱼自由原则虽然写入了《海洋法公约》，从法律上看，仍然是国际海洋法重要原则，但是，实际上，自20世纪80年代以来，公海捕鱼已经不完全自由了，而是进入了有限制的自由状态。公海，尽管不属于任何国家管辖，但其中的鱼类资源都已经被分别纳入相关渔业组织的管理范围，实行了捕捞配额等管控措施。

第三节　非政府国际组织①

根据不完全统计，至少有约 130 个非政府组织在积极参与全球海洋治理（具体名单见本书附录一）。它们在全球海洋热点问题上不断提出新理念和倡议，并采取相关举措，推动国际社会共同关注和保护海洋。

一、非政府组织的定义

非政府组织在全球海洋治理中的重要性日益显现。截至目前，各国及国际组织对"非政府组织"尚无统一的定义，而是各有侧重。经济合作与发展组织认为，非政府组织可广泛地包括非由国家机构建立的营利性组织、基金会、志愿机构、教育机构和教会等组织。与此不同，联合国经济及社会理事会指出，非政府组织是不由政府实体或政府间协议建立，但目的及宗旨同《联合国宪章》保持一致的组织。相比之下，欧洲议会的界定，则更强调非政府组织成立的法律基础、跨国性和公益性。非政府组织一词最早被写入的官方文件是 1945 年《联合国宪章》第 71 条。20世纪 90 年代，非政府组织作为一种具有影响决策能力的、重要的非国家行为体得到了正式、广泛的认可，非政府组织作为伙伴关系被明确写入了《21 世纪议程》的第三部分和《联合国海洋法公约》第 169 条。

综合考虑现有定义和研究主旨，本书中的非政府组织是指由非国家机构或个人依照一国国内法建立的，以公共目标为主要追求的基金会和志愿机构等形式的跨国组织。

非政府组织活动最初介入全球海洋治理的领域是海洋环境治理。自

---

① 本节内容主要资料引自陈曦笛，张海文. 全球海洋治理中非政府组织的角色——基于实证的研究[J]. 太平洋学报，2022，30（9）：89-102.

20 世纪 60 年代初"世界环境保护运动"[1]兴起至今，关注海洋生态环境的非政府组织的数量和影响力一直在迅速增长。[2]在过去的数十年间，非政府组织之活动已经逐渐渗入全球海洋治理的几乎所有层面，包括海洋渔业资源、海洋生态和生物多样性养护等。

非政府组织通过直接参与、中立监督和间接推动等路径和方式，广泛地参与沿海国的海洋研究与管理、政策游说、产业发展与能力建设以及公众教育等活动，与国家及国际组织形成了协同与监督并存的互动模式，已成为实现全球海洋治理不可或缺的力量，深刻地影响着全球海洋治理的走向。

二、非政府组织直接参与全球海洋治理

许多非政府组织直接参与沿海国国内海洋事务管理和全球海洋治理。"自下而上"地将全球海洋治理理念与个人、企业及社会关联起来，仍是非政府组织参与全球海洋治理的主要方式。但随着非政府组织在全球海洋治理结构中变得愈发重要，其"自上而下"的影响治理决策的实践也正在变得更为普遍。[3]从治理的视角看，在很多国家特别是发展中国家，海洋环境正遭受来自油污、IUU 捕捞等的困扰；同时，为了发展经济，很多政府没有意愿或者没有能力妥善地处理本国的海洋环境保护问题。在

---

① McCormick J. Reclaiming Paradise : The Global Environmental Movement[M]. Bloomington: Indiana University Press, 1991: 47-52.

② Straughan B, Pollak T. The broader movement : nonprofit environmental and conservation organizations (1989—2005) [J]. The Urban Institute, 2008: 1.

③ 本文统计了共 100 多个非政府组织的相关信息。统计名单主要整理自国际组织提供的公开资料，包括联合国教科文组织公布的《全球海洋科学报告》、布鲁塞尔国际学会联合会和国际商务局公布的《国际组织年鉴》、2017 年以来联合国海洋大会参会名单以及出席 BBNJ 国际磋商会议的组织名单等。在统计的非政府组织中，归属国为美国的有 49 个，归属国为英国的有 11 个，归属国为瑞典的有 9 个，归属国为加拿大的有 8 个，归属国为其他国家的共计 49 个。

这种情况下，很多非政府组织开始积极参与政府环境治理进程。

目前，很多政府和国际组织已经越来越依赖于非政府组织在海洋治理方面发挥作用，甚至允许它们直接参与国际谈判，以求得解决问题的最佳办法。[1] 以联合国制定关于"国家管辖范围外海洋生物多样性养护和可持续利用协定"（BBNJ）的磋商为例，先后有50多个非政府组织参加磋商过程，[2] 其中许多非政府组织还就其所关心的议题发表了咨询意见。近年来，在包括联合国机构在内的政府间组织中，获得观察员或咨询地位的非政府组织数量大幅增加。仅就统计样本而言，保护海洋咨询委员会（Advisory Committee on Protection of the Sea）取得了国际海事组织观察员地位，塔拉海洋基金会（Tara Ocean Foundation）和国际环境法理事会（International Council of Environmental Law）分别取得了联合国经济及社会理事会观察员和咨询地位，南极和南大洋联合体（Antarctica and the Southern Ocean Coalition）成为《南极条约》机制下的官方观察员。这种"官方身份"使得非政府组织能够通过提供信息、观点和支持性论点（supporting arguments）来游说国际组织官员和各国代表。

除了此类正式的地位外，非政府组织也早已成为国际会议中的常客。海洋之神（Oceanus）组织在格拉斯哥举行的第二十六届联合国气候变化大会场外会议上，就以"恢复和保护菲律宾的红树林与公众参与气候行动的必要性"为题发表了专题讲话。事实上，仅在每年的联合国海洋大会上，就有相当多具备海洋治理经验的非政府组织被邀请参加会议并发言，例如统计样本中的珊瑚礁天文台、安必维安全与合作研究所

---

① Hewison G J. The role of environmental nongovernmental organizations in ocean governance[J]. Ocean Yearbook, 1996, 12(1): 32-51.

② 根据出席BBNJ磋商的NGO而做出的数据统计，详尽名称清单可见本书附录。

（Ambivium Institute on Security and Cooperation）和公海联盟（High Seas Alliance）等组织。同时，非政府组织与国际组织也建立了紧密联系，如深海保护联盟就与国际海底管理局接触频繁。仅在 2021 年底，深海保护联盟（Deep Sea Conservation Coalition）就两次致函国际海底管理局，强调对环境影响评估的关注，对公众咨询程序中存在的缺陷表示关切。在 BBNJ 养护和可持续利用规制制定过程中，公海联盟、海洋基金会和蓝色海洋基金会等非政府组织全程深度参与谈判，并积极争取在国际海洋法法庭提起咨询管辖权的法律地位。① 除此之外，一项加拿大学者的研究也表明，多个美国非政府组织自 2013 年以来越发显著地影响着国际海底管理局的深海海底环境管理体制建构进程，有效地强化了对"地缘政治权力的持有者"的掌控。②

非政府组织参与全球海洋治理的途径和方式种类繁多，有的采取比较温和的方式致力于环保行动，例如，世界自然基金会（World Wide Fund For Nature）；也有些非政府组织倾向于采取比较激烈的反政府行动以及其他吸引眼球的行动方式来发挥影响力，例如，海洋守护者协会（Sea Shepherd Conservation Society）和绿色和平组织等。海洋守护者协会曾做出过用船撞击日本科研捕鲸船等抗议活动。2013 年 9 月 18 日，绿色和平组织的 30 名成员乘坐"北极日出号"抵达巴伦支海，登上俄罗斯国家石油天然气公司位于巴伦支海的钻井平台，抗议俄罗斯在北冰洋开采石油资源。随后，俄罗斯海岸警卫队扣押了"北极日出号"船只并逮捕了船员和绿色和平组织成员，起诉指控他们从事海盗活动。由于"北

---

① 施余兵. 国家管辖外区域海洋生物多样性谈判的挑战与中国方案——以海洋命运共同体为研究视角[J]. 亚太安全与海洋研究，2022（1）: 41.

② [加]安娜·扎利克，张大川. 海底矿产开采，对"区域"的圈占——海洋攫取、专有知识与国家管辖范围之外采掘边疆的地缘政治[J]. 国际社会科学杂志（中文版），2020（1）: 168.

极日出号"悬挂的是荷兰国旗，因此，荷兰作为船旗国于 2013 年 10 月 4 日将俄罗斯扣押该船和逮捕相关人员的行为起诉到国际海洋法法庭，这一系列行为使绿色和平组织吸引了全球的目光。

三、非政府组织以中立身份参与全球海洋治理

非政府组织作为中立监督者的地位在当下已经得到广泛承认，并成为各国及国际组织提高声誉、证明其政策制定和实施透明的重要途径。例如，在全球渔业治理中，非政府组织向区域渔业组织提出了多项审查要求。这些要求广泛地得到了 12 个区域渔业管理组织成员国的回应，即便一些区域渔业管理组织在涉及敏感和有争议的问题时有限制非政府组织参与的倾向。南极和南大洋联合体更是将审查生态保护情况作为其日常工作之一。近年来，该组织陆续发布包括《南极海洋生物资源保护委员会表现评估》《磷虾渔业管理 30 年——挑战依然存在》和《审查马德里议定书的实施情况：缔约方的检查（第 14 条）》在内的治理现状审查结论，充分发挥了对相关国际组织和公约缔约国的监督作用。此外，非政府组织还要求在 BBNJ 未来的环境影响评估程序中占据一席之地，对各国的环评进行"监督、审议和审查"。①

然而，在实践观察中也不难发现，具备特定背景的非政府组织在发挥其监督功能时，并非对某一海洋治理问题的所有涉及方均一视同仁，而是倾向于绕开自身的利益攸关方，选择性地发表观点和开展行动，甚至刻意"抹黑"部分国家。

---

① 施余兵. 国家管辖外区域海洋生物多样性谈判的挑战与中国方案——以海洋命运共同体为研究视角[J]. 亚太安全与海洋研究，2022（1）: 40.

四、非政府组织以间接影响方式参与全球海洋治理

在直接影响国际海洋治理之外，非政府组织还经常采取间接方式参与全球海洋治理，特别是利用引导国际舆论的走向，在一定程度上塑造世界各国公众、政要乃至国际组织官员对于海洋生态问题的看法。非政府组织可称为当前最积极的海洋治理信息传播者。统计样本中的绝大部分非政府组织都参与了公众宣传工作。这些宣传活动的形式包括但不限于媒体文章、生态宣传片、调研报告、生态竞赛和社区教育。值得关注的是，非政府组织有可能借助传播手段，在国际舆论中灌输一些误导性的信息。例如，非政府组织强调海洋生态危机的严峻程度，极端的海洋生态破坏后果被选择性地反复呈现，为公众塑造了强烈的刻板印象。事实上，尽管全球海洋治理仍然面临很大挑战，但在相当多地区，海洋生态环境的破坏在各国的努力之下已经得到制止。又如，非政府组织惯常将生态环境问题归结于特定政策或国家活动。应当认识到，海洋生态并非维持恒定状态而是处于动态的平衡之中。但非政府组织往往在缺乏实质证据的情况下，将海洋环境恶化或物种数量减少与人类活动建立因果关系，造成"所有海洋生态衰退均由人类活动造成"甚至是某国人造成的错误印象。例如，公海联盟是非政府组织有倾向性鼓吹扩张公海保护区的典型代表。该组织在国际宣传中极力强调公海"生态至关重要，受到严重威胁"，且公海上的生物多样性热点地区必须"得到优先保护"，但往往对保护所涉区域的紧迫性、可行性、可持续性以及对当地社区经济生活的潜在影响避而不谈。

总体而言，非政府组织在数十年间，将保护的经验与最新的技术相结合，利用媒体、社群乃至故事的力量，领导公众参与海洋治理。鉴于存在募资需求和缺乏追责机制，数量可观的非政府组织所开展的这些活

动，正在成为全球海洋治理进程中最主要的信息传播出口。相比之下，非政府组织在提出目标和推广计划时更为激进，但也由此具备了更强的影响力和号召力。无论这些信息是否属实，它们都在客观上引导了国际舆论，使之倾向于符合非政府组织的预期。

五、全球海洋治理中的智库和专家

有一类非政府组织是智库。这类组织的资金主要来源于私人（个人、企业和基金会）的捐助。这些智库通常关注的是海洋政治外交、海洋军事和安全、海洋争端和法律等议题。它们主要通过学术报告、发表出版以及提供咨询服务等方式发挥影响力，运用科学的、技术的或法律的专业报告来游说海洋政策制定者，利用网络和论坛等平台对海洋突发事件或热点问题进行评论和访谈，引导话题走向，营造舆论范围，影响公众对该事件或热点问题的认知和判断。

全球海洋治理是专业化的工作，故专家的必要参与贯穿从决策到实施的整个过程。例如，蓝色气候方案致力于提高公众对海岸和海洋在减缓、适应气候变化中作用的认识，消除海洋生物碳循环方面的"知沟"，并推动蓝色碳捕获和储存，为蓝色经济的可持续发展提供信息。经过多年发展，蓝色气候方案已经在海洋碳循环问题上卓有声誉，故联合国环境署在启动"蓝森林"项目时也将其作为创始合作伙伴，为项目提供支持与指导。又如，气候分析组织成员则包括政府间气候变化专门委员会成员，以及气候金融、气候谈判和气候政策分析等方面的专家。除发布多份极富影响力的气候报告外，气候分析组织通过塔拉诺对话、巴黎协定跟踪调查等为国际组织和各国政府提供科学、政策和分析支持，并协助小岛屿发展中国家和最不发达国家参加海洋气候谈判和论坛，向谈判者提供按需的技术及政治、战略和法律方面的简报和建议。

　　由此可见，在实践中相当一部分非政府组织扮演了"科学、政策和经济知识的创造者和编辑者"的角色，通过链接、协调这些跨区域和跨学科的工作，为自己建构起具备权威性的"专家"之地位。如前所述，非政府组织一方面承担了大量的研究工作，并在管理实践中积累数据与经验，建构自身在特定议题上的专业性。另一方面，非政府组织与学界的联系极为密切，甚至如德国的气候保护、能源和交通研究所这样的非政府组织，就是由从事海洋研究的专业研究人员为主体建成的。这种智识上的优势地位使得国家及国际组织在海洋治理问题上往往需要与其形成长期协作甚至依赖关系。

第四节　其他行为体

个人和私营部门也是全球海洋治理中重要的行为体。许多个人，特别是有名望的人，诸如国家首脑和政府高官、著名的学者和专家、明星等社会公众人物，都为海洋环境和海洋濒危生物的保护而奔走呐喊，他们也都是全球海洋治理行为体的重要一分子。私营部门（Private Sector）是"公共部门"的对应称呼，是指个人、家庭和私人所拥有的企事业单位。私营部门是市场的重要主体之一，也是全球海洋治理的行为体之一。

一、全球海洋治理中的个人力量

保护环境，人人有责。守护海洋，人人有责。秉承这样的理念，越来越多的人投身到海洋保护和建设的行列中去。

提及国际环境治理和海洋环境治理领域的有识之士，就不得不提及蕾切尔·卡森。卡森拥有多重身份，她是 1936 年至 1952 年美国联邦政府所属的鱼类及野生生物管理局聘用的水生生物学家，美国著名自然文学作家，其更重要的身份是"国际环境保护先驱"。她被西方誉为全球环境"殉道圣徒般的人物"。卡森撰写的《寂静的春天》于 1962 年出版，在书中，她发出了"旷野中的一声呼喊"，呼吁国际社会要尽快关注环境问题。但很少有人知道的是，早在《寂静的春天》出版之前的 20 世纪 50 年代，她就已经完成了另一本科普读物——《海洋传》。在该书中，卡森用优美的语言展示出了海洋的各种形态及其美丽面貌，而且在 1961 年该书第一版的序言里，卡森描述了人类盲目地、不计后果地向海洋倾倒核废物的情形，并向人们发出了预警："海洋是生命的源头，创造了生物，如今却受到其中一种生物的活动所威胁，这种情形是多么怪异啊；不过尽管海洋环境日渐恶化，这片大洋仍会继续存在，而真正受害的，其实是生物本身。"这是卡森向国际社会发出的保护海洋的"最早呼喊",可惜被当时的人们所忽视。她在《寂静的春天》里再次呼吁人们要关注环境问题。若干年之后,她的"呼喊"才引起了"共鸣"。

个人的力量有时是渺小的,但有时也是伟大的,具有很强的亲和力和感召力。在许多高端海洋国际论坛上,主办方经常邀请一些国家皇室成员、影视明星或运动员等知名的公众人物与海洋科学家和热爱海洋人士共同参加活动,以达到吸引社会公众关注海洋的宣传目的。

每年6月8日是"国际海洋日",联合国及相关国际组织、沿海国海洋主管部门都会举办相关海洋宣传活动,也会邀请国际知名人士出席。

长期以来,我国有大批海洋科学家[①]、海洋工作者以及其他热爱海洋的人们一直在默默地辛勤工作着,分别从事着海洋科研、海洋开发利用、海洋保护等工作,其中有许多人直接参与国际海洋磋商和国际海洋科学研究合作等进程,直接参与了全球海洋治理。每年6月8日"国际海洋日"暨中国海洋宣传日的既定活动内容之一是评选中国"年度海洋人物"。2009年恰逢新中国成立60年,为了反映海洋事业60年的辉煌成就,国家海洋主管部门主办了"十大海洋事件和十大海洋人物"活动评选。2009年7月18日,全国海洋宣传日主场活动首次评选出中华人民共和国成立60年来的"十大海洋人物",至今10余年,共评选出了100多位"海洋人物",展示了重大海洋事件和优秀的海洋人物,折射出海洋事业发展历程,也向社会公众传输了海洋保护意识。

近年来,国内官方和民间组织都发起了聘请海洋形象大使的活动。例如,2018年央视著名主持人白岩松和电影演员苗苗被自然资源部聘为"海洋公益形象大使"。一些海洋企业或非政府组织也经常聘请影视明星

---

① 青岛海洋科普联盟.中国海洋科学家[M].青岛:中国海洋大学出版社,2019.

担任海洋形象代言人。例如，国际专业潜水培训系统便聘请了演员黄渤和李现等担任其全球青年海洋大使。

二、全球海洋治理中的私营部门

世界上有无数的海洋经济主体，特别是跨国公司，以及海洋行业组织，它们都是全球海洋治理的重要实践者。海洋经济和产业是各沿海国国民经济的重要组成部分，与社会生活和发展息息相关。海洋可持续发展也离不开海洋经济和科技的发展。大型企业及其行业组织已经成为当代世界舞台上的重要行为体，成为国家和国际非政府组织之外的重要角色。这些市场主体拥有极强的社会资源调动能力，同时也拥有极大的号召力和社会动员能力。

以世界海洋委员会（World Ocean Council，WOC）为例。这是一个国际跨界联盟，为推动"海洋企业责任"而成立，旨在汇聚海洋业界各领先企业，以海洋可持续发展为目标竭力推动跨界合作；致力解决海洋业界在可持续发展上所遇到的挑战，包括海洋政策和管理、海洋策划、海洋垃圾、水底噪声、海洋生物福祉、水质污染、船舶和各平台的资讯收集、海平面上升及极端天气的长远影响、需获优先考虑的地区（如北极和印度洋）以及海洋可持续发展所需的投资。世界海洋委员会自成立以来已累计拥有超过 75 名会员，其网络涵盖全球超过 35000 名海洋业界代表。世界海洋委员会亦获联合国专门机构及各世界团体认可为海洋可持续发展的国际领导联盟。该委员会主持的海洋可持续发展峰会（Sustainable Ocean Summit，SOS）是一个国际商业论坛，为促进业界对海洋可持续发展的理解和支援而成立，致力于促进海洋可持续发展、科学研究及承担海洋企业责任。该峰会汇聚海洋业各领先企业，包括航运业、渔业、石油及天然气产业、水产养殖业、离岸可再生能源产业、旅游业、深海采矿业、海洋科技产业、法律界、保险界、金融界等企业，以及政府、政府间组织、科学界和环保团体代表。2018 年 10 月 17 日，海洋可持续发展峰会在香港召开，议题十分广泛，包括：海洋管理论坛 CEO 跨界研讨会；亚洲航运——亚洲与世界的联系——领导能力及挑战；亚洲港口及可持续发展；造船业可持续性：船厂及船舶工程的角色；一带一路与海洋：保障海上丝绸之路的可持续性；海洋业界女精英：领导能力及可持续发展；区块链及海洋经济：可持续发展与区块链的跨国、跨界联系；海洋2030：海洋业趋势及未来；数位海洋、海洋数据及海洋云端；海洋污染：垃圾清理、港口信号设施、水底噪声、生物附着及侵入性海洋物种；海洋和气候：负排放技术、港口灵活性、极端天气及北极地区可持续发展；粮食保障：可持续渔业、可持续水产养殖业；海洋知识、研究及科技：智慧型海洋企业、2030 海床；海洋管理和规划：联合国海洋法公约、风力及渔业；跨域工作坊：青年海洋工作者、海洋产业群的可持续发展。

该委员会向业界发出呼吁：海洋支援及联系着全球生态系统，我们有责任维持它的健康。人类经济活动及商业发展对海洋健康构成的影响日益严重，问题亦受到广泛关注。各国政府和非政府组织纷纷表态，指出海洋业界应对问题负责。若企业希望继续使用海洋资源，除了遵守相关的业界准则，同时亦需获取"社会许可证"，及实现协助商界迈向联合国永续发展等一系列目标。商业活动对海洋生态系统所构成的影响不能只靠单一企业或行业解决。海洋业界需与各国各界合作，共同促进海洋可持续发展、科学研究及承担海洋企业责任，从而获取商业价值。

三、非政府间国际会议和论坛

在全球海洋治理中，有一种独特的参与方式，那就是官方、非官方机构或个人举办高级别论坛会议或论坛。会议通常邀请一些有声望的人士和专家学者，围绕一个海洋议题进行对话与探讨，以便达到引导舆论、塑造形象和宣传主张的目标，形成一个非常独特的平台。例如，美国国务院连续主办了8届"我们的海洋"（Our Oceans）大会，葡萄牙交通运输与海洋部举办了多次"海洋部长大会"，冰岛前总统格雷姆松创办的"北极圈论坛"（Arctic Circle Assembly），韩国海洋主管部门和釜山地方政府共同举办的釜山国际海洋周，中国自然资源部（原国家海洋局）与厦门市政府及相关国际组织等联合举办的"厦门国际海洋周"、自然资源部海洋发展战略研究所与第二海洋研究所联合举办了6届的"关于大陆架和'区域'的科学与法律问题国际研讨会"等，在国际上都有一定的影响力。

05 第五章
全球海洋治理的问题与现状

全球海洋治理的客体就是全球性海洋问题，是指已经或者即将威胁和损害到人类共同利益的海洋问题，主要包括全球气候变化对海洋的影响、海洋生态环境问题、海洋资源开发与利用问题、海洋自然灾害和突发事件以及重大的领土和领海纷争问题等。综合来看，这些问题有的影响海洋自身的健康，有的影响人类社会的和平稳定与发展。人类对海洋自然状况的认知远远不够，对于全球性海洋问题产生的原理、机理以及发展速度等均无充分的了解，因此，对于全球海洋问题仍无有效的应对之策。例如，人类对气候变化与海洋关系、海水变暖和海洋酸化的发展趋势、海洋垃圾的数量及其影响等知识和科学原理均认识不足。海洋变化远超理论的构建和发展所能反映的水平。全球海洋治理具有陆海联动的全球性、人海共生的公共性、跨界跨领域的综合性、共同利益之下的差异性等特征。

第一节　全球气候变化对海洋的影响

地球气候系统包含着多个圈层的相互作用。气候变化问题已经超过了单一学科的认知范畴，科学认知和应对气候变化必须高度关注海洋。应对和减缓全球气候变化是全球海洋治理的重大挑战。如今，气候变化的影响被认为是人类所面临的最重要的挑战。几乎所有学科都因为气候变化现象的出现而产生了相应的新的研究课题。气候变化对全球海洋治理的影响是多方面的。

一、气候变化下的海洋变化

全球气候变化下的海洋正在发生多样的变化，主要包括：海洋温度上升，飓风活动增加，深海环流的变化，极地冰盖融化，海洋酸度增加等。此外，预测和已观测到的其他变化包括：氧气在水中的溶解减少形成海洋缺氧区，引起海洋生产力的变化，海洋生物种群移动或在一些海域彻底消失等。海洋在全球气候体系和养育生命方面起着至关重要的作用。海洋有助于调节全球热量、淡水和碳的循环，并对温度的变化和区域分布以及陆地的降水产生影响，但是，这种能力受到大气中人为的二氧化碳浓度提高以及由此而引发的全球和区域性气候变化的威胁。根据观察，气候变化已对海洋造成了重大影响，海洋缓解环境变化的能力已有所降低；此外，也势必影响到海洋的生物多样性、海洋生态系统服务功能以及人类社会的活动。

二、全球变暖导致海平面上升

联合国政府间气候变化专门委员会在 2007 年第四次评估报告中指出，全球海洋增温已影响到水下 3000 米深度。这一增暖引起海水膨胀和极冰融化，全球海平面持续上升，并有加速迹象。目前海洋已经吸收了80%以上增加到气候系统的热量，并且仍在吸收，这些热量的再分配，已经使海洋的环流和热力状况发生了变异。

海洋约占地球表面积的 71%，因其巨大的热容量和碳储存量成为地球气候系统的调节器。特别是近半个世纪以来，海洋吸收了整个气候系统超过 90% 的热量盈余以及超过 30% 的人类活动二氧化碳排放，这从根本上减缓了全球变暖的速率。但这些被吸收的热量和二氧化碳也极大地改变了海洋物理和生物地球化学环境，如造成海温持续升高、酸化加剧、海平面上升、海洋缺氧、海洋生物资源减少和海底天然气水合物资源变化等。

同时，由于海平面持续上升等不利影响，海岸系统和沿海城市将遭受风暴潮和海岸侵蚀等威胁。海平面上升不仅侵蚀海岸，还降低了沿海地区抵御风暴潮、海啸等海洋灾害的能力，更加剧了沿海区域海水入侵与盐渍化，甚至使农业受损。海平面上升引起的风暴潮、咸潮等海洋灾害加剧，给沿海重大防护工程、海岸通航以及沿海城市的发展带来挑战。风暴潮等灾害的频发也给沿海城市的居民安全和经济安全带来严重威胁。在全球变暖影响下，未来几十年，风暴潮等海洋灾害的威胁将持续增加，受影响人口数量和财产损失以及人类对海岸生态系统造成的压力也将进一步增加。

观测和分析结果表明，全球变暖和海平面上升趋势进一步加快。由中国科学院大气物理研究所牵头的国际研究小组发布报告称，2021 年海洋变暖幅度再创新高。欧洲气候监测机构哥白尼气候变化服务局发布报告称，过去 7 年是全球自 1850 年有记录以来最热的一段时期。欧盟海洋和地图集项目官网发布的全球海面温度变化趋势图展示了 1993——

2018 年全球海洋温度变化趋势。该图显示全球平均海平面温度以每年 0.016±0.001℃的速度上升，且上升幅度并不均匀，一些海区上升的幅度更大。

越来越多的科学家相信，鉴于对未来大气中温室气体浓度的上升以及气候变暖的预期，到 21 世纪末海平面将上升 0.5 至 1 米。从全球范围看，冰层的融化和海水的热膨胀（全球气候变暖的结果）确实会导致海平面上升。而且，如果格陵兰或南极洲西部的大冰盖迅速融化，海平面上升现象将进一步加剧。海平面上升将很容易导致一些极端天气，例如风暴潮的出现。在气候变化的影响下，极端天气出现的频率和强度都有增加的可能。海平面上升及其产生的后果，例如洪涝灾害和盐碱化等，对沿海生态系统及沿海地区的社会经济构成了严重的威胁。当然，海平面上升及其造成的后果在全球不同地区不尽相同，或者说不一定相同。对于大陆国家来说，可能在沿岸地区造成的影响比较大，例如，造成海滩侵蚀、沿岸土地和地下水盐碱化，红树林、三角洲和河口等面积的大幅减少甚至消失。对于沿海生态系统和当地居民来说，风暴潮和土地的开发利用等其他一些因素将增加沿海洪灾的发生频率。对于小岛屿国家来说，海平面上升带来的很可能是灭顶之灾，将产生气候难民。因此，在对沿海生态系统以及所建造的基础设施进行评估或制定适应战略时，必须考虑到那些全球性因素，同时也必须考虑到那些地方性因素。

联合国政府间气候变化专门委员会在第五次气候变化评估报告中对海洋环境变化特别是全球海平面的变化进行了详细阐述，成为各国制定相关政策的重要参考依据。

三、海平面上升对沿海国海洋权益带来影响

气候变化导致的海平面上升已经对现代海洋法的发展构成了新的挑

战，也可能对沿海国的海洋权益带来不利影响。例如，海平面上升对沿海国的领海基线是否构成影响？对此问题，国际上目前尚无定论。对于那些选择以某些低潮高地和礁石作为基点来划定领海基线的沿海国来说，可能会产生影响。领海基线是测量沿海国管辖海域宽度范围的起算线。换言之，在海平面上升的情况下，沿海国有可能需要将已经划定的领海基线往陆地方向调整，导致沿海国管辖海域宽度和面积减少，也将导致领海位置往大陆方向变动，进而需对海图做相应修改。因为根据《联合国海洋法公约》第 16 条海图和地理坐标表的规定，按照第 7 条直线基线方法确定的测算领海宽度的基线，或根据基线划定的界限，应在足以确定这些线的位置的一种或几种比例尺的海图上标出。或者，可以用列出各点的地理坐标并注明大地基准点的表来代替。沿海国应将这种海图或地理坐标表妥为公布，并应将该海图和坐标表的一份副本交存于联合国。

海平面上升对岛礁法律地位可能会造成影响。海洋地物属于岛、礁还是低潮高地，对于沿海国的海洋权益有着重要的影响。《联合国海洋法公约》第 121 条第 1 款规定，岛屿是四面环水并在高潮时高于水面的自然形成的陆地区域。海平面上升将对这些岛礁法律地位的变化产生重要影响。第 2 款规定了岛屿拥有与大陆相同的管辖海域。但是，第 3 款又规定：不能维持人类居住或其本身的经济生活的岩礁，不应有专属经济区或大陆架。若某一个岛屿因海平面上升而导致其在高潮时无法露出水面，那么，这个岛原本拥有的各类管辖海域是否还能继续保留？对此，目前也尚无定论。

四、气候变化带来海洋生态系统和生物多样性显著变化

在气候变化影响下，全球范围内海洋溶解氧含量下降、海洋酸化及海水增温等现象对海洋本身的生态系统和生物多样性产生了严重影响，

气候变化对海洋系统产生的影响已可见一斑，如使得海洋生物分布范围、季节性活动和物种间的相互作用等方面发生改变。气候变暖和海洋酸化等因素还可能会与其他局地变化（如污染、水体富营养化等）共同作用，对物种和生态系统造成交互、复杂和放大的影响。气候变暖还会导致海洋物种的空间变化，热带和半封闭海域出现较高的本地物种灭绝率，而且促使物种入侵高纬度地区。未来热带低纬度地区的渔业捕捞潜力将降低；而中高纬度地区物种将更加丰富，渔业捕捞潜力将提高。气候变化已经造成现阶段海洋物种再分配以及敏感地区海洋生物多样性的减少，给渔业生产力的持续和其他生态系统服务的供应带来挑战。妥善管理海洋这一重要的全球资源，对建设可持续的未来至关重要。但是当前，沿海水域由于污染而持续恶化，海洋酸化对生态系统功能和生物多样性造成不利影响，这对小型渔业也产生了负面影响。我们必须始终优先考虑拯救海洋。海洋生物多样性对人类和地球的健康至关重要。海洋保护区需要进行有效管理并且配备充足资源，同时需要建立相关法律法规体系，以减少过度捕捞，减轻海洋污染和海洋酸化。中国海洋系统是全球海洋系统中的重要部分，气候变化给中国海洋系统以及海洋经济也带来了不可忽视的影响。

五、气候变化引发海洋酸化

全球气候变化引发海水温度上升和海洋酸化。海洋吸收大量二氧化碳，会增强海水的酸性，对海洋和海岸生态系统造成破坏，珊瑚白化、珊瑚礁死亡、小岛屿遭淹没等一系列问题都与此有着重要联系。

（一）海洋酸化导致遗传多样性改变、海洋生物灭绝、生态系统分界线移动

在海洋生态系统中，物种丰富度的时空分布与环境特征息息相关。

气候变化从基因、物种和生态系统水平上对海洋生物多样性产生影响。在基因方面，生物体为了适应新的气候条件，其物种基因序列会发生改变，影响生物的遗传多样性；在物种方面，研究表明到 2050 年气候变暖将导致全球 5 个地区 24% 的物种灭绝；在生态系统方面，降雨和温度的改变将移动生态系统分界线，某些生态系统可能扩展，而某些则萎缩。海洋酸化还会影响海洋病原体生物的传播、影响海洋浮游生物群落结构、影响海洋鱼类群落结构。

（二）海洋酸化对鱼类种群（海洋生物资源）分布带来影响

海洋酸化对鱼类种群的分布产生重大影响，进而会对现有的渔业条约产生影响。现已有资料表明，海洋酸化会导致海洋生物资源的分布发生变化，这种变化也会对目前已经存在的规制鱼类种群的法律制度产生影响。例如，随着鱼类种群分布的变化，我们就有必要修订现有的渔业条约，或者拟定新的渔业条约，以体现现有的跨界鱼类种群和高度洄游鱼类种群的分布变化。"公海站点显示，自第一次工业革命开始以来，海水酸度水平已经增加了 26%。由于污染和富营养化，沿海水域水质正逐渐恶化。一定要加强通力合作，否则到 2050 年沿海富营养化程度在 20% 的大型海洋生态系统中将会提高。"

第二节 人类活动给海洋带来的压力与挑战

海洋为人类社会发展提供了丰富的资源：旅游、渔业、油气、可再生能源，等等。这些资源对人类生产生活、经济发展、科技进步都产生了不小的推动作用。但是，人类对海洋的无节制攫取，给海洋带来了严重的伤害。人类改变地球气候的速度要比历史上地球自然变暖最快时期的速度快 5000 倍。目前，一个明确的科学共识是，人类活动导致的温室气体排放，对观测到的地球变暖有不可推卸的责任。

一、海岸带的过度开发利用对近岸海域造成严重影响

海岸带是人类活动最频繁的区域，也是海上航行的密集区域。人类活动对海岸带造成了多方面的压力和负面影响，造成了滩涂减少、港湾航道水流减少、海洋生物多样性下降、海水自净能力下降等后果。海岸带地区存在着严重的开发利用与保护之间、多方面利益之间的冲突问题。从世界范围看，海岸带地区承载了众多的基于陆地和基于海洋的人类活动等，是承载社会经济、人口、环境压力最大的地区。

从我国情况看，大陆除港澳台（下同）有 11 个沿海省份，生产总值约占我国 GDP 的 60%。我国大陆海岸带沿线共有 55 个海滨城市，以约占全国 4.6% 的面积创造了全国约 33% 的生产总值。根据第七次全国人口普查，11 个沿海省份常住人口 6.35 亿，约占全国总人口数的 45%。55 个沿海城市常住人口约为 3.24 亿人，约占全国总人口数的 22.9%。在全国人口总体增速放缓的背景下，沿海地区整体人口仍保持增长，且增长速度高于全国同期平均水平。根据国家统计局的统计数据，2020 年 11 个沿海省份生产总值 53.69 万亿元，约占我国 GDP 的 52.8%；55 个沿海城市的地区生产总值达到 32.1 万亿元，约占我国 GDP 的 31.6%。

海岸带地区面临严峻的生态环境压力。随着城市化进程的加快，人类对海洋及其资源进行了过度的开发利用，存在海岸线超前开发、低效占有、无序圈占等浪费现象，造成自然岸线严重减损。近岸和近海生态系统遭到严重破坏，存在着严重的生物多样性下降问题，沿海重要渔场的渔业资源密度急剧下降。不合理的开发活动挤占了沙滩、礁岩、湿地、防护林，滨海湿地大量减少，生态退化现象严重。有些岸段建筑物密度过大且离岸过近，影响了景观的协调性且损害了海岸带功能的正常利用。

海岸带地区是海洋自然资源开发利用较为集中的区域，包括海洋油气资源的勘探开发活动、海洋渔业捕捞和海水养殖等活动。溢油污染、近海渔业过度捕捞导致资源衰竭和海水富营养化等海洋生态事故时有发生。例如，每年夏季都会在我国山东省青岛市海域发生的浒苔事件。

此外，海岸带地区也是海洋自然灾害较为集聚的区域，包括海水入侵、台风、赤潮、海岸侵蚀、水土流失等，给海洋带来了物理和化学变化，造成海洋自然岸线向陆地一侧后退的现象，也威胁当地社会经济可持续发展。

二、开发利用海洋资源的活动对海洋造成重大影响

数十亿人依靠海洋动植物资源作为蛋白质的主要来源，还有数百万人以海洋为生。人类过度开发利用海洋及其资源的活动已经深深伤害了海洋，海洋承受着来自人类的重大压力。

人类开发海洋资源的方式方法繁多，主要包括：一是对近海的空间资源的利用。例如，滨海旅游娱乐、航线、锚地、传统渔场或产卵场、海水养殖场等。二是在近岸海域的工程建设。例如，进行桥梁或海底隧道施工建设；储油库、危化品仓储和粮库，以及核电站等建设工程。现在还有越来越多的海上风电场建设。此外，一些海域里还有潮汐能发

电等工程建设，既是对海洋空间资源的利用，也是对海洋可再生能源的开发利用，可以为沿海国提供绿色能源。三是海洋自然资源的勘探开发。例如，渔业捕捞、海底采沙、采矿和油气勘探开发等生产活动。此外，有的海域还蕴藏着天然气水合物，目前尚处于海洋科学研究和相关设备试验阶段。按照我国的国家标准统计，我国海洋产业及其相关产业一共有 28 个，其中海洋产业 22 个，相关产业 6 个。

三、六大污染源对海洋造成污染

全球海洋治理的最初诱因是海洋环境污染。80%以上的海洋污染物来自陆地。海洋污染物对海洋生物有害，对人类健康有害，并严重妨碍与海洋有关活动的正常进行。《联合国海洋法公约》按照污染物的来源，将海洋污染分为六大类，包括来自陆源的污染、国家管辖的海底活动造成的污染、"国际海底区域"内活动造成的污染、倾倒造成的污染、来自船舶的污染以及来自或通过大气层传播的污染。

第三节　极地海洋治理面临科学不确定性和政治复杂性

极地对全球气候变化和人类生存发展具有重要影响，事关人类的共同命运。随着气候持续变暖，南北极地区的自然环境正在发生快速变化，南北极治理面临诸多新问题、新挑战。科学数据表明，南北极地区气候变化和冰盖融化的速度远超出科学家的估计，引起国际社会的广泛关注。极地与全球气候变化相互作用和影响，导致海平面上升加速、自然灾害事件频发，直接影响人类的生存和发展。

从地理特征看，北极地区主体是北冰洋。北极治理是全球海洋治理的一个重要组成部分。由于北极地区的地理独特性和北极事务的复杂性、不确定性，北极治理的特点是复杂而敏感。北极治理既存在制度和机制的特殊性，也面临许多方面的现实挑战。从地理学角度看，南极洲属于大陆。不过，南极洲四周被太平洋、大西洋、印度洋所环绕，形成了独特的、自成一体的南大洋，与全球海洋和气候有着密切关系并产生相互影响。从这个意义上看，全球海洋治理必然也包括南极治理。与北极治理不同的是，南极治理有其独特之处，有其特殊的治理体系，那就是以《南极条约》(*The Antarctic Treaty*)体系为核心的治理体系。南极治理有许多新发展，越来越往海洋方面延伸，例如，设立南极海洋保护区等。

一、南极治理的法律体系和主要机制

1959 年签订的《南极条约》是南极治理的起点。《南极条约》于 1959 年 12 月 1 日签订于华盛顿，1961 年 6 月 23 日生效。《南极条约》主要组织机构中最重要、最有影响的是南极条约协商会议、南极研究科学委员会(Scientific Committee on Antarctic Research，SCAR)和国家南极局局长理事会（The Council of Managers of National Antarctic Programs，COMNAP）。《南极条约》确立了南极治理的基本法律框架，开启了人类合作协商南极事务的新时代。南极治理的国际规则主要有两大类：一是《南极条约》及其后续发展的相关公约和议定书等，被统称为《南极条约》体系；二是其他适用于南极地区的国际法。另外，有关国家对于南极的战略、政策和立法，是该国在南极活动的行动纲领和原则，这在南极治理中也有着相当程度的影响。据初步统计，目前有 27 个国家出台了南极立法，20 个国家发布了南极战略或政策。

（一）《南极条约》体系决定了南极治理的基本框架和原则

《南极条约》体系是指以《南极条约》为核心的一系列公约、议定书以及南极条约协商会议所通过的决定、措施和决议等共同组成的法律体系，主要包括《南极条约》《关于环境保护的南极条约议定书》《南极海洋生物资源养护公约》《南极海豹保护公约》《南极矿产资源活动管理公约》《〈南极条约〉60 周年布拉格宣言》等。

《南极条约》体系确立了南极治理的核心机构、法律框架和基本原则。1959 年 12 月 1 日通过、1961 年 6 月 23 日生效的《南极条约》，内容一共只有 14 条，主要内容包括：南极洲应仅用于和平目的，在南极洲，应特别禁止任何军事性措施，如建立军事基地和设防工事，举行军事演习，以及试验任何类型的武器；但是，不阻止为科学研究或任何其他和平目的而使用军事人员或设备；冻结领土主权要求；禁止在南极洲进行任何核爆炸和处理放射性废料；加强科学研究与合作；保护和保全生物资源；等等。不过，在禁止性条款中，对科学研究做出了例外规定。目前，《南极条约》共有 55 个缔约国，其中有 29 个协商国（含 12 个原始协商国）。

南极治理中，科学与合作的基石作用不断得到重申。2019年第四十二届《南极条约》协商会议通过了《〈南极条约〉60周年布拉格宣言》（以下简称《宣言》）。《宣言》重申了根据《关于环境保护的南极条约议定书》（以下简称《议定书》）做出的禁止与矿产资源相关的除了科学研究之外的所有活动的承诺。《议定书》第6条明确禁止了矿产资源开发活动，禁止期为该议定书生效之日起的50年。《宣言》提出，将加强南极科学研究委员会在提供科学建议方面的重要价值，并且加强国家南极局局长理事会向《南极条约》协商会议提供相关南极项目运行建议和帮助的重要价值。《宣言》强调南极科学调查自由与和平的国际合作是《南极条约》的基石。

此外，历届协商会议通过的"措施"也是南极法律体系的重要内容，对协商国具有法律拘束力。其中，60%以上的"措施"与南极环境和生态保护有关，是各国开展南极活动的重要行为守则，对保护南极环境发挥着重要作用。[①]

（二）南极治理的主要行为体及主要治理机制

南极治理主要行为体包括三个方面：《南极条约》协商国，即法律赋予其拥有治理南极的权利的国家；非国家行为体，即在南极治理中拥有影响力的国际组织和跨国行为体；国际社会，即没有明显的南极治理权利，但是能够潜在地影响南极政治的非南极条约国家。

南极治理机制是由一系列相互关联的机制形成的一种机制复合体。在南极治理过程中，协商国将《南极条约》发展成了"《南极条约》体系"，构成南极治理机制的核心。南极治理机制是在《南极条约》体系下

---

① 自然资源部海洋发展战略研究所. 中国海洋发展报告（2021）[M]. 北京：海洋出版社，2021：249.

通过不断"增生"方式形成的，各个机制相互关联，共享核心的原则与价值理念。"增生"既体现在南极治理行为体越来越多元化，非国家行为体越来越多地参与到南极治理机制中去，企业创设南极旅游机制和规则等；也体现在南极协商会议机制之外，出现专门治理某一领域问题的新机制，例如，南极海洋生物养护机制。

南极治理的主要机制包括协商会议机制、南极海洋生物资源养护机制、南极旅游机制，南极条约协商国特别会议、南极研究科学委员会、国家南极局局长理事会等也在南极治理中发挥着重要作用。协商会议机制：这是南极治理的核心机制。《南极条约》第9条规定《南极条约》协商国具有南极事务的决策权。根据《南极条约》第9条第1款，协商国创立协商会议机制，协商国通过定期召开《南极条约》协商会议对南极进行治理。南极协商会议是由南极协商国组成的政府间组织，对于南极大陆治理具有决策权。只有在南极设立常年科学考察站的国家才有资格成为南极协商会议的成员国。领土主权问题、科研合作与交流、环境问题，这三个核心议题完全由协商国控制并处理。南极海洋生物资源养护机制：为解决南大洋的生物养护问题，协商国于1980年签订了《南极海洋生物资源养护公约》(简称《养护公约》)，设立了南极海洋生物资源养护委员会(简称养护委员会)、科学分委员会以及秘书处。养护委员会对于南大洋治理具有决策权。养护委员会的出现分割了协商会议的权力，这是南极治理机制的首次裂变。养护委员会是一个政府间国际组织。 南极旅游机制：这是一个双重治理机制。在法律上，由协商国确立南极旅游治理的准则，具体体现在《关于环境保护的南极条约议定书》(简称《议定书》)方面。该《议定书》管理南极地区所有的人类活动，其中包括南极旅游。在实际管理中，则是以国际南极旅游组织协会为治理主体进行自我规制。1991 年，7 家美国旅游运营商建立了旅游协会，出台了《南极旅游组织者指南》。《议定书》仅提供原则上的指导，并没有提供具体的治理措施，日常的、具体的治理实践由旅游协会来完成。

（三）南极治理的发展进程

从治理的重点对象的变化角度看，南极治理经历了 6 个发展时期：第一阶段是 20 世纪 50 年代。这是南极治理的初期，以《南极条约》为起点，主要议题是领土主权问题。《南极条约》明确规定，南极地区是指南纬 60°以南的所有地区，包括冰架。第二阶段是 20 世纪 60 年代。科学合作是这个年代的主题。协商会议机制主要处理的是科学考察与合作问题，极大地促进了南极科学考察和研究。第三阶段是 20 世纪 70 年代。自 1972 年开始，资源议题兴起，打破科学的平静。1972 年矿产资源被首次列为会议议程，此后成为协商会议常设议程。南大洋海洋生物资源于 1975 年首次被列为协商会议议程。由于海洋生物资源问题比矿产资源问题更容易解决，在 20 世纪 70 年代，协商会议的重心就放到了解决海洋生物资源问题上，并促成了 1980 年《南极海洋生物资源养护公约》的出台。第四阶段是 20 世纪 80 年代。解决海洋生物资源问题之后，协商国将目光转向了矿产资源。矿产资源议题成为 20 世纪 80 年代协商会议的首要问题。1988 年，《南极矿产资源活动管理公约》(以下简称《管理公约》)出台。为保护南极的生态环境，《管理公约》建立了一套比较严格的矿产资源活动管理制度、科学技术评估和咨询制度以及关于责任、赔偿和补偿、视察、监测和争端解决的法律制度。《管理公约》还规定，应促进南极矿产资源活动中的国际参与国际合作，并考虑发展中国家的特殊情况。但是，《管理公约》遭到了环保组织的激烈反对，在它们的反对下，协商国将重心转到了环境保护上。第五阶段是 20 世纪 90 年代。

1991 年 6 月 23 日通过了《关于环境保护的南极条约议定书》。这是为实施《南极条约》，保护南极环境而制定的议定书。因此，环境保护成为 20 世纪 90 年代协商会议的中心议题。 第六阶段是进入 21 世纪后。与全球海洋治理进程一样，进入 21 世纪以来，建立各类保护区成为南极治理的重点议题。

据统计，目前《南极条约》协商国共在南极地区设立了 71 个南极特别保护区和 7 个南极特别管理区，总面积分别超过 3000km² 和 5 万 km²。其中，大部分的保护区主要以南极动植物、动植物栖息生长地或者生态系统作为保护内容，以保护南极显著的环境价值和科学价值，小部分保护区则以保护重大的历史价值、美学价值或者荒野价值为主。1980 年召开的关于南极和南大洋环境保护会议上，就有了建立南大洋海洋保护区的设想。1980 年，南极海洋生物资源养护委员会成立。2002 年"可持续发展全球峰会"提出了到 2012 年建设有代表性的海洋保护区网络的倡议。为积极响应，南极海洋生物资源养护委员会承诺，到 2012 年建设一个南大洋有代表性的海洋保护区网络。在 2009 年 11 月召开的第二十八届南极生物资源养护委员会大会上，英国提出了一项建立世界上第一个"公海"海洋保护区的提议，即在南极地区公海上设立一个海洋保护区——南奥克尼群岛南大陆架海洋保护区，该提议得到了大会的同意。2010 年 5 月，南奥克尼群岛南大陆架海洋保护区正式建立。南奥克尼群岛南大陆架海洋保护区位于南极半岛西部的凹形区域内，面积约 9.4 万 km²（超过了 4 个威尔士的面积）。这一保护区覆盖了南大洋的大片区域，是世界上第一个完全位于国家管辖以外的公海保护区。经过多年磋商，南极海洋生物资源养护委员会于 2016 年 10 月做出决定，设立了南极首个海洋保护区——罗斯海海洋保护区，使面积约 157 万 km² 的辽阔海域成为全球最大的海洋保护区，将禁止捕鱼 35 年，其中约 112 万 km² 被设为禁渔区。

（四）国际非政府组织在南极治理中的作用

随着全球化的加速发展，国际行为主体日益多元化，各种非政府组织在全球治理中发挥着越来越重要的作用。在南极治理方面，非政府组织和联合国积极支持将南极作为一个"世界公园"的观念，主张加强对南极脆弱的自然环境和生态环境的保护。其中，最具影响力的组织有绿色和平组织及南极和南大洋等。

绿色和平组织从 20 世纪 80 年代末开始将南极纳入其关注范围，积极参与并引导国际社会关注南极环境问题。绿色和平组织还采取现场抗议行动，阻止法国在迪尔维尔站铲岛填海建造飞机场，抗议日本在罗斯海的捕鲸行为，还在南极建立起唯一一个非政府组织的科学考察站，视察、检查和监督各国南极站设施和活动对南极环境的威胁。

南极和南大洋联合体成立于 1978 年，是一个由 30 多个对南极环境保护感兴趣的非政府组织组成的国际非政府组织。其宗旨是保护南极大陆及其周边海域生态环境，对影响南极生态环境的所有事件进行监控，包括气候变化、旅游、渔业管理和生物保护等，同时也积极从事宣传活动，对促进《南极条约》体系逐步走向开放，接受国际社会的监督和参与发挥了独特的作用。由于其在国际社会具有广泛影响，南极和南大洋联合体于 1991 年获得了《南极条约》观察员资格，有权参加《南极条约》组织的年度大会。

当前，南极治理面临的主要问题是欧美国家不断提议，拟继续在南极地区设立更多的海洋保护区。但是，由于相关提案缺乏充分的科学证据作为支撑，这在协商国之间引发了较大分歧。目前有关国家提出的东南极海洋保护区、西南极半岛保护区、威德尔海洋保护区三个提案尚未获得通过。另外，南极臭氧空洞、南极与全球气候变化关系等许多重大科学问题是南极治理的难点问题。

二、北极治理的法律体系尚在构建过程中

北极治理正在经历深刻变化和快速发展。从气候变化方面看，《科学报告》指出，北极地区升温速度比全球平均速度快了7倍。数据显示，北极地区的年平均气温每十年上升2.7℃，尤其是秋季，每十年上升4℃，使得巴伦支海及其岛屿成为地球上已知升温最快的地方。丹麦国家空间研究所发布在《地球物理学研究快报》上的研究显示，2003年2月至2009年10月期间，格陵兰岛附近冰川平均每年只有272亿吨的冰融化，但2018年10月至2021年12月期间，平均每年有423亿吨的冰融化，这表明全球最北端的冰川正在以创纪录的速度融化。这些冰川约占格陵兰岛冰盖总面积的4%，损失量却占格陵兰岛冰盖总损失量的11%，是全球海平面上升的主要原因之一。挪威特罗姆瑟大学的生态学教授罗夫·艾姆斯（Rolf Ims）和尼格尔·约克兹（Nigel Yoccoz）指出，气候变化使海冰相关的生态系统陷入困境，可能失去部分"北极"物种，但同时可能出现其他物种，长远看可能形成适应新气候的生态系统。

北极地区的开发利用和可持续发展等问题引起了国际社会的广泛关注。北极气候变化、生态环境保护等跨界问题急需国际合作。北极治理既涉及气候变化引发的冰盖加速融化等生态环境问题、夏季航道开通问题，又涉及复杂的传统安全和军事争霸问题。冷战期间，北冰洋的上空、海面及其海底都是美苏争霸的前沿"阵地"。冷战结束后，北极地区紧张局势得到缓和。但是，近年来，加拿大、美国和俄罗斯又开始加强北极地区的军事力量部署。2022年爆发的俄乌冲突，对北极局势也产生了极大影响。

与南极治理最大的不同是，目前为止，北极治理尚无成体系的法律规制和真正意义上的多边治理机制。在北极治理机制中发挥主导作用的北极理事会实质上只是北冰洋八个沿海国的"地区俱乐部"，并不是有广泛参与度的真正意义上的多边机制。

（一）北极治理中的主要法律规制和政策

与南极地区冻结了领土主张的情形不同，北冰洋里除了公海和国际海底区域之外，还有北极八国（美国、加拿大、俄罗斯、丹麦、芬兰、冰岛、挪威、瑞典）的部分陆地领土或管辖海域。北极治理中所面临的问题，有的需要北极国家和非北极国家共同面对并探讨解决办法，有的则直接关系到北极国家管辖范围和非北极国家依据国际法在北冰洋里享有的权利之间的平衡与协调。

前已述及，与较为完整的、成体系的《南极条约》体系不同，北极地区法律体系尚处在逐步构建的过程中。北极治理的法律依据和主要制度是由多方面法律规则和政策文件组成的，主要包括四个方面：

其一，全球性条约。适用于世界上其他地区的一般性和综合性的国际条约同样地适用于北极地区。例如，《联合国海洋法公约》《生物多样性公约》《联合国气候变化框架公约》《巴黎协定》《联合国土著人民权利宣言》等。其中，《联合国海洋法公约》为北极海洋治理提供了基本法律制度和治理原则。

其二，专门适用于北极地区的多边和双边条约。例如，1911 年，美国、俄国、日本和英国共同签署了一项保护毛皮海豹的条约——《有关北极环境保护的条约》。该条约规定在北纬 30°以北的太平洋里禁止捕猎海豹。这可谓北极治理的起点。两年以后，美国和英国签订了一项保护北极和亚北极候鸟的协议。1920 年 2 月 9 日，英国、美国、丹麦、挪威、瑞典、法国、意大利、荷兰及日本等 18 个国家在巴黎签订了《斯瓦尔巴条约》(现在改称为《斯匹次卑尔根条约》)。1923 年,美国和英国签订了《保护太平洋北部和白令海峡鱼类协议》。从这些条约看,北极的区域治理历史非常悠久。又如,1973 年,由加拿大、丹麦、挪威、苏联和美国共同签订的《北极熊保护协议》。1976 年,苏联和美国签订的《保护北极候鸟及其生存环境的协议》等。又如,国际海事组织在第七十五届环保会议上通过的《国际防止船舶造成污染公约》附则I的修正案(新增第 43A 条),规定自 2024 年 7 月 1 日起,禁止船舶在北极水域使用和载运重油作为船用燃料;同时规定,悬挂北极沿海国家船旗,并在这些国家主权海域作业的船舶,将获得豁免,豁免期到 2029 年 7 月 1 日结束。《极地水域船舶航行安全规则》(以下简称《极地规则》)已于 2017 年 1 月生效,适用于南北极的部分水域,实现了国际海事组织框架下极地航行规则从"软法"到"硬法"的过渡。在 2017 年 11 月举行的北冰洋公海渔业政府间第 6 轮磋商会议上,相关国家和地区的政府代表就《预防中北冰洋不管制公海渔业协定》文本达成一致,并于 2018 年 10 月 3 日签署了协定。该协定鼓励各方联合开展北极渔业科学研究与监测,允许进行探捕活动,但相关活动要受到严格限制。依据此协定,北冰洋中部公海(面积达 280 万 km^2)将在未来 16 年内禁止商业捕捞活动。到 2033 年该协定期满后,如果没有相关签署国家提出反对意见,协定的有效期将自动延后 5 年。

其三,北极理事会通过的协议、决议和其他法律性文件等。北极理事会自 1996 年成立起至 21 世纪头十年期间,是以通过决定、声明等"软法"性质的文件为主要方式对北极地区的环境保护等方面问题进行协调和管理的。不过,在 2010 年之后,北极理事会开启了北极立法进程,先后通过了三个具有法律拘束力的文件，包括：2011 年《北极海空搜救协定》，2013 年《北极海洋石油污染预防与应对合作协议》，2017 年《关于加强北极国际科学合作的协议》。这标志着北极理事会对北极的治理从单纯依靠"软法"进入了"软法"与"硬法"并重的时代。近年来，北极理事会一直在推进关于黑炭治理的立法，预计这很可能会成为其通过的第四个具有拘束力的北极立法。

其四，北极八国制定的有关北极地区的战略、政策和国内立法，对北极治理也有着重大的影响。

（二）北极治理的主要行为体和机制

北极治理机制具有多层次、多维度的特点。北极治理的行为体可分为六类：一是北冰洋沿岸的八个国家。二是北极理事会，即由八个北冰洋沿岸国家组成的政府间论坛。三是北极原住民。四是国际组织。五是北极理事会的观察员国家和其他国家。六是非国家行为体。

一、北极八国。北极治理的一个显著特点是区域治理，重要的、核心的议题都是由北极八国来决定并组织实施的。1989 年 9 月，根据芬兰政府的提议，北极八国派出代表召开了第一届"北极环境保护协商会议"，共同探讨通过国际合作来保护北极环境。1991 年 6 月，北极八国在芬兰罗瓦涅米签署了《北极环境保护宣言》，制定了《北极环境保护战略》（ *Arctic Environmental Protection Strategy*，AEPS），开启了现代北极治理进程。该战略指出，北极地区的环境问题需要广泛的合作，建议成员国在北极各种污染数据方面实现共享，共同采取进一步措施控制污染物的流动，减少北极环境污染的消极作用。《北极环境保护战略》下属四个工作组：北极监测与评估工作组、北极海洋环境保护工作组、北极动植物保护工作组与突发事件预防、准备和反应工作组，围绕北极环境和海洋治理相关问题开展研究，启动北极治理机制化进程。1996 年 9 月，北极八国在加拿大渥太华成立了北极理事会，又译为北极议会、北极委员会、北极协会。

二、北极理事会。以北极八国为核心组成的北极理事会是主导北极事务和北极治理的核心机构。北极理事会成立之初的定位只是一个高层次国际论坛，宗旨是开展对话和交流，保护北极地区的环境，促进该地区在经济、社会和福利方面的持续发展。随后将《北极环境保护战略》框架下的所有工作也纳入了其中。理事会主席一职由八个成员国家轮流担任，任期两年。理事会兼具开放性和排他性。一方面，通过设置永久参与方和观察员，赋予北极原住民、域外国家和相关国际组织参与北极治理的机会；另一方面，北极事务的所有决策权只能由北极八国行使。2021 年 5 月 20 日，北极理事会第十二届部长级会议在冰岛首都雷克雅未克召开，该届会议恰逢北极理事会成立 25 周年。为了纪念北极理事会成立 25 周年，会议通过了《2021—2030 年北极理事会战略计划》（以下简称《计划》）。这是理事会历史上首份长达 10 年期的战略发展计划，体现了北极国家在推进北极可持续发展、环境保护和善治方面的共同愿望。《计划》从"环境保护""可持续的社会和经济发展"以及"加强北极理事会"三个方面共列举了七大战略目标，对促进北极治理具有非常积极的意义。

三、北极原住民。北极地区人口稀少。在北极地区 400 万总人口里，北极地区原住民有 20 多个民族，40 多个群体，人口总数约为 50 万。由于原住民逐渐认识到其文化、经济、政治和生态状态与工业发展、资源开发政策紧密相关，他们也不断组织起来，通过各种途径，参与到北极开发和保护的政策制定之中，在北极治理中发挥着越来越大的影响。北极原住民组织主要包括：土著民族权利委员会、阿拉斯加因纽特人捕鲸委员会、北大西洋海洋哺乳动物委员会、北坡自治区南波弗特海北极熊管理协议、阿拉斯加白鲸委员会、加拿大格陵兰独角鲸和白鲸保护和管理联合委员会、库勒萨米人协会、因纽特人北极会议、俄罗斯北部土著民族协会、北欧萨米人理事会等。[①]保护当地土著社区的利益，尊重传统的生活方式和文化，历来是北极治理中的重要议题之一，也是北极治理中敏感而政治正确的话题。经北极理事会决定，六个北极本地社群代表在北极理事会中有永久参与的议席，包括阿留申国际协会、北极阿萨帕斯卡议会、俄罗斯北方土著人民协会、哥威迅国际协会、因纽特人北极圈大会、萨米理事会。

四、国际组织。国际组织在北极治理中发挥着重要作用，特别是国际海事组织。国际海事组织体系下的有关防止海洋污染、保障海上航行安全等的普遍性国际条约均适用于北极地区，除此之外，如前所述，国际海事组织已为北极地区制定了专门性条约，并将继续推动此类立法进程。此外，还有一些政府间组织也深度参与北极治理，例如，国际红十字和红新月社会联盟、北欧部长理事会、北方论坛、北大西洋海洋哺乳动物委员会、联合国欧洲经济委员会、联合国环境规划署、联合国发展署等。此外，还有一些区域性组织也参与北极治理。例如，北欧五国、俄罗斯和欧盟委员会合作成立的巴伦支—欧洲北极理事会（Barents Euro-Arctic Council，BEAC），其宗旨是加强该地区的经济、环保和科技合作，是一个综合性的次区域性和论坛性的国际组织。国际北极科学委员会等在促进北极航行安全、海洋科学研究与合作等方面也都发挥着积极作用。

五、观察员国家的其他国家。北极理事会已经给予 13 个国家、13

---

① 北极问题研究编写组. 北极问题研究[M]. 北京：海洋出版社，2011：99.

个国际组织和 12 个非政府组织以观察员地位。根据北极理事会的决定，观察员在北极事务中的"高级议题"和北极治理中的许多重要问题上没有参与权，更无决定权，只享有很有限的参与权。北极八国对于域外国家参与北极治理一直持有矛盾的心态。一方面，他们对于域外国家和力量介入北极事务、参与北极治理，持有疑虑和戒备的心态；另一方面，应对北极地区的快速变化、可持续发展和基础设施建设等许多重大问题，显然超出了北极八国之力，非常需要域外国家的深度参与和积极合作。特别是北极科学问题方面，北极圈内的海域作为全球海洋的重要而特殊的组成部分，因其独特的自然地理特征以及对全球气候的显著影响，对科学研究和科技发展有着更高的需求，迫切需要开展广泛的国际合作。

6.非国家行为体。北极的快速变化及其对全球气候和环境的影响，日益引发国际社会的关切。在北极治理中，非国家行为体也发挥着重要的影响作用。例如，在科学领域，有国际北极科学委员会，这是推动北极科学研究发展的专门组织，下设大气、冰冻圈等 5 个工作组，通过设立北极国际合作计划和项目，发布协议、决议等方式，对北极资源开发、科学考察活动等进行规范，促进北极科学发展；发布《北极科学状况报告》年度报告，为北极治理提供科学参考。又如，新奥尔松科学管理委员会，这是一个合作论坛，旨在加强研究人员和研究活动之间的合作与协调。目前由 18 个成员机构（含中国的国家海洋局极地考察办公室）和 4 个观察员组成。极地科学亚洲论坛（Asian Forum for Polar Sciences），这是由中、日、韩共同发起创立的亚洲地区国家极地科学研究交流与合作平台，成立于 2004 年，目前已有中国、日本、韩国、印度、马来西亚和泰国 6 个成员国，并有印度尼西亚、菲律宾、斯里兰卡及越南 4 个观察员国。该论坛除了每年召开大会之外，按照地球科学、生命科学、行星科学、冰川科学、海洋科学及后勤与拓展共六大领域，分设专项工作小组或行动小组，协调各成员国间科研及后勤合作相关工作，每年向极地科学亚洲论坛委员会进行报告。自 2004 年 5 月极地科学亚洲论坛在中国上海成立以来，已在各成员国间成功举办二十余次全体会议。又如，在北极政策法律等综合性平台方面，最著名的是冰岛前总统格雷姆松创设的"北极圈论坛"。该论坛规格高、规模大，是推动国际社会关心、认识、保护北极，共商北极治理的重要平台。该论坛于 2013 年 11 月 21 日举办第一届会议，邀请了中国和印度等国家参加。除了在冰岛举办年度性论坛之外，还在各国举办分论坛。目前为止，已分别在美国、新加坡、加拿大和中国上海举办过分论坛，原定于 2022 年在日本东京举办的分论坛，因新冠疫情影响改为 2023 年 3 月举办。中国—北欧北极研究中心（China-Nordic Arctic Research Center，CNARC），是由中国极地研究中心原主任杨慧根牵头，四家中国机构和六家北欧机构共同发起，于 2013 年 12 月 10 日成立的北极社科学术交流组织。这是目前为止唯——个由我国创设并牵头的北极多边合作研究与交流机制，在促进中国与北欧国家间北极政策研究交流和北极合作研究方面发挥了积极作用，已成为我国参与北极治理的重要平台。目前中国—北欧北极研究中心共发展有 18 家成员机构。此外，还有许多其他平台，例如，北极—对话区域、北极前沿等对话平台，在促进各方面交流与合作方面都起到了积极作用。北极治理也是国际非政府间组织关注的区域，它们也积极参与北极治理。例如，绿色和平组织、极地保护联盟、海洋保护咨询委员会、世界驯鹿牧人协会、国际北极科学委员会、国际极地社会科学协会、极地健康国际联盟、土著事务国际工作组、世界自然保护基金、北极大学等。

（三）北极治理进程存在不确定性

近两年来，北极地区形势正在发生逆转。美国、加拿大和俄罗斯等北极国家纷纷调整和更新其北极战略和政策，加剧北极竞争态势。据统计，目前已经有 17 个国家以及欧盟发布了北极战略或政策。导致北极形势骤变的最大变量是美国。美国重拾冷战思维，出台新北极战略，将北极地区视为大国竞争的战略要点。2019 年 1 月美国海军发布《北极战略展望》，4 月美国海岸警卫队也发布《北极战略展望》，6 月美国国防部发布《国防部北极战略》，2020 年美国空军发布《美国空军部北极战略》；美国有参议员于 2019 年 2 月提出了《北极政策法》和《航运与环境的北极领导权法》两个法案，2020 年 1 月有参议员提出了《2019 北极海军战略重点法案》等，旨在增强美国在北极的地位。美国还捏造北极"中国威胁论"，营造北极安全的紧张气氛。美国北极战略的重大转向，与北极和平合作的大势相悖，成为影响北极治理走向的重要变量。又如，挪威不断加强对斯瓦尔巴德群岛周边海域的控制，宣布建立渔业保护区，影响《斯瓦尔巴德条约》缔约国在该条约范围内的权利。俄罗斯对此明确表示反对。

三、南北极 200 海里外大陆架问题

南极和北极的海床和洋底都面临着被周边国家瓜分的问题。对于中心为海洋、四周为陆地的北极地区而言，200 海里外大陆架划界对这一地区权益格局的影响尤为明显。北极圈内沿岸国中的俄罗斯、挪威、丹麦（格陵兰岛）和加拿大都提交了北冰洋的 200 海里外大陆架划界案。据初步统计，北极圈内海域面积约为 1300 万 km^2，各国 200 海里外的海域面积约为 320 万 km^2，根据当前的各国 200 海里外大陆架主张，以及美国肯定不会放弃外大陆架主张，预估"区域"面积剩余有限。

　　南极领土主张国纷纷划定其所主张的南极领土 200 海里外大陆架外部界限，引发《南极条约》与《联合国海洋法公约》之间解释和适用的冲突。虽然《南极条约》冻结了领土主权，并规定任何国家不得提出新的权利主张要求，但 7 个南极领土主张国均以不同形式为其所主张的南极领土提出了 200 海里外大陆架的主张。其中，一类是澳大利亚、挪威、阿根廷等国，向大陆架界限委员会提交了他们主张的"南极领土"200 海里以外的大陆架划界案。目前委员会对此类基于南极大陆领土主张的 200 海里外大陆架划界案不做审议。另一类是澳大利亚、阿根廷和英国等基于其位于南极圈之外领土提出的 200 海里外大陆架划界案，此类划界案虽不以南极领土为起点，但所划定的大陆架范围向南越过了南纬 60°以南的海床及底土。其中英国和阿根廷之间因存在岛屿争议，委员会就划界案中涉及两国争议岛屿的部分未予审议。委员会审议同意了澳大利亚基于其本国岛屿主张的 200 海里外大陆架划界案，其中部分外部界限进入南纬 60°以南地区，不过，委员会也在给出的建议里明确指出，其所做出的建议不影响其他国际条约，显然是顾及《南极条约》的有关规定。此举引发了一个法律问题：澳大利亚既是《南极条约》缔约国也是《联合国海洋法公约》缔约国，他依据《联合国海洋法公约》享有主张大陆架的权利，与其在《南极条约》下应履行的"不得提出新的权利主张"的义务，是否存在矛盾？

　　在气候变化、经济全球化以及地缘政治变化的背景下，北极地区正在经历大规模的态势变迁，这也必然推动北极治理机制不断演进。北极治理机制演进的轨迹与方向，取决于参与其中的多种力量在不同层面的互动与消长，北极地区事务的多样化和复杂性，从根本上要求多层面进行治理。北极治理是价值支配下的协调行动，而多层治理模式代表着北极治理演进的方向，只有基于全人类利益理念的北极多层治理，才能实现北极地区事务的善治。

英国布鲁内尔大学的丽贝卡·贝茨（Rebecca Bates）博士认为，南极环境的保护与南极区域人类活动的管理之间的关系问题，给《南极条约》缔约国以及国际社会带来了治理问题上的挑战。南极存在着许多脆弱的物种和生态系统，近年来，在南极海域发展的捕捞和旅游业等活动给南极的环保带来了挑战。在相关的条约或议定书对南极海域活动进行具体限制之前，加强《南极条约》与国际环境治理的原则之间的互动，或可在一定程度上取得对海洋的利用和保护之间的平衡。具体的，可以将一些海洋治理的原则纳入《南极条约》体系，或者在现有的条约体系内提炼出一些原则，并扩大其适用范围。[①]

---

① Bates R. Touring the Antarctic : Transforming environmental governance in the Southern latitudes[J]. Asia Pacific Journal of Environmental Law, 2011, 14（1）:43-62.

第四节　全球海洋治理公共产品供给不足

一、全球公共产品的概念

目前，国内外对全球公共产品（又称物品）没有一个公认的权威定义。

全球公共产品这个概念来自西方国家，最早有人提出从受益空间、受益对象、受益时间这几要素去界定。这种定义强调概念的重点在于消费的非竞争性与受益的非排他性，同时结合国际关系和全球性的特征来分析全球公共产品。这种定义方式来源于英吉·考尔（Inge Kaul）的两部著作——《全球公共产品：21 世纪的合作》以及《全球化之道：全球公共产品的提供与管理》，他对全球公共产品的定义"全球公共产品是一种可以延伸至所有国家、人民和世代的产品"，受到了诸多学者的引用与推崇。欧盟对全球公共产品的定义也属于这一种类别，提出应从三个特点方面来定义全球公共产品，即受益对象，应该具有让所有人都能享受的潜力；受益空间跨越国家边境；受益时间跨越代际，今天的全球公共产品也能使下一代受益。联合国对公共产品的定义注重受益对象，联合国认为公共产品长期以来被认为具有全球性，因为它们不能由任何一个单独行动的国家充分提供，它们关系到整个人类的福祉，即向全人类提供并使全人类受益的物品和服务。也有学者对以考尔为代表的全球公共产品定义持怀疑态度，因为这种类型的定义过于强调产品的可持续性，但实际上许多全球公共产品是由当代人做出的不可逆转的决定。[①]

我国学者也曾借鉴考尔的三要素。例如，崔野、王琪认为全球公共产品的定义是公共产品概念在国际层面的延伸，是指"全球所有国家、

---

① Anand P. B. Financing the provision of global public goods[J]. The World Economy, 2004, 27（2）:217.

所有人群、所有世代均可受益的物品"。他们认为全球公共产品具有三个特征：受益空间的广泛性、受益者的非竞争性、受益者包括当代人及未来数代人。[①] 杨娜对全球公共产品的定义与崔野、王琪类似，她认为全球公共产品不是经济学意义上的纯公共产品，而是一种受益者不局限于一国的一个群体、不歧视任何一个人口群体或世代的产品。[②] 上述内容可视为全球公共产品的第一种定义。

第二种定义是从全球公共产品的性质和作用着眼的。例如世界银行对全球公共产品给出了定义："全球公共产品是指那些具有很强跨国界外部性的商品、资源、服务以及规章体制、政策体制。它们对发展和消除贫困非常重要，也只有通过发达国家与发展中国家的合作和集体行动才能充分供应此类物品。"切帕鲁洛（Cepparulo）的定义则结合了全球公共产品的跨国界外部性及受益范围包括全球，受益时间跨越代际的特征。[③]

第三种定义方式是从全球公共产品的重要性方面入手的。王雪松、刘金源将全球公共产品定义为"为解决人类所面临的全球问题而存在的各种有形与无形产品的总和，是实现全球良善治理的重要工具"。[④] 巴尔金（Barkin）认为，广义的全球公共产品是一种有助于国际合作的政治呼吁，但对特定问题的国际法律制度的设计和运作的指导作用甚微，因为公共产品制度设计的目的在于高效生产产品，而非高效消耗资源。因此，他认为许

[①] 崔野，王琪. 全球公共产品视角下的全球海洋治理困境：表现、成因与应对[J]. 太平洋学报，2019，27（1）：61-62.

[②] 杨娜. 全球公共产品的属性探讨——兼论中国推动新冠疫苗成为全球公共产品的挑战及路径[J]. 国际政治研究，2022（4）：11-12.

[③] Cepparulo A, Giuriato L. Responses to global challenges : trends in aid-financed global public goods[J]. Development Policy Review，2016，34（4）：483-507.

[④] 王雪松，刘金源. 全球公共产品视角下新冠肺炎疫苗供给困境、中国路径与挑战对策[J]. 当代世界与社会主义，2021（1）：33.

多以公共物品作为特征的问题，需要不同于公共物品的法律框架来实现更有效的国际合作。例如，具有明显竞争性和非排他性的渔业和海底矿产资源开发、全球公域的海洋污染问题。[①]

第四种对全球公共物品的定义方式是根据公共物品的受益范围展开的。有学者比较了国际公共产品（international public goods）和全球公共产品（global public goods）的异同：全球公共产品是全体国家和全人类共同受益，国际公共产品是不止一个国家受益，全球公共产品和区域公共产品都属于国际公共产品。此外，国际公共产品还包括一些既非全球公共产品，亦非区域公共产品的公共产品，例如北约集体防卫的公共产品适用于北美与欧洲。

二、全球公共产品的分类

英吉·考尔按照公共性特征对全球公共产品进行了分类，包括全球性的天然共有物（如空气、公海）、全球性的人造共有物（如全球网络、规则与知识、国际制度）、全球性政策结果或条件（如金融稳定、世界和平和环境的可持续性）。

另一种分类方法是按照全球公共产品提供益处的内容来分类产品。欧盟认为应包括环境、健康、知识、和平与安全、治理。联合国认为包括但不限于全球健康、信息、全球经济、健康的星球、科学、和平、数字。就目前的检索来看，切帕鲁洛提供了最全面的全球公共产品分类，并具体化了每一类别中的模块，使其与可持续发展目标相对应。他将全球公共产品大体上分为知识的产生与传播（如医学研究、农业研究等），

---

① Barkin J S, Rashchupkina Y. Public goods, common pool resources, and international law[J]. American Journal of International Law, 2017, 111（2）: 376-394.

全球公域与可持续性（包括海洋、太阳能、生物多样性等），传染性疾病的控制（如控制艾滋病传播、控制其他传染病传播等），全球治理（包括金融政策、贸易政策、货币政策等），犯罪控制与建立和平（如麻醉品控制、发展替代性农业以减少毒品种植等），以及通信（如通信政策、社交媒体、信息自由流动等）。

第三种分类方法是以全球公共产品所具有的非排他性和非竞争性来分类的。例如，阿南德（Anand）认为有些全球公共产品具有非排他性不具有非竞争性，例如减少酸雨、海洋渔业、控制有组织犯罪、控制害虫；有些全球公共产品具有非竞争性但不具有非排他性，如国际空间站、水道、跨国公园；还有一些是具有非竞争性和非排他性的全球公共产品，也是纯粹的公共产品，如减缓全球变暖、基本科学研究、防治传染病、保护臭氧层等。①

此外，王国清、肖育才还提出了根据生产技术来划分全球公共产品的观点，一是匀质加总技术全球公共产品，即全球性公共品可提供的总量完全取决于所有贡献国全部贡献之和；二是最弱环节技术全球公共品，即公共品可供总量有时只取决于对最弱环节的投入等；三是最优注入技术全球公共品，即全球性公共品可供的总量取决于某一最优势参与者最大量持久的集中注入；四是加权加总技术全球公共品，每个国家的捐纳是有权数的，这也反映了其对全球公共产品每单位的供给对全球公共产品总量而言所带来的边际效益不一样。按照公共产品的生产过程，可将全球公共产品分为三大类，一是连续的全球公共产品，往往需要长期持续不断的投入，如防止全球变暖、知识传播等；二是离散的全球公共产

---

① Anand, P. B. Financing the provision of global public goods[J]. The World Economy, 2004, 27（2）: 218.

品，这类全球公共产品的提供可能是偶然获得成功的，但是也需要前期的投入；三是二元的全球公共产品，即一种量变与质变、连续与离散结合的产物，如疾病的根除，刚开始是摸索努力的阶段，到成功的临界点后，便迸发出质的飞跃。[①]

三、全球海洋公共产品的定义

关于全球海洋公共产品的定义及分类，国内外学者均有所阐述。例如，崔野、王琪认为，全球海洋公共产品是全球公共产品的子集，是全球公共产品中涉及海洋的一部分。比照全球公共产品的经典定义，全球海洋公共产品可以简单地理解为由主权国家和非国家行为体共同提供和使用的、用以解决各类海洋问题和塑造良好海洋秩序的、各种有形的和无形的公共性产品的统称。全球海洋公共产品具有主体的广泛性、指向的明确性以及类型的多样性（既包括实在物质，也包括抽象的非物质）等待性。[②] 除了具有非竞争性与非排他性这两种普遍属性外，这一定义还揭示了全球海洋公共产品的三个特点：一是主体的广泛性，即国际关系领域中的各类主体均可以成为全球海洋公共产品的提供者和享用者；二是指向的明确性，即全球海洋公共产品针对的是各类海洋问题以及人类的涉海实践活动；三是类型的多样性，即全球海洋公共产品既包括实在的物质形态，也囊括抽象的非物质产品。

马尔金-杜波斯（Maljean-Dubois）分析了全球公共产品与海洋资源养护的关系。他认为，全球公共产品在海洋资源养护方面的一个重要成果就是与海洋生物多样性和生态系统方法的关系。例如，《生物多样性公

---

① 王国清，肖育才. 全球公共产品供给的学术轨迹及其下一步 [J]. 改革，2012（3）：140.

② 崔野，王琪. 全球公共产品视角下的全球海洋治理困境：表现、成因与应对 [J]. 太平洋学报，2019，27（1）：61-62.

约》确认生物多样性的保护是全人类的共同关切事项。全球公共产品还能够增强和促进基于生态系统方法的海洋生物多样性治理。他还分析了全球公共产品与全人类的共同继承财产的区别：全球公共产品的使用不是排他性使用或者国际化，而是对产品进行有效而具体的管理。

综合各方面的观点和考虑要素，笔者认为，全球海洋公共产品是全球公共产品的一个组成部分。全球海洋公共产品至少具有三个方面特点：其一，受益者的广泛性，海洋公共产品受益者应该是广泛的而不限于特定人群，包括地域空间的跨界性，是超越国界和种族的，不带歧视性。其二，获得的便利性，海洋公共产品的获取应该是比较容易的，通过一般意义上的正常渠道或方式就可得到，而非竞争性的。其三，产品供应的持续性。全球公共产品的供应应该是可以使用、运用、服务和保障一段时间或一个时期的，而不是短暂的或一次性的，但也不是全部都有代际性的。

全球海洋公共产品可分四大类：一是自然的海洋公共产品，包括海洋空间及其中的各类资源，也包括海洋生态系统等。二是制度性和思想性产品，包括《联合国海洋法公约》等涉海国际条约和国际文件，全球海洋治理的理念、制度和机制以及其他思想性公共产品等。例如，联合国将 1998 年确定为"国际海洋年"，将每年 6 月 8 日确定为"国际海洋日"等。三是技术类产品，是指国际组织或国家实施的全球性或区域性海洋观测监测项目和计划等海洋技术性公共产品，包括联合国等国际组织和机构实施的项目，也包括国家实施的项目。例如，目前联合国大会决定的、由政府间海洋学委员会组织实施的"海洋十年"计划，以及之前实施的阿尔戈（Argo）浮标计划和中太平洋热带海洋观测项目等许多项目和计划。又如，中国与法国等欧洲国家合作，为全球提供海洋卫星数据服务。

再如，经政府间海洋学委员会批准，中国负责建设的南海地震海啸观测预报网络，为南海地区国家提供预报预警服务等。四是服务类产品，是指国际政府间或非政府间组织、各类官方或民间机构、行业以及个人等提供的各类公益服务，包括为发展中沿海国培养人才等。例如，中国政府海洋奖学金等。

所有国家，无论是沿海国或内陆国都可以成为上述各类全球海洋公共产品的受益者。所有国家都可以批准国际公约和参与全球海洋治理各类机制、计划和项目等。所有国家都享有出入海洋的权利，其中内陆国还享有在其相邻国和相关沿海国过境的自由，并承担相应的义务。

不是所有的全球公共产品都必须具有代际特点。理由是：世界变化太快，技术不断创新，进而不断改变生活、生产方式和社会关系模式，相关理念和机制等也必须随之变化。因此，除了自然共有物所具有的天然永久性以及有些人造共有物，例如思想和制度等，具有世代性之外，有的技术类产品只要具有本世代的价值和意义就可以，不一定能适用到下一个世代。因此，代际特征只是一些全球公共产品的特征而不是所有全球公共产品的普遍特征。当然，从宏观的层面和文化意义的角度看，全球公共产品的内核价值和思想精髓就是为了促进可持续发展，要为下一个世代着想，但是，这是全球公共产品所包含的意义和价值，而不是其具体的定义或特征。

综上，笔者认为，全球海洋公共产品是指国际社会可以便利地得到并利用或使用的海洋类共有物，包括有形共有物（例如，空气和公海等自然共有物和海洋技术网络产品等人造共有物），以及具有思想性和知识性等的无形共有物（例如，法律制度、规则、标准、理念、理论等知识产品，以及能力和保障等服务产品）。

四、全球海洋公共产品供应不足

詹达（Janda）分析了航运领域的全球公共产品，认为保持国际航道的开放是一项基本的全球公共产品，有赖于各国国内安全、安保和环境法规的国际协调。国际海事组织作为国际运输市场中全球公共物品的托管人（trustee），在评估国内措施是否具有正当目的以及贸易限制措施是否必要等方面发挥了关键作用。①无人化的智能船舶及其他水面水下各类智能航行器和装备的出现和发展，给国际航运安全与秩序带来新问题，国际海事组织已经组织磋商制定新的国际航行规则，但仍需各国做出更多的贡献。

巴雷特（Barrett）在《合作的动力：为何提供全球公共产品》一书中描述了四个与海洋相关的领域，包括过度捕捞，最薄弱环节的全球公共产品取决于贡献最少的国家；海洋倾倒，说明超越国界、多国参与的公共产品需要协调一个各国认同的标准，例如，MARPOL 73/78 防污公约；海啸预警，这是一种区域性公共产品，太平洋海啸预警系统由于涉及美国、日本等大国利益，很容易构建起来；而印度洋的海啸预警系统却很难建立，因为区域内的每个国家都缺乏预警能力。这说明了全球性公共产品的供给依赖于大国、富国和强国，穷国从中受益。

全球海洋公共产品存在供应不足的原因有多方面，既有海洋问题复杂性、科技发展不足等客观方面的原因，也有国家意愿不强等主观方面的原因。主要包括以下方面：

（1）西方国家有能力但意愿不强。与其他领域一样，全球海洋公共

---

① Janda R. Gats regulatory disciplines meet global public goods : The case of maritime and aviationservices[J]. Journal of Network Industries, 2002, 3（3）: 335-364.

产品供应也存在南北问题。原有海洋治理模式是由西方国家主导和引领的。西方国家在全球开展的活动都是为了实现其战略目标，主要目的是谋取更多利益，所有的付出都是为了得到更多。长期以来，西方国家主导了国际秩序的构建以及国际制度、国际机制、国际规则等的制定，服务于其利益最大化。但是，进入全球治理时代后，西方国家虽然仍占主要地位，但已受到其他多方行为体的制约，而且是在平等协商的机制下共同探讨应对全球性海洋问题。在全球海洋治理进程中，需要实力强大的西方国家做出更大的贡献；但是，实际情况并非如此。例如，在《联合国生物多样性公约》框架下的磋商和BBNJ协定谈判中，西方国家凭借其高度发达的经济科技实力，高超的国际政治技巧和强大的国际影响力，强行推进其不切实际的"高雄心"目标，完全不顾广大发展中国家的实际情况。但是，事实上，发展中国家的最大关切是哪里来的资金和技术去实施行动计划并实现这些"高雄心"目标。一旦谈到这些需要付出和贡献的条款和机制，需要进行务实的制度设计时，西方国家就没有兴趣了。西方国家还没有习惯与世界各方平等协商、多做贡献，对于为全球海洋治理提供收益不大或尤其是没有收益的全球海洋公共产品的意愿和动力明显不足。

（2）绝大多数发展中国家能力不足。发展中国家参与全球海洋治理的积极性很高，但能力有限，多数还面临着其本国海洋治理的许多难题，应对和解决全球海洋问题的能力很有限。

（3）海洋科技支撑不足。目前，虽然有科学证据表明全球气候变化与人类活动密切相关，但是，对全球气候变化、海洋变暖和酸化等快速变化的科学原理、发展机制等一系列科学问题均无清晰而明确的科学认知。无法搞清楚全球性海洋问题和挑战的根源，因而也尚无切实可行的科学解决方案或有效的应对举措，就无法有效应对全球性海洋问题和挑战。

（4）突发的新冠疫情给全球海洋治理带来了严重的影响。疫情给世界各国都带来了严重的影响，也严重地阻碍了全球的海洋治理进程。受疫情影响，海洋相关的许多国际会议和论坛被迫取消，有的即使改为线上举行，但磋商效果明显不佳。

综上所述，全球海洋治理并非仅以一套规则或一个机制发挥作用的，而是在实践中自发形成了多样化的治理方式以及综合性的治理措施。主要包括：主权国家的政府行为，国际和区域性组织以及相关机构有组织的行为，私营企业公司、民间学术机构和社区有组织的和自发的各类活动和举措，等等。具体形式包括定期和不定期地举办重要的外交磋商、国际公约框架下的各类例行会议、政府间会议和论坛，通过会议决议或相关国际文件，发布行动计划或倡议，通过非政府组织、私营公司和其他非国家行为者举办的各类论坛，实施各种行动计划和治理项目，等等。全球海洋治理的主要依据有两大类，一是国际法，具体体现为国际条约；二是国际共识，具体体现为相关国际文件（又称为"软法"或国际政策），例如宣言、倡议和行动方案等。因此，从这个意义上说，全球海洋治理的依据和路径是相辅相成、相互转化的。

06 第六章
中国参与全球海洋
治理的实践

全球海洋治理是全球治理的一个重要方面。全球的海洋是相通、互相联结和互相影响的，从这个意义上看，沿海国对其管辖海域的管理实践也是全球海洋治理的重要组成部分。作为世界上最大的发展中沿海国，中国的理念与实践对于促进全球海洋治理具有积极意义。中国是全球海洋治理的积极参与者和全球海洋公共产品的贡献者。自20世纪70年代初恢复在联合国合法席位以来，在国际政治中，中国积极参与了联合国等国际组织和机构开展的所有涉及海洋议题的国际磋商，参加了许多与海洋有关的重要国际会议等多边论坛，全面了解国际社会的关切和诉求，阐释中国的立场和观点，并提出了构建21世纪海上丝绸之路和构建海洋命运共同体的倡议。在国际关系中，中国呼吁开展务实的海洋合作，推动构建蓝色伙伴关系。在海洋科技与法律领域，中国与诸多国际海洋主管机构和沿海国都开展了多方面合作，对外签订了40多个海洋双边合作协议，实施了数十个海洋合作项目。中国为促进海洋可持续发展，应对全球性海洋问题贡献了智慧和力量。中国参与全球海洋治理的途径和方式多种多样，主要包括：参与与海洋相关的国际条约的制定，介入与海洋相关的国际政治对话与交流，开展多边和双边海洋科技合作，提供全球海洋公共产品，以及国内海洋综合管理，海洋生态文明建设，可持续发展海洋经济和产业等。

第一节　中国参与全球海洋法治

　　坚持国际法治，是中国基于自身经历做出的郑重选择，是我国一贯的外交实践，是中国走和平发展道路的必然要求。中国是第一个在《联合国宪章》上签字的国家。自 1971 年 10 月 25 日重返联合国以来，中国加入了几乎所有普遍性政府间国际组织，缔结超过 2.5 万项双边条约，签署了 500 多项多边公约，其中有许多是涉及海洋治理的国际条约。在国际海洋事务上，中国坚决拥护联合国在全球治理和全球海洋治理中的核心地位。中国主张奉行真正的多边主义，强调真正的多边主义离不开联合国和国际法，呼吁国际社会践行真正的多边主义，捍卫以联合国为核心的国际体系，维护以国际法为基础的海洋秩序。中国积极促进全球海洋治理的国际法治，为当代国际海洋法律秩序构建做出了积极贡献。以下仅介绍笔者工作中接触较多的中国参与全球海洋治理的实践情况。

一、中国积极参与第三次联合国海洋法会议的谈判

　　中国恢复联合国合法席位后参与的首个重要国际立法进程是 1973 年至 1982 年召开的第三次联合国海洋法会议。第三次联合国海洋法会议是多边主义的成功实践，孕育出了《联合国海洋法公约》这一重要成果。在整个谈判过程中，中国积极践行多边主义，弘扬国际法治精神，与其他发展中国家一道推动确立"人类共同继承财产"等重要海洋法原则和制度，为《联合国海洋法公约》的最终通过做出了重要贡献。中国重视《联合国海洋法公约》在维护国际海洋法治方面发挥的重要作用，支持《联合国海洋法公约》在全球海洋治理中的作用。

　　在谈判过程中，中国深度参与了相关概念的讨论，特别是在领海、用于国际航行的海峡、大陆架、专属经济区、国际海底区域等概念和界

限方面，在海洋环境保护、海洋科学研究、海洋技术发展与转让、海洋划界和争端解决等制度的设置方面，都积极提出中国方案，推动现代国际海洋法中基本法律概念和制度的最终形成。中国参与《联合国海洋法公约》谈判的历史记录表明，中国不仅维护自身利益，而且能够从发展中国家和国际社会的共同利益视角，积极促成谈判。在谈判过程中，中国旗帜鲜明地反对海洋霸权主义，主张促进海洋的和平利用，努力维护全人类共同利益。

1. 积极维护发展中国家的共同利益。在第三次联合国海洋法会议前期，中国就旗帜鲜明地反对传统海洋强国的海洋霸权主张。中国主张所有国家，无论大小，都应享有平等的权利，任何国家，无论多么强大，都不应在国际会议上享有特权地位。作为世界上最大的发展中国家，维护发展中国家利益是中国外交政策的重要内容。会议期间，中国多次要求大会要重视程序公平，主张所有代表团都应平等地参与会议所有决策。中国多次指出，发展中国家应当被给予更多时间讨论非正式单一协商文本中的修改建议。由于一些代表团，特别是发展中国家的代表团规模相对较小，应注意确保没有太多的附属机构在同一时间开会。会议应首先关注重大的原则问题，这些问题的进展将有助于其他问题的解决。

2. 支持建立国际海洋法律新制度。中国支持许多公正合理的建议，旨在打击和抵制传统海洋强国的海洋霸权主义，维护中小国家的主权和安全。在具体议题上，中国支持发展中国家关于 200 海里专属经济区的主张，一直坚定地支持第三世界国家为保护国家资源、发展国民经济和捍卫国家主权而就 200 海里海区的权利所进行的斗争。由拉丁美洲开始的这场反对海洋霸权的正义斗争，得到了许多中小国家的支持。中国支持发展中国家开发其海洋资源和提高其海洋科学和技术水平的愿望，支持向发展中国家大力转让海洋科学技术，以促进其海洋资源的开发，提高其技术水平，重视和强调内陆国和地理不利国的权益也需要在平等谈判的基础上得到公正解决，强调发达国家在保护海洋环境方面担负重要的国际责任，而且应当与发展中国家共同开展保护海洋环境的国际合作。

3.支持确立人类共同继承财产的新规则。人类共同继承财产原则是《联合国海洋法公约》谈判的重要成果之一，已经成为现代国际海洋法律秩序中的一项重要原则和规则。中国高度重视《联合国海洋法公约》在维护全人类共同利益方面的作用，主张国家管辖范围以外的海床和洋底及其底土是人类的共同财产，并应规定该地区的资源应用于全人类的利益，特别注意发展中国家的利益和需要。中国主张，国际海底机构应该是一个由所有大小主权国家在平等基础上共同管理的组织。拟议的国际海底开发机制的文本应反映大多数国家的要求，并应符合所有人民的利益。中国坚决支持国际海底是人类的共同遗产，应该得到保障，并强调管理局有权对该地区行使一切权利，在缔结合同方面有明确的权利。《联合国海洋法公约》应反映大多数国家，特别是发展中国家的利益，成为新的国际经济秩序的一个组成部分。

二、中国反复指出《联合国海洋法公约》的不完善之处

中国坚决捍卫以国际法为基础的国际海洋秩序，充分肯定《联合国海洋法公约》对国际海洋法律秩序发展的积极作用，同时，在多次发言中也严正阐明了《联合国海洋法公约》的不完善之处，为完整、准确、善意地解释和适用该公约提供了重要参考。

中国主张《联合国海洋法公约》是国际海洋法的重要组成部分，但并不是国际海洋法律体系中的唯一法律依据。在谈判的不同阶段，中国都表示《联合国海洋法公约》不少条款的规定是不完善的，甚至有严重缺

陷，中国"对《联合国海洋法公约》并不完全满意"。这主要体现在以下三个问题上：一是关于军舰通过领海的制度，公约"规定很不明确"；二是关于大陆架的定义；三是关于《联合国海洋法公约》的保留条款。[①]"关于多金属结核开采活动的预备性投资"的决议，对少数工业大国的要求给予过多照顾，赋予了他们及其公司一些特权和优先地位，是不恰当的。[②]中国要求严格按照《联合国海洋法公约》的规定执行该决议，国际海底资源是人类共同遗产的基本原则不得以任何方式受到损害。任何超出《联合国海洋法公约》范围的国际海床开发行为，如单边立法或所谓的小范围条约，都是非法和无效的。

中国在诸多具体问题上都援引海洋法以外的一般国际法规则和原则，强调这些规则和原则对《联合国海洋法公约》中具体条款的影响，应当得到考虑和尊重。这些具体议题包括：军舰无害通过获得沿海国同意，海洋划界的公平原则，海洋环境污染的国际法规，一国关于国际海底资源开发的单方面法规违反国际法惯例，等等。

中国始终坚持遵循国家同意原则是国际海洋法的基础。在谈判过程中，中国一直主张各国应在相互尊重主权和领土完整的基础上，通过谈判和协商平等地解决争端。当然，各国可以自由选择其他和平方式来解决争端，但如果要求一个主权国家无条件地接受一个国际司法机构的强制管辖权，就等于将该机构置于主权国家之上，这有悖于国家主权的原则。而且，即使大多数国家同意起草关于解决争端程序的具体条款，这些条款也不应列入《联合国海洋法公约》本身，而应形成单独议定书，以

① 高健军. 中国与国际海洋法——纪念《联合国海洋法公约》生效10周年[M]. 北京：海洋出版社，2004：17-18.
② 赵理海. 海洋法的新发展[M]. 北京：北京大学出版社，1984：216-217.

便各国自行决定是否接受。强制争端解决程序必须得到争端各方的同意方得适用。有关海洋划界的强制争端解决机制，中国强调任何关于海洋划界争端的强制性和有约束力的第三方解决办法都必须得到争端各方的同意，否则中国将不接受这种解决方式。

2018 年，中国国际法学会发表《南海仲裁案裁决之批判》，对仲裁庭在裁决中的错误分析进行了深入批判，再次重申了国际争端解决机制不能违反国家同意原则。该表态与中国在第三次联合国海洋法会议中的立场是完全一致的。国家同意原则是《联合国海洋法公约》的核心内容，中国坚决捍卫这一原则，坚定维护我国的领土主权和海洋权益。

综上所述，作为第三次联合国海洋法会议的重要参与方，无论是对一般海洋法规则，还是对《联合国海洋法公约》具体的条款内容，中国都为完成《联合国海洋法公约》的谈判和签署做出了重要历史性贡献。

三、中国积极参与《联合国海洋法公约》的后续发展进程

《联合国海洋法公约》是战后国际海洋法律秩序发展的重要里程碑，是现代海洋法的重要组成部分。《联合国海洋法公约》为各缔约国开展海洋活动提供了综合法律框架，对各国在和平利用和保护海洋方面的权利、义务做出了平衡规定。但是，《联合国海洋法公约》即使在生效之后，也仍然处在不断的发展过程中，主要包括：联合国主持继续谈判并制定了《联合国海洋法公约》的第二个执行协定，即《鱼类种群协定》；国际海底管理局主持谈判并制定了三类海底矿产资源勘探规章，目前在继续通过谈判制定海底矿产资源的开发规章；联合国在主持通过谈判起草《联合国海洋法公约》的第三个执行协定，即国家管辖范围以外海洋生物多样性养护和可持续利用协定。

（一）积极参与《联合国海洋法公约》第二个执行协定的谈判并签署了该协定

《联合国海洋法公约》第 64 条规定："高度洄游鱼种，沿海国和其国民在区域内捕捞附件 1 所列的高度洄游鱼种的其他国家应直接或通过适当国际组织进行合作，以期确保在专属经济区以内和以外的整个区域内的这种鱼种的养护和促进最适度利用这种鱼种的目标。在没有适当的国际组织存在的区域内，沿海国和其国民在区域内捕捞这些鱼种的其他国家，应合作设立这种组织并参加其工作。"《联合国海洋法公约》附件 1 "高度洄游鱼种"列举了 17 种高度洄游鱼类。为了妥善解决高度洄游鱼类种群的利用和养护问题，根据第四十七届联合国大会决议，从 1993 年 4 月开始，联合国主持召开了六次正式会议，于 1995 年 8 月 4 日通过了《执行 1982 年 12 月 10 日〈联合国海洋法公约〉有关养护和管理跨界鱼类种群和高度洄游鱼类种群的规定的协定》（即《鱼类种群协定》）。这是继《执行 1982 年 12 月 10 日〈联合国海洋法公约〉第十一部分的协定》之后的第二个协定，于 2001 年 12 月 11 日开始生效。

《鱼类种群协定》在多个方面改变了传统国际法原则和规则。其一，该协定规定只有区域渔业组织的成员国或者是那些同意适用这些组织的捕鱼规则的国家才有权利获得在这一组织规定区域内的渔业资源。这就意味着自该协定生效之后，公海渔业资源就不再开放给所有人自由捕捞了，从而颠覆了传统的公海捕鱼自由原则。其二，《鱼类种群协定》的规定不仅适用于缔约国，也适用于非缔约国。该规定颠覆了传统的条约仅对缔约国具有拘束力而不能约束非缔约国的条约法规则。其三，该协定不仅要求各个国家管理其本国国民，而且赋予每个国家或者区域渔业组织对所有国家的国民均有执行养护措施的权力。这种执行权的授权是对传统的公海上船旗国管辖权概念的一次颠覆。自从《鱼类种群协定》生效以来，公海捕鱼已经完全处于国际社会共同管理之下了，意味着公海捕鱼自由时代的结束。

中国于 1996 年 11 月 6 日签署了这一协定，并做出了声明。中国认为《鱼类种群协定》是《联合国海洋法公约》的一个重要发展，这一协定对海洋生物资源，特别是公海渔业资源的养护与管理以及国际渔业合作将产生重要的影响。根据协定第 43 条的规定，中国政府在签署该协定的同时，做出了如下的声明：

1.对协定第 21 条第 7 款的理解：中国政府认为，船旗国授权检查国采取执法行动涉及船旗国的主权和国内立法，经授权的执法行动，应限于船旗国授权决定所确定的行动方式与范围，检查国在这种情况下的执法行为，只能是执行船旗国授权决定的行为。

2.对协定第 22 条第 1 款（f）规定的理解是：该项规定要求检查国应保证其经正式授权的检查员"避免使用武力，但为确保检查员安全和在检查员执行职务时受到阻碍而必须使用者除外，并应以必要限度为限，使用的武力不应超过根据情况为合理需要的程度"。中国政府对该项规定的理解是：只有当经核实被授权的检查人员的人身安全以及他们正当的检查行为受到被检查渔船上的船员或渔民所实施的暴力危害和阻挠时，检查人员方可对实施暴力行为的船员或渔民，采取为阻止该暴力行为所需的、适当的强制措施。需要强调的是，检查人员采取的武力行为，只能针对实施暴力行为的船员或渔民，绝对不能针对整艘渔船或其他船员或渔民。

在联合国通过《鱼类种群协定》后，中国积极主动地加入各种有关的区域渔业管理组织或协会。自 1996 年加入国际养护大西洋金枪鱼委员会以来，中国分别于1998年成为印度洋金枪鱼委员会成员，2004年成为中西太平洋渔业委员会成员，2006年加入南极海洋生物资源养护委员会，2009年成为美洲间热带金枪鱼委员会成员，2013年成为南太平洋区域渔业管理组织成员；[①] 2015年成为北太平洋渔业委员会成员[②]，2019年加入南印度洋渔业协定[③]。由此，凡是中国公海渔船的作业区域存在区域渔业管理组织的，中国均已加入相应组织。此外，中国于1994年核准了《中白令海狭鳕资源养护与管理公约》，2021年核准了《预防中北冰洋不管制公海渔业协定》。

（二）积极参与和实施国际海底管理局主持的"区域"立法

中国支持管理局就"区域"内矿产资源的勘探和开发活动制定有关规则、规章和程序，自始至终参与了《"区域"内多金属结核探矿和勘探规章》（简称《多金属结核勘探规章》）、《"区域"内多金属硫化物探矿和勘探规章》（简称《多金属硫化物勘探规章》）、《"区域"内富钴铁锰结壳探矿和勘探规章》（简称《富钴结壳勘探规章》）的制定，并为上述勘探规章的出台做出了重要贡献。

2001年在国际海底管理局第七届会议上开始讨论有关"区域"内多金属硫化物和富钴结壳探矿和勘探规章问题时，中国代表发言指出"这是自国际海底制度建立以来的一项具有历史意义的工作"，主张应考虑到这两种资源的特点，制定有关探矿和勘探规章时，应特别注意以下几个问题：第一，由于多金属结核物和富钴结壳在国际海底区域和国家管辖

---

① 《国际渔业条约和文件选编》编写委员会. 国际渔业条约和文件选编[M]. 北京：海洋出版社，2015：259.

② 唐峰华，岳冬冬，熊敏思，等.《北太平洋公海渔业资源养护和管理公约》解读及中国远洋渔业应对策略[J]. 渔业信息与战略，2016，31（3）：210-217.

③ SIOFA Secretariat：Status of the Southern Indian Ocean Fisheries Agreement.

区域均存在，在资源的开发方面必然存在两种制度的竞争问题。《联合国海洋法公约》本身要求海底管理局促进对国际海底区域资源的开发，因此，关于"区域"内多金属硫化物和富钴结壳的探矿和勘探制度就要有竞争性，否则，国际开发制度将失去生命力。第二，为了体现国际海底资源为"人类共同继承财产"的原则，新的探矿和勘探制度，要充分照顾到国际海底管理局的利益和发展中国家的利益，但是，《联合国海洋法公约》确立的开发制度如何适用于这两种资源，哪一种开发制度更适合于这两种资源，仍然是需进一步研究的问题。第三，鉴于这两种新资源的分布和储藏特点，"勘探区域的面积"将是一个很难确定的问题。区域面积的确定，既要有利于避免垄断，又要让投资者足够进行商业开采，所有这些问题均应在坚实的科学调研基础上予以合理解决。中国多次就两部勘探规章制定涉及的原则政策、环境保护、技术性条款等提出建设性意见和建议，为勘探规章的出台做出重要贡献。中国关于富钴结壳矿区面积条款的修改建议最终为管理局理事会所采纳，解决了富钴结壳资源的面积问题，推动了《富钴结壳勘探规章》最终得以通过。

中国高度重视并积极参与了当前有关《"区域"内矿产资源开发规章草案》的制定工作。在管理局启动《"区域"内矿产资源开发规章草案》制定工作伊始，中国即表示，制定国际海底资源开发规章是《联合国海洋法公约》及其协定赋予管理局的职责，也是通过"区域"内活动实现全人类共同利益的重要保障。中国代表团在管理局相关会议和议题下积极发言，全面、系统阐述中国的政策立场。中国政府和承包者多次向管理局提交书面评论意见，就《"区域"内矿产资源开发规章草案》及配套标准和准则的制定提出建设性意见。例如，2017 年 8 月，管理局秘书处公布首个单一文本的《"区域"内矿产资源开发规章草案》（ISBA/23/LTC/

CPR.3），邀请利益攸关方对该草案的 6 个一般问题和 7 个具体问题进行评论。中国政府、中国大洋矿产资源研究开发协会、原国家海洋局海洋发展战略研究所、中国五矿集团公司、上海交通大学极地与深海发展战略研究中心等部门和相关利益攸关方就此提交了 6 份书面评论意见。上述评论意见针对《"区域"内矿产资源开发规章草案》的结构及其内容安排、规章条款、规章草案内容及所用术语、时限框架、规章内容与合同内容的协调、勘探规章和制度对《"区域"内矿产资源开发规章草案》的借鉴、担保国的作用以及行政审查机制等问题发表了意见。2018 年管理局就修订后的《"区域"内矿产资源开发规章草案》（ISBA/24/LTC/WP.1/Rev.1）征求各利益攸关方的书面评论意见。中国政府陆续在 2018 年 9 月 28 日、2019 年 10 月 15 日、2020 年 3 月等多次向管理局提交了书面意见。在 2022 年 8 月管理局召开的纪念《联合国海洋法公约》开放签署四十周年特别会议上，中国代表发言指出，国际海底活动正从勘探向开发过渡，《"区域"内矿产资源开发规章草案》制定是当前管理局的优先任务。我们应坚守《联合国海洋法公约》和 1994 年《执行协定》的精神，基于客观事实和科学证据，合理平衡深海开发利用和环境保护的关系，制定高质量、经得起历史和实践检验的《"区域"内矿产资源开发规章草案》，为进一步加强和完善国际海底制度添砖加瓦。中方将继续建设性参与《"区域"内矿产资源开发规章草案》的谈判，与各方一道推动制定权责相当、公平合理的深海开发制度。

中国认真履行与管理局签订的合同。依照合同，中国成为世界上首个拥有 3 种主要国际海底资源 5 块专属勘探权矿区的国家，并为管理局贡献了 2 块保留区，为企业部提供了 2 项联合企业股份安排，为人类共同继承财产原则做出了重要贡献。据不完全统计，迄今中国已开展了 66

个大洋航次,①为开展资源评价、环境科学研究等提供了重要的基础资料。同时,也推动了中国在国际海底地理实体命名方面的工作。中国建立了以《诗经》为依托的海底地理实体的命名体系。截至 2020 年底已发现并命名的地理实体达 243 个,其中 97 个名称通过国际海底地理实体命名分委会审议,在国际海底地图上写下了来自中国的名字。②中国在国际海底开展调查活动的 30 年间,从单一多金属结核资源调查,到太平洋、印度洋 3 种矿产资源 5 块矿区,再到深海生物基因资源潜力评估与开发,中国海上调查与资源评价能力得到了迅猛发展和提升,也为人类认知、探索国际海底资源做了重要贡献。③

此外,中国还出台了国内法,对中国企业和公民在国际海底区域从事相关活动予以立法规范。2016 年 2 月 26 日,《中华人民共和国深海海底区域资源勘探开发法》(以下简称《深海法》)经第十二届全国人大常委会第十九次会议审议通过,并于同年 5 月 1 日正式实施。该法的通过及实施对推动中国海洋法治建设、促进大洋事业发展具有重要意义。

(三)积极参与《联合国海洋法公约》第三个执行协定的谈判

中国深入参与国家管辖范围以外海洋生物多样性养护和可持续利用(简称BBNJ)协定的谈判进程。中国政府支持联合国大会通过题为"根据《联合国海洋法公约》的规定就国家管辖范围以外区域海洋生物多样性的养护和可持续利用问题拟订一份具有法律约束力的国际文书"的第69/292 号决议。

---

① 中国大洋矿产资源研究开发协会,外交部条约法律司. 中国国际海底区域活动纪实[M]. 长沙:中南大学出版社,2021:1.
② 刘峰,刘予,宋成兵,等. 中国深海大洋事业跨越发展的三十年[J]. 中国有色金属学报,2021,31(10):2614.
③ 刘峰,刘予,宋成兵,等. 中国深海大洋事业跨越发展的三十年[J]. 中国有色金属学报,2021,31(10):2615.

中国政府高度重视国家管辖范围以外区域海洋生物多样性的养护与可持续利用问题，派代表团积极参与了历次BBNJ特设全体非正式工作组会议、筹备委员会会议及五次政府间会议。中国主张谈判各方应严格按照联合国大会决议授权开展相关工作，在协商一致的基础上凝聚各方共识。同时，中国政府支持"一揽子"同步处理海洋遗传资源包括惠益分享、划区管理工具、海洋保护区、环境影响评价、能力建设和海洋技术转让等问题。

综合中国代表团历次发言内容，可以归纳出中国政府在BBNJ协定谈判方面的基本立场。主要包括：新国际文书是在《联合国海洋法公约》框架下制定的国际法律文件，应符合《联合国海洋法公约》的目的和宗旨，应是对《联合国海洋法公约》的补充和完善，不能偏离《联合国海洋法公约》的原则和精神，不能损害《联合国海洋法公约》建立的制度框架，不能损害《联合国海洋法公约》的完整性和平衡性。各国根据《联合国海洋法公约》在航行、科研、捕鱼等方面享有的自由和权利不应受到减损。《联合国海洋法公约》关于沿海国的权利和义务的规定，包括对200海里以外大陆架的权利和义务的规定，不应受到影响。新国际文书不能与现行国际法以及现有的全球性、区域性和专门性的海洋机制相抵触，不能损害现有相关法律文书或框架以及相关全球性、区域性和专门性机构，特别是不能干预联合国粮农组织、区域性渔业组织、国际海事组织、国际海底管理局等机构的职权。新国际文书应促进与现有相关国际机构的协调与合作，避免职权重复或冲突。人类共同遗产原则是BBNJ新法律制度的基础。新国际文书应兼顾各方利益和关切，立足于国际社会整体和绝大多数国家的利益和需求，特别是应顾及广大发展中国家的利益，发展中国家在BBNJ问题上需要进行能力建设，不能给各国尤其是发展中国家增加超出其承担能力的义务和责任。

在协定案文磋商过程中，中国代表团一方面与"77国集团"保持一致立场；另一方面，在海洋遗传基因资源的定义、获取、惠益分享，划区管理工具的定义、划设海洋保护区相关问题、环境影响评价、能力建设与技术转让以及争端解决机制等具体问题上，也都做了发言，明确表达中国立场，提出了建设性方案。

四、中国支持《联合国海洋法公约》下设的三个专门机构的工作

中国坚决维护《联合国海洋法公约》的完整性和严肃性，支持公约下设的三个专门机构（国际海底管理局、大陆架界限委员会和国际海洋法法庭）的工作。

（一）中国大力支持国际海底管理局的工作

自1971年恢复在联合国合法席位之后，中国即作为联合国海底委员会成员参加相关活动。中国政府代表团参加了第三次联合国海洋法会议的历次会议，并自始至终参加了联合国海底筹委会和联合国秘书长主持的国际海底问题非正式磋商会议，为《联合国海洋法公约》生效和建立公平公正的"区域"制度以及筹备建立管理局开展了大量的工作。管理局成立后，中国作为管理局理事会重要成员，积极践行"人类共同继承财产原则"，为"区域"治理体系建设、"区域"资源可持续利用、"区域"环境保护、发展中国家能力建设以及管理局的组织建设和各项业务有序开展做出了重要贡献。

中国支持管理局作为"区域"治理的重要平台，通过全球、区域、多边和双边等多层次的合作形式，推动国家、承包者、政府间国际组织、非国家实体等众多利益攸关方共同参与，在"区域"科学技术研究、环境保护、资源调查、勘探和开发、教育培训等领域进行深入而有效的合作，

以谋求国际社会共赢。多年来，中国积极参与"区域"事务，坚持以管理局为核心的"区域"多边治理体系。1996 年，中国以海底最大投资国之一的身份成为管理局第一届理事会 B 组成员。2004 年，中国以"区域"内矿物最大消费国之一的身份，当选为理事会 A 组成员，此后连续当选。中国提名的专家一直当选管理局法律和技术委员会（简称"法技委"）与财务委员会委员。

中国积极参与管理局对"区域"制度实施情况的定期审查以及管理局战略计划的制订，为管理局的组织建设和各项业务的有序开展做出应有贡献。中国积极促进"区域"治理体系建设，并发挥了重要作用。例如，2011 年管理局第十七届会议期间，中国代表团建议将富钴结壳勘探区面积从 2000km² 提高为 3000km²，开采区面积从 500km² 提高为 1000km²。这一建议被管理局采纳，解决了富钴结壳资源面积问题，使得富钴结壳探矿和勘探规章最终得以通过。又如，管理局在 2017 年至 2019 年就《"区域"内矿产资源开发规章草案》进行的 3 次征求意见中，中国政府均提交了书面评论意见，中国大洋矿产资源研究开发协会办公室和自然资源部海洋发展战略研究所等也都提出了修改建议，为《"区域"内矿产资源开发规章草案》更加优化合理做出了重要贡献。中国与管理局一直保持着良好的合作关系。截至 2019 年 7 月，中国已向管理局各类基金捐款 25 万美元，主要用于资助来自发展中国家的法技委和财务委员会委员参加会议和人员培训，我国承包者已向发展中国家人员提供了 33 个培训名额。我国有关大学和机构在管理局海洋科学研究捐赠基金的支持下，在促进发展中国家的能力建设和培训方面也发挥了积极作用。

2019 年 7 月 25 日，在国际海底管理局第二十五届大会上，中国自然资源部与国际海底管理局共建联合培训和研究中心的谅解备忘录获得批准。2019年10月18日，自然资源部（国家海洋局）与国际海底管理局在北京签订了《关于建立联合培训和研究中心的谅解备忘录》。根据备忘录，该中心设在位于中国青岛的自然资源部国家深海基地管理中心。2021年11月9日，自然资源部（国家海洋局）与国际海底管理局共同举行了中国—国际海底管理局联合培训和研究中心启动仪式暨指导委员会第一次会议。自然资源部副部长、国家海洋局局长王宏，国际海底管理局秘书长迈克·洛奇，中国驻牙买加大使、常驻国际海底管理局代表处代表田琦等出席启动仪式并致辞。该联合中心是面向国际社会特别是发展中国家，致力于深海科学、技术、政策培训与研究的机构。首倡与管理局共建联合中心是我国在国际海底合作方面取得的重大成果，对于促进发展中国家能力建设、推动构建"人类命运共同体"具有重要意义。

（二）中国大力支持联合国大陆架界限委员会的工作

在联合国大陆架界限委员会（以下简称"委员会"）成立之前，中国专家刘光鼎研究员就参与了1995年9月11日至14日在联合国总部召开的关于委员会设立事宜的专家组会议，该次会议专门讨论了委员会在某些科技方面的问题。

委员会设立之初，中国籍委员吕文正先生积极参与了《议事规则》及《科学和技术准则》的制定。委员会在第二届会议上设立了6个工作组进行《科学和技术准则》制定前期的研究工作。吕文正先生参加了其中3个工作组：地质学工作组、地球物理学工作组和大陆边外缘问题工作组。第三届会议上，编辑委员会确定了《科学和技术准则》的框架，吕文正先生作为主要成员负责其中洋脊章节的编写。吕委员一直连任了五届大陆架界限委员会委员。2018年，吕委员因健康原因辞去委员职务，自然资源部第二海洋研究所唐勇先生在2019年1月第28次缔约国会议续会中当选为委员，成为当时大陆架界限委员会中最年轻的一位委员，也是第二位中国籍委员。中国政府长期以来都承担着中国籍委员赴纽约履职的费用，并多次向委员会信托基金捐款以支持发展中国家委员参会。

中国忠实履行《联合国海洋法公约》规定的关于沿海国 200 海里外大陆架外部界限划定方面的义务，并且为划定大陆架外部界限相关规则的新发展做出重大贡献。根据《联合国海洋法公约》第 76 条第 8 款和《联合国海洋法公约》附件 2 第 4 条的规定，沿海国应将拟按照第 76 条划定其 200 海里外大陆架界限的详情连同支持这种界限的科学和技术资料（俗称划界案）在公约对该国生效后十年内提出。但是，由于两方面原因，许多发展中沿海国无法在"十年"期限内完成划界案的准备工作，一方面是因为第 76 条和附件 2 的相关条款内容比较"原则"，缺乏细致的具有可操作性的技术指南，难以实际执行；另一方面是因为许多发展中沿海国完全不具备进行大陆架调查的科学技术和人才。鉴于这些情况，中国会同非洲一些发展中国家提议对"十年"期限进行变通适用，可以延期或采取其他替代措施。经过《联合国海洋法公约》缔约方大会的讨论，这些建议得到采纳。缔约方第十一次会议第 72 号文件（SPLOS/72）和第十八次会议第 183 号文件（SPLOS/183）做出决定：其一，大陆架界限委员会尽快制定"技术指南"，以便指导沿海国编制划界案。其二，在"十年"期限到来之前，沿海国向委员会提交的划界案，可以是其拟主张划定的全部海域划界案，也可以是其局部海域的大陆架划界案；可以是一国单独提出的划界案，也可以是两个及以上国家联合提出的划界案。未能完成划界案准备工作的沿海国，则可以在"十年"期限到来之前，向委员会提交"初步信息"。也就是说，沿海国无须提交正式划界案，仅需提交其拟在哪个海域划定 200 海里外大陆架以及初步证据等初步信息。其三，修改"十年"期限的起算时间。缔约方大会决定，将委员会通过"技术指南"的时间作为"十年"期限的起算点。

中国支持委员会严格按照《联合国海洋法公约》及其《议事规则》履行职责，特别是恪守现行《议事规则》附件 1 "在存在海岸相向或相邻国家间的争端或其他未解决的陆地或海洋争端的情况下提出划界案"的规定，坚持"有争端，不审议"规则。

同时，也涉及沿海国之间大陆架主张重叠等法律争端问题。对于上述问题，中国多次强调指出，委员会的工作应是科学的、公正的；委员会应依据职责只审议科学问题，不审议法律问题。

（三）中国大力支持国际海洋法法庭的工作

中国重视海洋法法庭在和平解决海洋争端中的作用。在第三次联合国海洋法会议上，中国支持成立国际海洋法法庭，但反对授予法庭强制管辖权，认为法庭的管辖权只能建立在各国自愿接受的基础上。《联合国海洋法公约》通过后，依据相关决议成立了国际海底管理局和国际海洋法法庭筹备委员会，中国作为成员参加了筹委会的工作。

自国际海洋法法庭 1996 年成立以后，中国就多次在不同场合表达了对法庭工作的重视和支持。例如，在 2010 年第六十五届联合国大会全会上，中国代表表示："中国政府一贯重视法庭在和平解决海洋争端、维护国际海洋秩序方面的重要作用，支持法庭根据《联合国海洋法公约》规定履行职责。"中国持续支持海洋法法庭的运作，积极参与海洋法法庭处理的咨询意见案，并向海洋法法庭提供捐助。

中国多次强调法庭应在《联合国海洋法公约》授权范围内行使权力。在第六十九届联合国大会全会上，中国代表重申："中国关注法庭正在审理的首例全庭咨询意见案，并提交了书面意见，认为《联合国海洋法公约》和《国际海洋法法庭规约》并未赋予法庭全庭咨询管辖权，希望法庭充分考虑各方关切，慎重处理相关案件。"在第七十届联合国大会全会上，中国代表再次指出："今年4月，法庭就21号案作出具有全庭咨询管辖权的决定。中方对此有一些关切。包括中国在内的许多国家认为，法庭缺乏行使全庭咨询管辖权的法律基础。中方希望法庭今后能充分考虑各方关切，对咨询管辖权持谨慎态度。"

2017年开始，中国除了继续表达对海洋法法庭的重视和支持外，也多次表达了对法庭遵守国家同意原则的关切。例如，在第七十四届联合国大会全会发言中，中国代表指出："中方赞赏国际海洋法法庭……为落实《联合国海洋法公约》赋予的职责所作出的努力。同时认为，法庭应严格遵循国家同意原则，充分尊重缔约国自主选择争端解决方式的权利。"在2022年4月29日纪念《联合国海洋法公约》通过40周年高级别会议上，中国代表再次强调："《联合国海洋法公约》下设的国际司法或仲裁机构应恪守国家同意原则，充分尊重各国自主选择争端解决方式的权利。"

自国际海洋法法庭1996年成立以来，中国先后提名赵理海、许光建、高之国和段洁龙4位候选人参选国际海洋法法庭法官，全部顺利当选（包括连选、连任）。

五、中国积极参与国际海事组织的国际立法

中国加入了国际海事组织主持制定的30多个有关防止、减少和控制海洋环境污染及其他相关的国际公约及其议定书，以及维护海上航行安全等方面的其他国际公约（详见表7-1）。

表7-1 我国加入并生效的国际海事组织公约一览表（曹兴国制表）

序号	公约名称	对我国生效时间
1	《1974 年国际海上人命安全公约》	1980 年 5 月 25 日
2	《〈1974 年国际海上人命安全公约〉1978 年议定书》	1983 年 3 月 17 日
3	《〈1974 年国际海上人命安全公约〉1988 年议定书》	2000 年 2 月 3 日
4	《1966 年国际载重线公约》	1974 年 1 月 5 日
5	《〈1966 年国际载重线公约〉1988 年议定书》	2000 年 2 月 3 日
6	《1969 年国际船舶吨位丈量公约》	1982 年 7 月 18 日
7	《1972 年国际海上避碰规则公约》	1980 年 1 月 7 日
8	《1972 年国际集装箱安全公约》	1981 年 9 月 23 日
9	《1978 年海员培训、发证和值班标准国际公约》	1984 年 4 月 28 日
10	《1979 年国际海上搜寻救助公约》	1985 年 7 月 24 日
11	《1976 年国际海事卫星组织公约》	1979 年 7 月 16 日
12	《1976 年国际海事卫星组织业务协定》	1979 年 7 月 16 日
13	《1965 年便利海上运输国际公约》	1995 年 3 月 17 日
14	《〈1973 年国际防止船舶污染公约〉1978 年议定书》（附则 I，II）	附则 I：1983 年 10 月 2 日 附则 II：1987 年 4 月 6 日
15	《〈1973 年国际防止船舶污染公约〉1978 年议定书》（附则 III）	1994 年 12 月 13 日
16	《〈1973 年国际防止船舶污染公约〉1978 年议定书》（附则 IV）	2007 年 2 月 2 日
17	《〈1973 年国际防止船舶污染公约〉1978 年议定书》（附则 V）	1989 年 2 月 21 日
18	《〈1973 年国际防止船舶污染公约〉1997 年议定书》（附则 VI）	2006 年 8 月 23 日
19	《1972 年防止倾倒废料及其他物质污染海洋公约》	1985 年 12 月 14 日

序号	公约名称	对我国生效时间
20	《〈1972 年防止倾倒废料及其他物质污染海洋公约〉1996 年议定书》	2006 年 10 月 29 日
21	《1969 年国际干预公海油污事故公约》	1990 年 5 月 24 日
22	《1973 年干预公海非油类物质污染议定书》	1990 年 5 月 24 日
23	《〈1969 年国际油污损害民事责任公约〉1992 年议定书》	2000 年 1 月 5 日
24	《1974 年海上旅客及其行李运输雅典公约》	1994 年 8 月 30 日
25	《〈1974 年海上旅客及其行李运输雅典公约〉1976 年议定书》	1994 年 8 月 30 日
26	《1988 年制止危及海上航行安全非法行为公约》	1992 年 3 月 1 日
27	《1988 年制止危及大陆架固定平台安全非法行为议定书》	1992 年 3 月 1 日
28	《1989 年国际救助公约》	1996 年 7 月 14 日
29	《1990 年国际油污防备、反应和合作公约》	1998 年 6 月 30 日
30	《2000 年有毒有害物质污染事故防备、反应与合作议定书》	2010 年 2 月 19 日
31	《2001 年国际船舶燃油污染损害民事责任公约》	2009 年 3 月 9 日
32	《2001 年国际控制船舶有害防污底系统公约》	2011 年 6 月 7 日
33	《2004 年国际船舶压载水与沉积物控制和管理公约》	2019 年 1 月 22 日
34	《2007 年内罗毕残骸清除国际公约》	2017 年 2 月 11 日

（一）中国积极参与北极治理

2021 年 3 月发布的《中华人民共和国国民经济和社会发展第十四个五年规划和 2035 年远景目标纲要》，提出中国要"参与北极务实合作，建设'冰上丝绸之路'。提高参与南极保护和利用能力"。中国作为极地事务的积极参与者、建设者和贡献者，致力为极地治理贡献中国智慧和中国力量。

北极是大气海洋物质能量交换的重要地区之一，在全球大气气候系统形成和变化中起着重要作用。大气与海洋间能量、物质的交换过程主要发生在海—气、海—冰—气界面上。研究海—冰—气能量、物质交换，对正确理解北极地区在全球气候和环境变化中的作用以及提高我国天气、气候和自然灾害预报水平有重要的意义。北极海洋生态系统与全球变化有着密切的关系，它对全球气候和环境变化保持着一定程度的敏感性，对其存在明显的作用和反馈。北冰洋是全球气候变化的"启动器"之一，也是 21 世纪重要的生物资源基地。中国作为北半球最大的发展中国家，受北极地区气候与环境变化的影响最为直接、快速而深远。

中国参与北极治理历史悠久。早在 1925 年，中国北洋政府就批准了《斯匹次卑尔根条约》（现改称《斯瓦尔巴条约》）。1996 年，中国成为国际北极科学委员会成员国。2013 年，中国成为北极理事会正式观察员。中国北极黄河站，是中国首个北极科考站，成立于 2004 年 7 月 28 日，位于北纬 78° 55′、东经 11° 56′的挪威斯瓦尔巴群岛（旧称斯匹次卑尔根群岛，现在斯匹次卑尔根特指群岛中最大的一个岛）的新奥尔松小镇。黄河站是中国继南极长城站、中山站两站后的第 3 座极地科考站，中国也成为在挪威斯瓦尔巴群岛建立北极科考站的第 8 个国家。

1999 年 7 月 1 日至 9 月 9 日，中国首次北极科学考察历时 71 天，总航程 14180 海里，圆满地完成了各项预定科学考察任务。本航次为促进中国极地事业发展进一步夯实了基础，为维护和促进北极的和平、稳定和可持续发展做出了贡献。2021 年 9 月 28 日，中国第 12 次北极科学考察队乘坐"雪龙 2"号极地科学考察船，顺利返回位于上海的中国极地考察国内基地码头，中国第 12 次北极科学考察圆满完成。

虽然起步较晚，但中国积极参与了北极治理进程中的各项议题。仅以 2017 年为例：2017 年，国际上围绕北极科学考察、环境保护与开发等问题开展活动非常频繁，中国参加了全部的对话和交流。2017 年 3 月，第四届"北极—对话区域"国际北极论坛在俄罗斯阿尔汉格尔斯克召开，探讨北极发展与环境话题。国务院副总理汪洋应邀出席论坛并在开幕式上致辞。汪洋表示，中国是北极事务的重要利益攸关方，依法参与北极事务由来已久。中国是北极事务的参与者、建设者、贡献者，有意愿、也有能力对北极的发展与合作发挥更大作用。中国秉承尊重、合作、可持续三大政策理念参与北极事务。新形势下，我们要加强北极生态环境保护，不断深化对北极的科学探索，依法合理开发利用北极资源，完善北极治理体制机制，共同维护北极和平与稳定。中国愿同各国深入交流、拓展合作，共同开创北极美好新未来。2017 年 8 月 30 日，国家海洋局印发了《北极考察活动行政许可管理规定》。10 月，第五届北极圈大会在冰岛首都雷克雅未克召开，我国派代表团参加。11 月，北冰洋公海渔业政府间第 6 轮磋商会议在美国华盛顿举行，中国等 10 个国家和地区就《预防中北冰洋不管制公海渔业协定》文本达成一致。

中国本着"尊重、合作、共赢、可持续"的基本原则参与北极事务。2018 年 1 月，中国首次发布《中国的北极政策》白皮书，阐明了中国参与北极事务的基本立场和政策主张。中国参与北极治理的主要政策和主张有五项：一是不断深化对北极的探索和认知；二是保护北极生态环境和应对气候变化；三是依法合理利用北极资源，以可持续的方式参与北极航道、非生物资源、渔业等生物资源和旅游资源的开发利用；四是积极参与北极治理和国际合作；五是促进北极和平与稳定。

中国参与北极治理的活动，已经从过去的单一的科学研究拓展到北极治理的诸多方面，涉及全球治理、区域合作、多边和双边等多个层面，涵盖北极科学研究、生态环境、气候变化、资源开发、政治法律和人文交流等多个领域。中国与北极国家的双边交流与合作也取得了积极进展。例如，在政府层面，位于北极圈内的中俄亚马尔液化天然气项目，是中俄北极合作的成功案例。在学术界方面，2021 年 2 月 3 日，中日韩极地合作学术研讨会暨东黄海研究智库联盟学术会议在线上举行。该研讨会由自然资源部海洋发展战略研究所（以下简称"海洋战略所"）与日本笹川和平财团海洋政策研究所以及韩国海洋水产开发院等智库合作举办。来自中日韩智库和高校的专家学者以及相关主管部门代表 30 人参加了会议，就极地治理中的科学、法律等问题进行广泛而深入的交流，共同探讨和拓展可合作空间。2021 年 9 月，俄罗斯圣彼得堡国立大学与中国海洋大学联合举办第十届中俄北极论坛，得到了亚马尔—涅涅茨自治区北极研究中心和国际非政府组织北方论坛的大力支持。

（二）中国积极参与南极治理

中国是南极国际治理的重要参与者、南极科学探索的有力推动者、南极环境保护的积极践行者。中国于 1983 年 6 月加入《南极条约》；1985 年 10 月成为《南极条约》协商国；1994 年 5 月核准了《关于环境保护的南极条约议定书》（以下简称《环保议定书》）及其前 4 个附件，随后又核准了附件 5；2006 年加入《南极海洋生物资源养护公约》。

在南极治理问题上，中国一贯支持《南极条约》的宗旨和精神，坚持和平利用南极，反对南极领土主权国家化、殖民地化和军事化；积极支持联合国和其他国际组织与《南极条约》体系国之间的交流与对话，维护南极地区的和平与稳定；秉持和平、科学、绿色、普惠、共治的基本理念，保护南极环境和生态系统；愿为国际治理提供更加有效的公共产品和服务；推动南极治理朝着更加公正、合理的方向发展，努力构建南极

"人类命运共同体"。中国在南极着重致力于达成以下方面的目标：

一是提升南极科学认知，鼓励开展南极考察和科学研究，加大科学投入。加强南极科学探索和技术创新，增强南极科技支撑能力，普及南极科学知识，增进南极认知积累，不断提升国际社会应对全球气候变化的能力；二是加强南极环境保护，主张南极事业发展以环境保护为重要方面，倡导绿色考察，提倡环境保护依托科技进步，保护南极自然环境，维护南极生态平衡，实现可持续发展；三是维护南极和平利用，秉持"相互尊重、开放包容、平等协商、合作共赢"的理念，维护南极和平稳定的国际环境，遵守《南极条约》体系的基本目标和原则，坚持以和平、科学和可持续方式利用南极。[①]

为促进南极考察活动的有序开展，中国主管部门对内加强对开展南极考察活动的管理，对外强化对南极考察活动的负责任立场。2017 年 5 月 18 日，国家海洋局印发了《南极考察活动环境影响评估管理规定》。2017 年 5 月，中国主办了第四十届《南极条约》协商会议。在会议期间，国家海洋局发布了白皮书性质的《中国的南极事业》，提出了中国政府在国际南极事务中的基本立场、中国南极事业的未来发展愿景和行动纲领。从 1985 年至今，中国作为《南极条约》协商国派团出席了历届《南极条约》协商会议，展示了中国南极考察的成果，与其他协商国开展了富有成效的合作。中国还积极参与了南极研究科学委员会和国家南极局局长理事会工作，先后有代表在这些组织中担任副主席，为制订国际南极合作研究计划和促进南极后勤保障领域的国际合作做出了努力。

中国参与南极治理的最新实践是积极参加第四十三届《南极条约》

---

① 自然资源部海洋发展战略研究所课题组. 中国海洋发展报告（2022）[M]. 北京：海洋出版社，2022：285-286.

协商会议（Antarctic Treaty Consultative Meeting，ATCM）。在会上，中国向大会工作组提交了《关于加强罗斯海企鹅种群动态研究与监测合作的提案》，报告了罗斯海企鹅种群的重要性和动态变化。鉴于近 20 年罗斯海地区帝企鹅和阿德利企鹅数量不断增长，中国建议进行国际合作和数据共享，以便开展全面的罗斯海企鹅种群动态研究、监测和评估，揭示企鹅数量变化的模式及包括环境因素在内的驱动因素；同时将相关科学需求纳入相关的 ATCM 和南极环境保护委员会（Committee for Environmental Protetion，CEP）工作计划中。在与第四十三届《南极条约》协商会议同步进行的第二十三届南极环境保护委员会会议期间，中国与意大利、韩国共同提议在罗斯海建立南极特别保护区。中方还认为，应制订《南极罗斯海区域海洋保护区研究和监测计划》，随后还提交了《推动科学研究为南极决策提供信息》的文件。文件建议 CEP 进行全面的基线数据收集，以及对与海洋环境和保护区系统有关的威胁和风险进行评估，明确管理缺口，以便提高南极决策过程中科学应用的可靠性和适应性。

在南极科考方面，中国已经发展形成 2 船 5 站的南极科考体系。截至 2022 年 9 月，中国已在南极建立 5 个科学考察站，包括长城站、中山站、泰山站、昆仑站和罗斯海站；共实施了 38 次南极科学考察。"雪龙"号于 2022 年 4 月 26 日抵达位于上海浦东的极地考察国内基地码头，标志着历时 174 天的中国第 38 次南极科学考察圆满收官。2022 年 10 月 26 日，中国第 39 次南极科学考察队首批队员乘坐"雪龙 2"号极地科学考察船，从位于上海的中国极地考察国内基地码头出征，奔赴南极执行科学考察任务。此次南极考察队共有 255 名队员，将分两批出征南极。我国长达数十年的南极科考，积累了丰富的科学知识和资料，为促进南极治理提供了重要的科学支撑。

此外，中国也积极参与了南极治理其他行为体的相关活动。例如，中国许多组织和机构都加入了南极研究科学委员会（SCAR）。SCAR是国际科学理事会（International Science Council，ISC）的一个重要专题组织，负责发起、推进和协调包括南大洋在内的南极地区在地球系统中的作用等有关科学研究，并向《南极条约》协商国会议、《联合国气候变化框架公约》和政府间气候变化专门委员会等国际组织提供科学咨询。中国社会科学院、中国科学技术协会和中国台北科学院等都已经加入SCAR。国家南极局局长理事会成立于1988年，这是由31个国家南极局局长组成的国际协会。中国国家海洋局极地考察办公室是其成员单位，中国于2021年在上海主办了第十四届大会。理事会成员国的长期交流与合作，有助于寻求更有效的合作途径，为南极的科学研究制定新的发展方向。

极地气候变化应对和生态环境保护等问题，涉及国际社会整体利益，攸关人类生存与发展的共同命运。南极"冻结"了主权主张，适用专门的《南极条约》体系，随着南极各类活动的增多，南极治理议题不断丰富和发展。中国在《南极条约》体系下，积极参与南极国际治理，持续开展南极科学考察研究，坚定维护南极的和平利用，有效推进南极相关国际合作。北极没有像南极那样专门的条约体系，但最近十年北极治理方式发生重大变化，已经从过去的以决议、宣言等"软法"为主的治理方式，逐渐过渡到"软法"和越来越多的具有拘束力的"硬法"并行，并且朝着构建独特的北极治理法律体系方向发展。中国是北极理事会的观察员国，是北极的重要利益攸关方。中国本着"尊重、合作、共赢、可持续"的基本原则，依据相关规制参与北极事务，在尊重北极国家的主权、主权权利和管辖权以及尊重北极原住民的传统和文化的基础上，坚持科研先导、强调保护环境、主张合理利用、倡导依法治理和国际合作。

（三）中国积极参与海洋生物多样性治理

中国幅员辽阔，陆海兼备，地貌和气候复杂多样，孕育了丰富而又独特的生态系统、物种和遗传多样性，是世界上生物多样性最丰富的国家之一。面对全球生物多样性丧失和生态系统退化，中国秉持人与自然和谐共生理念，坚持保护优先、绿色发展，形成了政府主导、全民参与、多边治理、合作共赢的机制，推动中国生物多样性保护不断取得新成效，为应对全球生物多样性挑战做出了新贡献。中国高度重视海洋生态保护，建设海洋生态文明已成为国家发展战略的重要组成部分。

据不完全统计，我国目前已记录海洋生物 28661 种，共 59 个门类。列入国家重点保护野生动物名录的珍稀濒危海洋野生动物 116 种（类），包括斑海豹、中华白海豚、布氏鲸等国家一级保护野生动物。截至 2021 年底，全国有海洋类型自然保护区 66 处，海洋特别保护区（含海洋公园）79 处，总面积 790.98 万公顷。2021 年，开展监测的 12 处海洋类型国家级自然保护区生态状况总体保持稳定。截至 2021 年底，全国有滨海湿地类型的国际重要湿地 15 处，面积 88.6 万公顷；国家重要湿地 7 处，面积 8.8 万公顷；国家湿地公园 24 处，面积 4.2 万公顷。监测的 15 处国际重要湿地生态状况总体稳定，互花米草是主要外来入侵物种，入侵总面积为 26357 公顷。

中国是最早签署和批准《生物多样性公约》的缔约方之一。中国一直积极参与《生物多样性公约》相关框架文书的制定和履约，为全球海洋生物多样性的保护和可持续利用做出了重要贡献。2021 年 10 月，《生物多样性公约》缔约方大会第十五次会议第一阶段会议在中国昆明召开。会议通过了《昆明宣言》，并发出"共建全球生态文明，保护全球生物多样性"的倡议，为 2022 年召开的第二阶段会议制定"2020 年后全球生物多样性框架"凝聚了广泛的共识，奠定了坚实的基础。

习近平主席在会上发表重要讲话，他强调，我们处在一个充满挑战，也充满希望的时代。行而不辍，未来可期。为了我们共同的未来，我们要携手同行，开启人类高质量发展新征程。第一，以生态文明建设为引领，协调人与自然关系。我们要解决好工业文明带来的矛盾，把人类活动限制在生态环境能够承受的限度内，对山水林田湖草沙进行一体化保护和系统治理。第二，以绿色转型为驱动，助力全球可持续发展。我们要建立绿色低碳循环经济体系，把生态优势转化为发展优势，使绿水青山产生巨大效益。我们要加强绿色国际合作，共享绿色发展成果。第三，以人民福祉为中心，促进社会公平正义。我们要心系民众对美好生活的向往，实现保护环境、发展经济、创造就业、消除贫困等多面共赢，增强各国人民的获得感、幸福感、安全感。第四，以国际法为基础，维护公平合理的国际治理体系。我们要践行真正的多边主义，有效遵守和实施国际规则，不能合则用，不合则弃。设立新的环境保护目标应该兼顾雄心和务实平衡，使全球环境治理体系更加公平合理。

2020 年后全球海洋保护目标的设立是未来十年全球海洋生物多样性保护的重要议题。中国积极参与 2020 年后海洋保护目标制定。中国主张：一是应以现行国际法为基础，将"2020 年后全球生物多样性框架"的适用范围限制在《生物多样性公约》的适用范围内，不应与国家管辖范围以外海洋生物多样性养护和可持续利用国际协定、国际海事组织、区域渔业管理组织和国际海底管理局等其他相关法律文书、框架以及全球、区域和部门机构的政策相违背，破坏国际治理秩序和现有国际法。二是海洋保护目标应保持与爱知生物多样性目标 1 的延续性，在评估其执行成效的基础上，结合资源调动情况，坚持雄心和务实兼具的原则，确保

2020 年后海洋保护目标的可行性和可操作性，使生物多样性治理体系公平合理。保持《生物多样性公约》三大目标平衡，坚持养护和可持续利用并重。三是坚持公平正义要旨，基于共同但有区别的责任原则，充分考虑各国具体国情和发展阶段。发达国家和发展中国家处于不同的发展阶段，在生物多样性问题的历史责任和现实能力上存在差异。"2020 年后全球生物多样性框架"设立应照顾发展中国家在资金、技术和能力建设层面的关切。[①]

除了上述内容之外，中国还积极参与了其他许多涉及海洋治理的条约。例如，中国参与谈判并批准了《联合国气候变化框架公约》及其框架下的《京都议定书》《巴黎协定》《格拉斯哥气候协议》，以及其他国际公约。这些国际公约虽然不是海洋领域的专门立法，但是，有的直接包含有海洋条款，有的虽然没有海洋条款但其内容的实施也将对海洋产生重要影响。这些国际条约为全球海洋治理提供了必要的法律依据和重要的法律制度框架，为全球海洋治理提供了必要的法治保障。

[①] 自然资源部海洋发展战略研究所课题组. 中国海洋发展报告(2022)[M]. 北京: 海洋出版社, 2022: 257-258.

第二节　中国参与全球海洋政治议程

中国高度重视并积极参加全球海洋治理的多边政治对话和会议。中国政府注重结合自身利益，站在维护海洋可持续发展的高度，深入参与全球海洋治理各个层级的对话与合作，针对国际社会共同关注的海洋问题积极提出中国方案，分享中国经验。

一、积极落实联合国发展议程

在全球发展议题下，联合国发布了两个具有里程碑意义的文件，中国均予以积极响应和落实。

（一）以《中国海洋 21 世纪议程》落实联合国《21 世纪议程》

《21 世纪议程》是 1992 年 6 月 3 日至 14 日在巴西里约热内卢召开的联合国环境与发展大会通过的重要文件之一。该文件着重阐明了人类在环境保护与可持续发展方面应做出的选择和采取的行动方案，提供了 21 世纪的行动蓝图，涉及与地球持续发展有关的所有领域，是"世界范围内可持续发展行动计划"。《21 世纪议程》指出：海洋是全球生命支持系统的一个基本组成部分，也是一种有助于实现可持续发展的宝贵财富。《21 世纪议程》第 17 章关于保护大洋和各海洋，包括封闭和半封闭海以及沿海区域，保护、合理利用和开发其中的生物资源，提出："海洋环境，包括大洋和各海洋以及邻接的沿海区域，是一个整体，是全球生命支持系统的一个基本组成部分，也是一种有助于实现可持续发展的宝贵财富。"这一章以《联合国海洋法公约》为基础，提出了在国家、次区域、区域和全球各个层级，对海洋和沿海区域的管理和开发采取新的方针——保护和可持续发展。确定了实现大洋、沿岸区和各种海洋可持续发展的行动纲领，包括下列领域：（1）沿海区域（包括专属经济区）的综合管理和可持续发展；（2）海洋环境保护；（3）可持续地善用和保护公海的海洋生物资源；（4）可持续地利用和养护国家管辖范围内的海洋生物资源；（5）处理海洋环境管理方面的重大不确定因素和气候变化；（6）加强国际，包括区域的合作和协调；（7）小岛屿的可持续发展。此外，还提出应以负责任的态度和公正的方式利用大气层和公海等全球公有财产。

1992年6月，在联合国环境与发展大会上，时任国务院总理李鹏代表中国政府做出了履行《21世纪议程》等文件的庄严承诺。为了兑现承诺，中国根据《21世纪议程》制定了《中国21世纪议程》（又称《中国21世纪人口、环境与发展白皮书》），以此作为中国可持续发展总体战略、计划和对策方案，这是中国政府制定国民经济和社会发展中长期计划的指导性文件。1992年7月由国务院环委会组织编制，于1994年3月25日在国务院第十六次常务会议上讨论通过。

中国既是陆地大国，又是沿海大国，中国的社会和经济发展将越来越多地依赖海洋。因此，《中国21世纪议程》把"海洋资源的可持续开发与保护"作为重要的行动方案领域之一。为了在海洋领域更好地贯彻《中国21世纪议程》精神，促进海洋的可持续开发利用，1996年国家海洋局组织制定了《中国海洋21世纪议程》，这是《中国21世纪议程》在海洋领域的深化和具体体现，是海洋事业可持续发展的政策指南。《中国海洋21世纪议程》阐明了海洋可持续发展的基本战略、战略目标、基本对策和主要行动领域，涉及海洋资源可持续开发利用、海洋综合管理、海洋环境保护、海洋防灾减灾、国际海洋事务以及公众参与等领域。1996年3月，《国民经济和社会发展"九五"计划和2010年远景目标纲要》在八届全国人大四次会议上通过。在中华人民共和国历史上，海洋首次被提到了重要位置："加强海洋资源调查，开发海洋产业，保护海洋环境。"

（二）向联合国提交每年度《中国落实可持续发展议程进展报告》

2016 年 1 月 1 日，随着新年的到来，2015 年 9 月由世界各国领导人在联合国大会上通过的变革性的《2030 年可持续发展议程》正式生效、启动。联合国呼吁各国立即采取行动，为今后 15 年实现可持续发展议程所确定的 17 项目标而努力。目标 14 是"保护和可持续利用海洋和海洋资源以促进可持续发展"，指出：海洋驱动着多个全球系统，让地球变得适宜人类居住。我们的雨水、饮用水、天气、气候、海岸线、多种粮食，甚至连空气中供我们呼吸的氧气，从本质上讲都是由海洋提供和调控的。妥善管理这一重要的全球资源，对建设可持续的未来至关重要。但是当前，沿海水域由于污染而持续恶化，海洋酸化对生态系统功能和生物多样性造成不利影响，这对小型渔业也产生了负面影响。我们必须始终优先考虑拯救海洋。海洋生物多样性对人类和地球的健康至关重要。海洋保护区需要进行有效管理并且配备充足资源，同时需要建立相关法律法规，以减少过度捕捞，减轻海洋污染和海洋酸化。

中国积极响应联合国的号召，2019 年 9 月 24 日，习近平主席的特别代表、时任国务委员兼外长王毅在美国纽约联合国总部出席联合国可持续发展目标峰会。王毅在发言中表示，2030 年可持续发展议程开启了全球发展合作的新篇章。中国始终支持联合国在国际体系中发挥核心作用。王毅表示，中国将可持续发展作为基本国策，全面深入落实《2030 年可持续发展议程》。我们将推进共建"一带一路"，在开放合作中促进共同发展，构建人类命运共同体。2030 年议程描绘的世界梦，同中华民族伟大复兴的中国梦息息相通。中国将同国际社会一道，为实现 2030 年可持续发展目标，为创造人类更加美好的未来不懈努力。

中国每年向联合国提交《中国落实可持续发展议程进展报告》。在

2021 年报告的目标 14 项下指出，中国"积极参与全球海洋治理，推动海洋保护和资源可持续利用"，主要包括：一是积极参与国际海洋治理机制和相关规则的制定与实施，在国家管辖范围以外海洋生物多样性养护和可持续利用协定谈判、国际海底矿产资源开发规章等规则制修订中发挥建设性作用。深入参与"联合国海洋科学促进可持续发展十年（2021—2030 年）"筹备工作，为其实施计划的制订做出了重要贡献。切实履行《伦敦公约》和《1996 议定书》，严格管理海洋废弃物倾倒。落实《海洋倾废管理条例》，完善海洋倾废管控制度体系，编制全国倾倒区规划。二是积极参与全球和区域海洋治理相关进程。积极推进中国—东盟海洋环境合作、中日韩环境部长会议、东亚峰会、西北太平洋行动计划、东亚海协作体、东亚海环境管理伙伴关系组织及北太平洋海洋科学组织等区域海洋国际合作。实施黄海大海洋生态系保护等联合国区域治理项目。三是帮助其他发展中国家发展海洋技术和管理能力。充分发挥相关双多边合作平台的作用，在海洋观测监测、灾害预警、海洋空间规划、海岸带综合管理、蓝色经济等领域组织了一系列能力建设活动，有效促进了相关发展中国家海洋技术和管理能力的提升。实施中国政府海洋奖学金，帮助发展中国家培养海洋人才。自 2016 年以来，在南南合作框架下，组织举办多场发展中国家海水利用技术培训班，与沙特、马来西亚等海上丝绸之路国家积极开展海水淡化国际标准合作研究和海洋能技术联合研究。

二、中国深度参加联合国海洋可持续发展大会

2017 年 6 月 5 日至 9 日，联合国举办海洋可持续发展大会期间，中国政府代表团参加了海洋大会、伙伴关系对话会，并与葡萄牙、泰国代表团以及相关国际组织共同举办了一场"构建蓝色伙伴关系，促进海洋

可持续发展"的边会，举办了海洋科技创新促进蓝色经济发展展览，展现了中国在参与全球海洋治理、落实海洋可持续发展目标方面的立场、倡议和行动。

（一）第一届联合国海洋可持续发展大会

2017 年 6 月 7 日，联合国海洋可持续发展大会举行全会，中国政府代表团团长、时任国家海洋局副局长林山青在会上作嘉宾发言，介绍中国海洋管理经验，提出构建蓝色伙伴关系等三点倡议。林山青指出，中国将落实可持续发展议程目标 14 与本国的海洋事业发展相结合，并且从海洋生产总值、海洋生态保护、海洋防灾减灾、海洋科技和国际合作等方面介绍了中国海洋事业发展现状，就推动可持续发展议程目标 14 的有效落实问题，向与会代表提出三点倡议：一是要着力构建蓝色伙伴关系，增进全球海洋治理的平等互信。中国愿立足自身发展，积极与各国和国际组织在海洋领域构建开放包容、具体务实、互利共赢的蓝色伙伴关系，共同应对全球海洋面临的挑战。二是大力发展蓝色经济，促进海洋发展的良性循环。三是推动海洋生态文明建设，共同承担全球海洋治理责任。打造人海和谐的美丽海洋，实现全球海洋可持续发展。

除了参加全会之外，中国代表团还分别参加了一系列的对话会和边会，积极与各方开展对话，分别在"应对海洋污染""管理、保护、养护与恢复海洋和南岸系统""增加科学知识，培养研究能力和转让海洋技术"伙伴关系对话会上介绍了中国实践、分享了中国经验。

以"构建蓝色伙伴关系，促进全球海洋治理"为题，中国在联合国首次举办海洋主题边会，大力倡导构建蓝色伙伴关系。大会首日，中国国家海洋局与葡萄牙海洋部、泰国自然资源与环境部、联合国教科文组织政府间海洋学委员会、保护国际基金会等共同举办了主题为"构建蓝色伙伴关系，促进全球海洋治理"的边会。来自各国、国际组织和相关机构的 80 多位大会代表参加了本次边会。时任联合国副秘书长吴红波、时任国家海洋局副局长林山青，葡萄牙、泰国等国家以及国际组织代表先后发言。与会代表普遍认为，为实现可持续发展议程目标 14 及其各项子目标，各国和各国际组织应高度重视国际合作，缔结新型的伙伴关系——蓝色伙伴关系。通过本次边会，中国展现了与各方共同构建蓝色伙伴关系、致力于全球海洋治理的意愿，并提出了构想，有助于进一步加深各方对蓝色伙伴关系的理解，在推动深入合作过程中凝聚共识、寻找利益共同点。

（二）第二届联合国海洋可持续发展大会

2022 年 6 月 27 日至 7 月 1 日，第二届联合国海洋大会在葡萄牙首都里斯本举行。会议主题为"扩大基于科学和创新的海洋行动，促进落实目标 14：评估、伙伴关系和解决办法"。

中国政府特使在全会上发言。中国政府特使、自然资源部总工程师张占海率团参会。会议期间，中国代表团参加了全会和互动对话会议，并在两场互动对话会上作为专家小组成员进行主旨发言，还主办和合作主办了多场边会，与多个国际组织举行双边会谈，在这个重要的国际海洋舞台上阐述和传播中国立场、中国理念、中国实践与倡议。

中国代表分别在两个专家小组中进行主旨发言，在多项议题下评论发言。中国代表还分别参加了以海洋污染、可持续渔业等为主题的互动对话。这些对话会上得到较多关注的问题主要包括生物多样性、海洋污染、海洋垃圾与微塑料、IUU 捕捞，以及"联合国海洋科学促进可持续发展十年"框架下海洋科学合作和海洋技术的转化及能力提升等问题。

中方还主办、与其他国际组织等合办了多主题边会，参加了多场其他相关主题的边会活动，包括：主办了"促进蓝色伙伴关系，共建可持续未来"边会，发布了《蓝色伙伴关系原则》，倡导以发展蓝色伙伴关系和协同开展务实行动促进海洋可持续发展。与国际海底管理局、联合国《生物多样性公约》秘书处等联合举办了"加强科学合作，支撑区域环境管理计划制定"边会，交流了REMP已有实践与工作经验，形成了加强区域层面科学合作、共同推进区域环境管理的共识。中国大洋事务管理局发起了全球深海典型生境发现与保护计划合作倡议，以深海科学研究为基础，蓝色伙伴关系为纽带，发现和保护深海典型生境。中国海洋发展基金会与太平洋岛国发展论坛共同主办的关于海洋空间规划和蓝色经济发展边会，提出了"加快海洋空间规划的实施、推动蓝色经济发展、建设蓝色伙伴关系"的倡议。

为响应大会对自主承诺的号召，中国政府做出了实施海岸带保护与利用总体规划，推进海洋能、海水淡化等新兴产业发展，支持建立全球蓝色伙伴关系合作网络，为联合国"海洋十年"计划贡献中国行动和成果等80多项承诺。其中包括海洋战略所提出的编写发布《中国与〈联合国海洋法公约〉蓝皮书》、编写年度《中国海洋发展报告》和举办系列"大陆架和国际海底区域制度的科学与法律问题国际研讨会"等。

此外，中国积极参与所有与全球海洋治理相关的重要国际会议。自20世纪70年代初恢复在联合国合法席位以来，中国积极参加了联合国等国际组织召开的所有关于全球治理的多边会议，包括全球环境治理、全球发展问题以及全球海洋治理，每次都派出高级别代表团，并且争取在全会和边会等各个对话平台上发言，阐释中国立场，分享中国经验，提出合作倡议。

第三节　中国多途径推进海洋合作

长期以来，中国高度重视参与联合国等国际组织主办的海洋会议和磋商等多边进程，同时，也非常重视主动设计和推动中外海洋合作，以多种方式参与全球海洋治理。中国先后制定并大力推动了《南海及其周边海洋国际合作框架计划（2011—2015）》和《南海及其周边海洋国际合作框架计划（2016—2020）》的实施，与此同时，创新实践，认真落实习近平主席提出的共建"一带一路"和"海洋命运共同体"倡议。2015 年，中国政府发布《推动共建丝绸之路经济带和 21 世纪海上丝绸之路的愿景与行动》，提出以政策沟通、设施联通、贸易畅通、资金融通、民心相通为主要内容，坚持共商、共建、共享原则，积极推动"一带一路"建设，得到国际社会的广泛关注和积极回应。为进一步与沿线国加强战略对接与共同行动，推动建立全方位、多层次、宽领域的蓝色伙伴关系，保护和可持续利用海洋和海洋资源，实现人海和谐、共同发展，共同增进海洋福祉，共筑和繁荣 21 世纪海上丝绸之路，国家发展和改革委员会、国家海洋局特制定并发布了《"一带一路"建设海上合作设想》，倡导与海上丝绸之路沿线国家建立互补型的蓝色伙伴关系。

一、创新举办"海洋年"活动

（一）中国—希腊"海洋合作年"

2015 中希海洋合作年是中希两国高层领导互访的重要成果。2014 年 6 月 19 日至 21 日，时任国务院总理李克强访问希腊期间，出席了中国商务部、国家海洋局与希腊交通部等有关主管部门一起在希腊首都雅典举办的中希海洋合作论坛。这是中国第一次在国外与东道国一起联合举办海洋合作论坛。双方领导人共同宣布 2015 年为"中希海洋合作年"，并将成立中希政府间海洋合作委员会，加强在海洋科技、环保、减灾防灾和海上执法等领域的务实合作。2015 年 3 月 27 日，时任国务院副总理马凯与希腊德拉加萨基斯副总理共同出席在北京钓鱼台国宾馆举办的中国—希腊"海洋合作年"启动仪式并致辞。这是中国首次以海洋合作为主题举办的双边友好年，主题是"深化海洋合作，共建蓝色文明"，旨在推动中西方两个海洋文明的交流与合作。中国和希腊有着很深厚的友谊。希腊是古代陆上和海上丝绸之路的重要交汇点，希腊是第一个同中国签署政府间共建"一带一路"谅解备忘录的欧洲发达国家，自然也成为中国"一带一路"的天然合作伙伴。中远海运在希腊比雷埃夫斯港口经营不下去的时候，接手并与西方合作成立了比雷埃夫斯港口有限公司，只用了短短几年时间就使比港扭亏为盈，2019 年已经发展成为地中海地区的第一大港。

活动期间，双方在海洋科技、海洋人文、海洋经贸等方面开展了多项合作。在海洋科技合作方面，举办中希暨中国与南欧国家的海洋科技研讨会，召开中希海洋科技联合委员会第一次会议，中希双方的海洋科研机构和大学之间签署海洋科技合作协议，共建中国—希腊海洋科技联合实验室等。在人文合作方面，举办中希海洋政策与海洋法研讨会，促进两国在海洋管理、划界、海商法、水下文化遗产保护等领域的对话与交流；中国邀请希腊派团出席厦门国际海洋周活动和舟山（中国）海洋文化节等活动；中方派团参加在希腊举行的欧盟海洋日活动；中国国家文物局水下文化遗产保护中心与希腊专业机构建立工作联系，开展项目合作。在经贸合作方面，中国邀请希腊出席湛江（中国）海洋经济博览会和珠海（中国）海洋科技博览会，为浙江省与希腊在船舶制造、维修和船用设备进出口领域合作搭建平台。

（二）"中国—欧盟蓝色年"

2017 年 6 月 2 日上午（当地时间），时任国务院总理李克强与欧盟委员会主席容克在布鲁塞尔埃格蒙宫，共同为中欧"旅游年"和中欧"蓝色年"标识揭牌。经双方商定，2017 年为中欧"蓝色年"，双方将深化海洋领域研究合作，2018 年则为中欧"旅游年"，双方对此给予了高度重视。2017 年 12 月 8 日，"中国—欧盟蓝色年"闭幕式在深圳举行。中欧双方企业代表签署了合作意向书和合作备忘录，中欧蓝色产业园揭幕。国家海洋局局长王宏，欧盟环境、海洋事务和渔业委员卡尔梅努·韦拉，时任广东省副省长邓海光，欧盟驻华大使史伟等共同出席了闭幕式活动。

中欧双方在海洋政策、生态保护、科技创新、产业发展等领域，开展了卓有成效的交流与合作。在"中国—欧盟蓝色年"闭幕之际，举办了中欧蓝色产业合作论坛。中欧双方在海洋资源开发与利用、海洋生态环境保护、推动蓝色经济增长、提升海洋科学技术水平等方面所持的理念和目标高度契合，在联合国海洋可持续发展大会上，中欧也共同向国际社会做出承诺，将为实现联合国可持续发展目标做出应有的贡献。这些共同点构成了中欧全面深化海洋合作、构建蓝色伙伴关系的坚固基石。作为全球海洋事务的主要参与者，欧盟和中国有责任共同为提升双方人民的海洋意识，推动全球海洋治理而努力，并在国际社会上树立海洋合作典范。"中国—欧盟蓝色年"的成功举办，将激励双方更为密切地联合在一起，建立长期稳固的海洋合作关系，构建更加全面综合的合作框架。欧盟希望，在丝绸之路精神的引导下，与中国携手为双方人民共谋美好未来。为庆祝 2017"中国—欧盟蓝色年"取得的丰硕成果，欧盟为此次闭幕式专门制作了宣传视频。当天，王宏和卡尔梅努·韦拉还共同为2017"中国—欧盟蓝色年"纪念邮票和首日封揭幕。在双方共同见证下，中欧双方企业代表签署了合作意向书和合作备忘录。"中欧蓝色产业园"落户深圳市宝安区大空港新城。在当天的闭幕式上，双方共同为"中欧蓝色产业园"揭幕。2019 年 9 月 5 日（当地时间），首届中国—欧盟海洋"蓝色伙伴关系"论坛在比利时首都布鲁塞尔举行。这是继 2017 年双方共同举办"中国—欧盟蓝色年"和 2018 年双方正式签署《在海洋领域建立蓝色伙伴关系的宣言》后，中欧在海洋合作领域取得的又一重要进展，标志着新时期中欧海洋"蓝色伙伴关系"走深走实，展现了中欧在全球海洋治理中的责任与担当。

二、不断增强各方的能力建设

长期以来，中国与国际专业机构通过多种形式的合作，互相增强能力建设。例如，2020 年 11 月 9 日，自然资源部（国家海洋局）与国际海底管理局共同举行了中国—国际海底管理局联合培训和研究中心启动仪式暨指导委员会第一次会议。该中心将为发展中国家人员提供深海科学、技术、政策等方面的业务培训；开展深海环境与深海生态、深海采矿与深海技术等国际海底热点领域的合作研究，为相关政策制定提供参考依据；组织各类专题研讨会、高端论坛等活动，促进与发展中国家在国际海底领域的交流与合作。该中心的设立，是中国履行《联合国海洋法公约》、践行"一带一路"合作倡议、秉持"共商共建共享"发展理念、促进全球海洋合作的重要举措，是我国推动构建"人类命运共同体"的积极贡献，也体现了我国深入参与国际海底事务，为人类和平利用海洋资源、保护海洋生态环境而努力的大国担当。又如，中国与海委会在天津联合设立了国际海洋学院西太平洋区域中心，每年举办国际培训班，为各国特别是发展中国家培养海洋人才。中国承办了海委会首个培训与研究中心——"UNESCO/IOC 海洋动力学和气候培训与研究区域中心"。过去十年在海洋与气候领域为世界43个国家培训了400余位学员，为促进西太平洋地区的海洋科技合作做出了重要贡献。自然资源部第三海洋研究所，连续成功举办7次APEC能力建设项目培训班，内容涉及海洋空间规划、海洋与海岸带综合管理、生态养殖以及渔业减损等；举办IAEA海洋环境样品放射性分析方法国际培训班。又如，中国为海委会提供捐赠，海委会则为中国年轻海洋工作者提供实习和工作岗位。中国积极支持海委会设在泰国的西太分中心的工作。2021年4月27日至29日，海委会西太平洋分委会（UNESCO/IOC/WESTPAC）[①]第十三届政府间会议通过视频会议方式圆满召开，大会进行了西太分委会主席和副主席的改选，中国推荐的自然资源部第一海洋研究所乔方利研究员成功当选西太分委会共同主席。中国大力推荐高层次海洋专家到国际海洋专门机构任职。例如，自然资源部第二海洋研究所的专家们担任了10多个国际海洋专业机构的主席或专家。苏纪兰院士担任国际海洋科学委员会能力建设工作组委员，李家彪院士担任国际洋中脊科学组织联合执行主席、国际标准化委员会海洋分会海洋技术分委会主席，陈大可院士担任太平洋—亚洲边缘海组织主席等。通过合作，国际组织和专业机构为中国专家"走出去"搭建了重要的国际平台，中国也为相关组织和机构以及各国培训了各个层次的海洋专家，相互成就，共同为全球海洋治理培养高质量的专业人才队伍。

三、不断搭建稳定的合作平台

近十年来，中国承建了许多国际海洋专业机构的区域中心，为进一

---

① 西太平洋分委会成立于1989年，是海委会在西太平洋及毗邻区域的地区分支机构，其成员目前包括东亚、东南亚国家及美、英、法、澳在内的22个成员国，主要职能是执行海委会在西太地区开展的全球性海洋科学、海洋观测服务项目，并根据本地区成员国的共同兴趣，发起、推动和协调适合本地区的海洋科学、海洋观测服务及能力培训项目。长期以来，我国一直积极参与UNESCO/IOC和WESTPAC的各项活动，并在其中发挥着重要作用。

步深化国际合作搭建了稳固平台。例如，世界气象组织于 2015 年 5 月 25 日至 6 月 12 日在瑞士日内瓦召开了第十七次世界气象大会。大会肯定了中国国家海洋信息中心在管理历史海洋气象和海洋气候数据及元数据方面的丰富经验和良好工作条件，顺利通过了中国国家海洋信息中心承建全球海洋和海洋气候资料中心中国中心（CMOC/China）的决议。专家指出，全球海洋和海洋气候资料中心中国中心的建设运行，对于最大化实现我国对全球海洋和海洋气候资料的共享权益，有效提升我国全球海洋环境保障能力，具有十分重要的意义。又如，中国陆续承建了海委会海洋动力学和气候研究与培训中心（ODC 中心），中国—东亚海环境管理伙伴关系组织（PEMSEA）可持续发展中心，"气候和海洋：变率、变化及可预测性项目"办公室（CLIVAR）国际项目办，中国典型河口生物多样性保护、修复和保护区网络化示范项目办公室等。为了促进亚太经合组织（APEC）成员加强在海洋经济、保护、管理、技术等方面的交流与合作，为亚太地区海洋可持续发展提供良好平台，2011 年 11 月 1 日在北京成立了 APEC 海洋可持续发展中心。该中心是 APEC 框架内设立的首个海洋合作机制。该中心的建立，为中国加强与 APEC 成员之间的互利共赢合作关系、推动亚太海洋可持续发展提供了一个非常有意义的平台。同时，借助互联网技术的发展，构建了海洋公园专家网络，搭建了海洋公园管理经验分享平台，完成了公园管理信息系统操作模块的开发工作，逐步推动 APEC 海洋保护区网络的形成。

中国海洋科研机构与世界各国同行也搭建了许多双边合作平台。例如，中韩海洋科学共同研究中心（青岛）、中印尼海洋与气候中心（雅加达）、中泰海洋气候与生态系统联合实验室（普吉）、中俄海洋与气候联合研究中心［符拉迪沃斯托克（海参崴）］、中马海洋科学技术联合研究中心（万捷）等。此外，还与许多沿海国合作建设了一批海外观测站，实施了一系列联合调查航次，共同投放和维护了海洋浮标和潜标等观测设施。这些合作为构建地区性和全球性海洋观测网络奠定了重要基础。

四、不断拓展海洋科研合作领域

长期以来，中国海洋科研机构与国际组织和沿海国合作实施了许多海洋调查和研究项目。在海洋观测、海洋防灾与减灾、海气相互作用、海洋生态系统与生物多样性保护、海洋地质、极地研究、海岸带综合管理、海洋工程等领域开展务实合作，取得了丰硕成果。例如，中国海洋科学家积极参与海委会及其西太分委会、北太平洋海洋科学组织、国际海洋研究委员会、全球海洋观测伙伴关系、东南亚海洋环境管理伙伴计划等国际组织以及全球海洋观测系统、上层海洋和低层大气相互作用、世界气候研究计划、印度洋海洋观测系统等重要国际计划的活动，包括西太平洋海域海洋灾害对气候变化的响应、印度洋季风暴发监测及社会生态影响、东南亚海洋环境预报系统等研究，并连续成功举办北太平洋海洋科学组织年会、气候和海洋：变率、变化及可预测性项目（CLIVAR）青年科学家论坛、海委会西太平洋分委会科学大会、中国—东南亚国家海洋合作论坛等系列大型国际会议，极大地促进了交流与合作。这些合作对于增进人类对海洋状况的了解，为制定有效地应对气候变化和全球性海洋问题的政策和决策提供了更充分的科学依据，都具有重要意义，也为中国科学家走向世界打开了通道。

五、不断扩大海洋科研的"朋友圈"

中国与外国之间的双边海洋调查研究合作始于20世纪70年代。在中美、中日建交之后，海洋合作是最早的一批双边合作项目。美国是最早与中国签订政府间海洋合作协议的国家。①中美、中日之间双边海洋调查合作项目都为中国年轻的海洋工作者提供了很好的学习机会，极大地增进了两国之间的友好关系。改革开放以来，中国海洋科研能力得到快速提升。目前，中国已与 40 多个国家和国际组织签订了双边海洋合作协议或谅解备忘录，与多个国家建成了联合海洋观测站、联合海洋研究中心（实验室）等，发起并实施了 60 多个双边海洋合作项目。这些双边合作项目的实施已经取得了非常丰硕的海洋科研成果，同时增进了各国海洋科学工作者之间的了解和信任，我国海洋科学家也与许多国家的同行建立了良好的关系和珍贵的友谊。通过合作项目的实施，也展示了中国的海洋科研水平，提升了中国在国际海洋领域的影响力。

六、不断推进南北极务实合作

中国于 1985 年 10 月成为《南极条约》协商国，并签署了《南极条约》体系中的相关法律文书。中国于 1925 年加入《斯瓦尔巴条约》，2013年成为北极理事会正式观察员国。我国位于北半球，又是农业大国，北极快速变化对我国气候系统有着直接影响，进而影响我国农业、林业、渔业、海洋等领域。我国作为国际社会的一员，有权利也有责任参与到应对极地气候变化治理、设定和参与议题讨论、开展科研项目与国际合作以及其他相关活动中来。根据相关国际法，我国在极地海域享有相关权利和自由，同时，也承担相应的义务；与此同时，我国也有要求他国

---

① 早在 1979 年，国家海洋局就与美国国家海洋与大气管理局签署了中美海洋与渔业科技合作议定书。2008 年，中美海洋领域合作被纳入中美战略经济对话机制"能源与环境合作"部分，使中美海洋领域合作迈向更高层次。2012 年，《中美海洋与渔业科技合作框架计划（2011—2015）》纳入中美战略与经济对话成果，双方同意合作开展南大洋、印度洋海洋观测、再分析与预测项目。但同一时期美国又在大力推行"重返亚太""亚太再平衡"战略，挑唆周边国家采取侵犯中国海洋权益的行动，激化周边国家与中国之间的海洋争端，破坏了合作的基础，致使中美海洋科研合作活动难以为继。

保护极地海洋不受污染的权利。极地自然生态环境脆弱，鉴于环境污染的跨区特征，涉及国际社会的整体利益，攸关人类生存与发展的共同命运。保护极地生态环境，参与极地保护区建设以及生物资源养护等问题治理，需要各方共同努力。

自 1983 年加入《南极条约》以来，中国极地科考活动至今已经进行了四十年，实现了从无到有的跨越式发展，形成了"2 船 6 站 1 保障"的极地考察战略格局和基础平台，并且在极地地质、冰川、生物、生态环境、海洋、大气、空间物理、天文、人体医学等领域的科学研究中取得了重要进展，一批具有国际先进水平的研究成果相继发表在国际科学期刊上。在极地政策方面，中国已经发布北极白皮书和南极白皮书性质的文件，明确地阐述了中国在极地问题上的原则立场和相关政策。

长期以来，中国积极促进与各方的极地合作。中国已经与俄罗斯、冰岛、澳大利亚、新西兰、阿根廷、智利等分别签署了双边合作谅解备忘录，开展多方面多领域的双边合作。中国政府和领导人也高度重视极地合作。

2015 年 11 月 18 日，应时任澳大利亚联邦政府总理阿博特邀请，国家主席习近平在出席 11 月 15 日至 16 日于澳大利亚布里斯班举行的二十国集团领导人第九次峰会之后，在时任澳大利亚总理阿博特陪同下到澳大利亚塔斯马尼亚州首府霍巴特访问，共同对两国南极科考站的科考人员进行现场视频连线慰问，见证两国极地主管部门签署南极门户合作谅解备忘录，并共同登上正在靠港补给的"雪龙"号视察，看望全体科考人员。

2017 年 3 月 29 日至 30 日，国务院副总理汪洋应邀出席在俄罗斯阿尔汉格尔斯克市举行的第四届"北极—对话区域"国际北极论坛，并在开幕式上致辞。俄罗斯总统普京、芬兰总统尼尼斯托、冰岛总统约翰内松出席论坛全会并致辞。来自北极国家等近 30 个国家的 2000 多位政、商、学界代表参加论坛。

中国是南北极事务重要利益攸关方，依法参与南北极事务由来已久。中国是南北极事务的参与者、建设者、贡献者，有意愿、也有能力对南北极治理发挥更大作用。近十年来，中国极地事业得到快速发展，极地科研能力也不断提高。但是，在科技能力对极地国家利益的支撑和推动方面，与极地考察先进的国家相比还有不小的差距，科技成果转化能力还较为薄弱，极地科学考察的创新能力和可持续发展能力还有待进一步加强。

七、尽己所能地提供全球海洋公共产品

中国是世界上最大的发展中国家。改革开放以来，特别是近十年来，中国的海洋科研能力和水平得到大幅提升，虽然与发达海洋强国相比，总体上仍有很大的差距，但在有些海洋领域也实现了"弯道超车"，已经达到世界领先水平。中国倡导共同构建"一带一路"，秉持构建海洋命运共同体的理念，在力所能及的范围内，努力为国际社会提供全球海洋公共产品。

在提供海洋服务产品方面，中国目前已经可以为周边国家和世界提供一些业务化产品。一是为南海周边国家提供海啸预警服务。2019 年 11 月 5 日，我国承建的南中国海区域海啸预警中心正式运行，开始为南中国海周边 9 国提供全天候地震海啸监测预警服务。经联合国教科文组织政府间海洋学委员会批准，由我国承建南中国海区域海啸预警中心，为南海周边国家提供全天候的地震海啸监测预警服务。南中国海区域海啸预警中心的国际预警服务区域包括南海、苏禄海和苏拉威西海，覆盖了

该区域主要的地震俯冲带，为南中国海周边成员国提供24小时全天候地震海啸监测预警服务，并承担组织开展该区域的培训、宣传教育等减灾活动职责。这一中心的建设和运行是南海周边各国密切协调、精诚合作的成果，中国在建设中发挥了主导作用。联合国教科文组织助理总干事、政府间海洋学委员会秘书处执行秘书弗拉基米尔·拉宾宁博士指出，这一海啸预警中心将成为强化政府间海洋学委员会海啸项目的新元素，是中国对联合国海洋可持续发展目标的又一重大贡献。二是为世界提供海洋卫星数据产品。我国与欧洲有关机构和国家合作，一起为国际社会提供了海洋卫星数据产品，其中与欧空局法国空间中心共同研制了中法海洋卫星，开发风浪海洋产品。

在海洋调查援助方面，中国先后为多个非洲国家提供大陆架调查，一方面为这些国家培训海洋调查科研人员，另一方面为这些国家向联合国大陆架委员会提交200海里外大陆架划界案提供可靠的科学证据和技术援助。这些援助项目均非常成功，取得了非常好的效果。

在公海渔业资源养护方面，中国积极参与全球海洋渔业治理，促进全球渔业资源科学养护和可持续利用。在全球层面，在参与《鱼类种群协定》磋商进程之外，中国还持续参加联合国可持续渔业决议磋商、联合国粮农组织渔业委员会会议、世界贸易组织框架下渔业补贴谈判等国际渔业治理进程，积极参与和支持国际社会打击IUU捕捞有关工作。2019年中国参加了国际海事组织主办的关于渔船安全和打击IUU捕捞部长级会议，并签署了《托雷莫利诺斯声明》。在地区层面，通过多种区域合作机制，如联合国粮农组织亚太渔业委员会、亚太经合组织海洋与渔业工作组、中国—东盟蓝色经济伙伴关系、中国—太平洋岛国渔业合作发展论坛、中非农业合作论坛等，中国和区域合作伙伴共同落实与推进

《2030 年可持续发展议程》，开展全领域渔业合作，打击IUU捕捞，促进当地社会经济发展。在公海执法方面，2005 年起中国派渔政执法船赴北太平洋公海开展巡航执法，打击公海大型流刺网作业。2021 年，根据《北太平洋公海渔业资源养护和管理公约》以及北太平洋渔业委员会关于公海登临与检查养护措施，中国派海警执法船在北太平洋公海开展渔业巡航执法，对北太平洋作业渔船加强监督管理。除此之外，2020 年中国第一次在大西洋和太平洋部分公海海域开展公海自主休渔；2022 年，将休渔海域进一步拓展至印度洋，适用于除金枪鱼渔船外其他作业方式的中国渔船。同步地，中国在这些休渔海域建立中上层渔业资源综合科学监测体系，适时向有关沿海国和区域渔业组织通报自主休渔实施情况，分享信息数据和休渔效果，为公海渔业资源的科学养护与管理搭建平台。

在为发展中国家培养海洋人才方面，中国深知人才对于发展中国家各项事业的发展极其重要，因此，一直秉持"授人以鱼不如授人以渔"的文化传统，为发展中国家培养海洋人才。除了前文提到的中国设立了许多的海洋培训项目之外，中国还设立了多个合作基金，努力为发展中沿海国的海洋工作者搭建各种培训平台，提供各种学习机会。其中包括：中国南海合作基金，中国—印尼海洋合作基金，以及生物多样性（包括海洋生物多样性）基金，鼓励中国海洋科研机构借助基金支持，积极与南海周边国家和世界其他海洋国家的海洋科研机构以及沿海地方政府开展各类海洋调查和研究。又如，国务院批准设立了"中国政府海洋奖学金"。自 2012 年开始招生以来至 2022 年，共招收了来自 41 个发展中沿海国的 292 个海洋相关专业的研究生。其中，2022 年奖学金项目录取 18 人，博士 10 人，硕士 8 人，来自巴基斯坦 8 人，孟加拉国 2 人，马来西亚 2 人，印尼、泰国、伊朗、埃及、吉布提、格林纳达各 1 人。

在政府捐赠方面，中国政府多次为《联合国海洋法公约》下设机构捐款，支持其开展工作。中国除了一直承担联合国大陆架界限委员会中国籍委员赴纽约履职的一切相关费用，还多次向联合国信托基金捐款支持发展中国家委员赴纽约履职。中国还多次向联合国海洋法法庭捐资，这些资金为支持法庭帮助发展中国家加强能力建设发挥了积极作用。中国多次向国际海底管理局各类基金捐款，用于资助发展中国家的法技委和财务委员会委员赴牙买加参加海底局的会议。

07

第七章

新时期中国深度参与
全球海洋治理

在当今全球化时代，气候、环境、海洋、资源等全球性问题日益突出。"世界怎么了？我们怎么办？"这是习近平主席在 2017 年 1 月 18 日联合国日内瓦总部出席"共商共筑人类命运共同体"高级别会议上发表重要演讲时提出的世纪之问。习近平主席指出，这是整个世界都在思考的问题，也是我一直在思考的问题。在题为"共同构建人类命运共同体"的主旨演讲中，习近平主席对上述问题从历史、现在和未来三个时间维度进行了详尽的阐述，并提出了中国答案，即共同构建人类命运共同体。套用上述世纪之问的句式，在海洋领域，我们同样面临着一个重大而严峻的问题：海洋怎么了？我们怎么办？对此，习近平主席于 2019 年 4 月 23 日在青岛集体会见应邀出席中国人民解放军海军成立 70 周年多国海军活动的外方代表团团长时也给出了中国答案，即共同构建海洋命运共同体。因此，进入新时期，深度参与全球海洋治理已经是中国的战略选择。

第一节　中国参与全球海洋治理的必然性

在百年未有之大变局的当下，国际体系和国际秩序正发生着深刻变化。人类共同面临着诸多新的困境和挑战，全球海洋也同样面临着许多新问题和新挑战。作为世界上最大的发展中沿海国，如今中国的治理理念和能力、国际地位和影响力，相比 20 世纪 90 年代中期全球治理理念刚被引入时均已明显提升。随着国际力量对比深刻调整，全球性挑战日益增多，加强全球治理、推动全球治理体系改革成为大势所趋，世界期待更多中国方案、中国力量。统筹国内国际两个大局，积极参与包括全球海洋治理在内的全球治理，已经成为中国在新时代的国家战略。

一、参与全球海洋治理是中国的战略新抉择

这是一个充满挑战的时代，也是一个充满希望的时代。引用世纪之问的句式：全球海洋怎么了？我们应该怎么办？中国已经给出了答案，那就是深度参与全球海洋治理，积极推动全球海洋治理体系的改革和建设。这是中国在新时代做出的战略新判断和时代新抉择。

深度参与全球海洋治理是统筹国内国际两个大局的必然之举。中国与全球海洋治理之间的关系问题，必须放在中国新时代整体发展的战略框架下去分析和理解。实现国家治理现代化与推动全球治理是当代中国面临的两个大局，深刻认识两者的互动关系，有助于在战略谋划和政策安排上实施统筹和协调推进。统筹国内国际两个大局，一方面，借助全球治理深化国内治理；另一方面，依托国内治理推进全球治理。这里所说的"全球治理"是指广义的治理，包括了全球性政治、安全、环境、生态、发展等各方面，也包含陆地、海洋、极地、太空和网络等各领域。

积极参与全球海洋治理已经是中国对外战略的重要组成部分。党的

十八大以前，全球治理在中国的对外战略中更多的是被视为时代背景，而非对外战略本身或对外战略内容之一。直到党的十八大报告明确提出，"加强同世界各国交流合作，推动全球治理机制变革""中国坚持权利和义务相平衡，积极参与全球经济治理"；特别是 2015 年 10 月 12 日中共中央政治局以"全球治理格局和全球治理体制"为内容的第二十七次集体学习，把全球治理提升到前所未有的战略高度。习近平总书记强调"要审时度势，努力抓住机遇，妥善应对挑战，统筹国内国际两个大局，推动全球治理体制向着更加公正合理方向发展，为我国发展和世界和平创造更加有利的条件""随着全球性挑战增多，加强全球治理、推进全球治理体制变革已是大势所趋""全球治理体制变革离不开理念的引领，全球治理规则体现更加公正合理的要求离不开对人类各种优秀文明成果的吸收""继续丰富打造人类命运共同体等主张，弘扬共商共建共享的全球治理理念"。2016 年 9 月 27 日，中共中央政治局就二十国集团领导人峰会和全球治理体系变革进行第三十五次集体学习，习近平总书记强调，"我们要抓住机遇、顺势而为，推动国际秩序朝着更加公正合理的方向发展，更好维护我国和广大发展中国家共同利益"。习近平总书记明确指出："我们要积极参与全球治理，主动承担国际责任，但也要尽力而为、量力而行。"这一切都充分表明，全球治理已成为当代中国两个大局中的关键问题，统领着当代中国对外战略。我们有理由相信，上面所说的"全球治理"是一个宏观意义上的、广义的用语，必然包括作为全球治理中非常重要的一个组成部分——全球海洋治理。构建海洋命运共同体的理念，是中国深度参与全球海洋治理的集中表达。

二、中国深度参与全球海洋治理具有十分重要的意义

之所以说全球海洋治理是全球治理的一个重要组成部分，那是因为，

当今最受关注的全球性问题，例如，气候变化问题、生态环境问题，传统和非传统的安全问题、可持续发展问题等，这些问题的变化发展以及应对解决，在不同程度上都受到海洋的影响和制约。全球海洋治理是国际社会关注的热点话题之一，是联合国等国际组织的重要议程之一，也是中国所面临的重要问题之一。

对世界来说，深度参与全球海洋治理，表明了中国对现有的全球海洋治理体系和海洋秩序的接受与认同，意味着中国在国际海洋事务中是改革者而不是挑战者；表明了中国作为世界上最大的发展中沿海国的责任与担当，全球治理依赖于各行为体的积极参与，特别是依赖于国家提供更多全球公共物品，中国的积极参与和贡献，将有力地促进全球海洋治理。

对中国来说，深度参与全球海洋治理，显示出中国率先践行构建海洋命运共同体理念，维护人类共同利益，促进海洋可持续发展的决心和信心；表明了中国进一步融入国际大家庭，有助于统筹国内国际两个大局，将加快建设海洋强国的中国目标与促进全球海洋治理的世界目标有机结合起来，与国际社会一道共同建设和平的海洋、健康的海洋、美丽的海洋，共同推进实现人海和谐的可持续发展目标。

三、中国深度参与全球海洋治理的理念和基本原则

党的十九大报告指出，中国秉持共商共建共享的全球治理观，将继续发挥负责任大国作用，积极参与全球治理体系改革和建设，不断贡献中国智慧和力量。"共商共建共享"构成了加强全球治理、推进全球治理体系与治理能力现代化的系统链条，缺一不可。"共商"即各国共同协商、深化交流，加强各国之间的互信，共同协商解决国际政治纷争与经济矛盾。"共建"即各国共同参与、合作共建、分享发展机遇，扩大共同

利益，从而形成互利共赢的利益共同体。"共享"即各国平等发展、共同分享，让世界上每个国家及其人民都享有平等的发展机会，共同分享世界经济发展成果。

中国政府高度重视并积极参与制定海洋等新兴领域治理规则。中共中央政治局于 2016 年 9 月 27 日就二十国集团领导人峰会和全球治理体系变革进行第三十五次集体学习。习近平总书记指出，党的十八大以来，我们抓住机遇、主动作为，坚决维护以《联合国宪章》宗旨和原则为核心的国际秩序，坚决维护中国人民以巨大民族牺牲换来的第二次世界大战胜利成果，提出"一带一路"倡议，发起成立亚洲基础设施投资银行等新型多边金融机构，促成国际货币基金组织完成份额和治理机制改革，积极参与制定海洋、极地、网络、外空、核安全、反腐败、气候变化等新兴领域治理规则，推动改革全球治理体系中不公正不合理的安排。

党的二十大报告指出，中国积极参与全球治理体系改革和建设，践行共商共建共享的全球治理观，坚持真正的多边主义，推进国际关系民主化，推动全球治理体制朝着更加公正合理的方向发展。坚定维护以联合国为核心的国际体系、以国际法为基础的国际秩序、以《联合国宪章》宗旨和原则为基础的国际关系基本准则，反对一切形式的单边主义，反对搞针对特定国家的阵营化和排他性小圈子。

在全球海洋治理中，中国也将一如既往地秉持共商共建共享的全球治理观，人与海洋和谐共生的发展观。中国坚决维护基于国际法治的全球海洋秩序，维护以联合国为核心的全球海洋治理体系和机制；对于现有的全球海洋治理体系，中国主张推陈出新、进行必要的变革，而不是破旧立新或另起炉灶。中国坚持和平利用海洋的原则，反对地缘政治对全球海洋治理的影响；坚持尊重主权原则，反对冷战思维，反对以侵犯他国海洋权益为前提去谋求本国的战略目标；坚持共商共治原则，反对海洋霸权和特权；坚持保护与开发兼顾原则，反对只开发资源不保护海洋，也反对没有充分科学依据设定政治口号式的所谓"高雄心"保护目标。

四、中国深度参与全球海洋治理的目标

从全球海洋治理的历史进程和发展前景看，中国提出的构建海洋命运共同体理念，是全球海洋治理的长远目标。

联合国在汇聚各方共识的基础上，提出了全球海洋治理的近期目标和行动方案——海洋十年计划（2021 年 1 月—2030 年 12 月）。"海洋十年"旨在"促进可持续发展，连接人类和海洋"，是联合国促进海洋可持续发展的重要决议和未来十年最重要的全球性海洋科学倡议，将对海洋科学发展和全球海洋治理产生深远影响。"海洋十年"的使命、愿景和目标与中国政府倡导的"海洋命运共同体""科技兴海"和"新发展理念"等高度契合。因此，"海洋十年"计划拟达到的目标，也是中国深度参与全球海洋治理的共同目标，即"我们所希望的海洋"。根据联合国"海洋十年"计划的描述，我们所希望的海洋应有的样貌是：

一个清洁的海洋，即海洋污染源得到查明并有所减少或被消除；

一个健康且有复原力的海洋，即海洋生态系统得到了解、保护、恢复和管理；

一个物产丰盈的海洋，即海洋能够为可持续粮食供应和可持续海洋经济提供支持；

一个可预测的海洋，即人类社会了解并能够应对不断变化的海洋状况；

一个安全的海洋，即保护生命和生计免遭与海洋有关的危害；

一个可获取的海洋，即可以开放并公平地获取与海洋有关的数据、信息、技术和创新；

一个富于启迪并具有吸引力的海洋，即人类社会能够理解并重视海洋与人类福祉和可持续发展息息相关。

"海洋十年"计划得到国际社会的积极响应和支持。有 28 个国家宣布成立了"海洋十年"国家委员会，负责组织动员和推动其本国各界采取行动参与"海洋十年"计划。截至 2022 年 6 月 30 日的最新统计数据显示，联合国"海洋十年"计划共批准了来自 40 个国家提交的 277 场以"海洋十年"为主题的活动、31 个行动计划、92 个项目、42 笔捐赠，其中德国、美国、巴西和法国是最活跃的国家，获批的"海洋十年"活动均超过 20 项。中国政府和海洋界积极响应联合国"海洋十年"倡议，成立了"海洋十年中国委员会"。该委员会由自然资源部牵头，人员来自国家相关部委和科研机构等。中国愿意与国际社会一道，积极推动实施"海洋十年"计划并发挥重要作用，为实现海洋可持续发展贡献中国智慧和中国力量。"海洋十年"计划是联合国推动全球海洋治理的最新行动计划，该计划的实施及其成果将是全球海洋治理进程中具有里程碑意义的成就。

第二节　中国参与全球海洋治理的基础与关键不足

当前，世界百年未有之大变局加速演进，世界之变、时代之变、历史之变的特征更加明显。同时，中国特色社会主义进入新时代，中华民族伟大复兴进入不可逆转的历史进程，中国日益走近世界舞台中央。这些重大论断为我们深刻把握中国发展新的历史方位、新的时代坐标提供了重要指引，也为中国参与全球治理和全球海洋治理提供了重要的历史坐标和时代定位。

一、全球海洋治理需要中国的积极参与

中国已经是当代全球治理体系的一个重要组成部分，也是全球海洋治理体系中的一个重要主体。无论是从深度参与当代全球海洋治理的国际法治和国际政治的历程看，还是从为全球海洋治理提供公共产品以及针对国内管辖海域的管理理念看，抑或是从中国提出构建"一带一路"和倡导"海洋命运共同体"理念的国际影响看，中国海洋实践都已经深刻融入全球海洋治理体系之中，与此同时，中国也深受全球海洋治理进程的影响。全球海洋治理需要中国的积极参与，中国也不能缺席全球海洋治理。

当前，世界面临着百年未有之大变局。与全球化进程面临着极大不确定性的困境和逆全球化思潮形成鲜明对比的是，全球海洋治理进程在稳步推进，其中最具代表性的是联合国继续发挥其在全球海洋治理进程中的重要引领作用以及国际社会的积极参与。

前两年受到新冠疫情的影响，许多国际会议和论坛不得已改为线上举行。2022年以来，随着越来越多国家防控政策的调整，各自逐渐恢复了正常交往，围绕着全球海洋治理问题的线下现场对话和交流愈加活

跃。2022 年 10 月 13 日至 17 日，冰岛在首都雷克雅未克举办了"北极圈论坛"。北极圈论坛主席、冰岛前总统格雷姆松在开幕致辞中表示，今年有近 70 个国家和地区的 2000 多人参会，为历次最多，这有力地表明了全球各界人士都拥有共同愿望，为世界当前面临的种种挑战寻求解决方案。冰岛总理雅各布斯多蒂尔在开幕式讲话中呼吁在北极问题上加强合作。中国驻冰岛大使何儒龙应邀出席大会开幕式，外交部北极事务特别代表高风参与多场中国及亚洲相关议题的讨论。此次大会共举行 200 多场会议，参与演讲者超过 600 人。"北极圈论坛"期间，笔者所在的研究所与日本海洋政策研究所共同举办了主题为"观察员国家在北极治理中的作用：中日视野"边会。又如，2022 年 10 月 26 日至 27 日，韩国以线上线下结合的方式举办了第十六届釜山世界海洋论坛，笔者应邀参与了其中"海洋政策"议题讨论，在线作了题为"加强合作：应对全球海洋挑战的唯一出路"的发言，来自法国、美国等国的专家均赴釜山开展了更为广泛和深入的讨论。

二、中国已经具备深度参与全球海洋治理的政治意愿

不言而喻，与发达国家相比，中国在经济结构、产品科技含量、人均收入、国民教育、管理水平、公民社会成熟程度、法治状况等诸多方面都还只是发展中国家的水平。这是标志中国所处历史发展阶段的长期定位，这一定位对于我们保持清醒的头脑，坚定不移地深化国内改革，推进经济社会可持续发展具有重大意义。但是，从经济总量快速增长及其对世界产生的巨大影响力的角度看，中国作为一个正在崛起的新兴大国，已经基本具备了深度参与全球治理和全球海洋治理的基本条件。

中国之所以可以快速发展成为新兴大国，取得辉煌的成就，一方面是依靠中国共产党的正确领导和中国人民不畏艰苦、努力奋斗；另一方

面也得益于中国改革开放政策，抓住机遇快速地融入世界大发展潮流。对于当今世界和中国来说，追求和平与发展的共同目标将二者紧密地联系在了一起，世界离不开中国，中国也离不开世界。党的二十大报告明确地宣示了中国将继续为世界做出新贡献："促进世界和平与发展，推动构建人类命运共同体。"报告指出"当前，世界之变、时代之变、历史之变正以前所未有的方式展开。一方面，和平、发展、合作、共赢的历史潮流不可阻挡，人心所向、大势所趋决定了人类前途终归光明。另一方面，恃强凌弱、巧取豪夺、零和博弈等霸权霸道霸凌行径危害深重，和平赤字、发展赤字、安全赤字、治理赤字加重，人类社会面临前所未有的挑战。世界又一次站在历史的十字路口，何去何从取决于各国人民的抉择"。中国共产党为中国做出了正确的历史性选择："中国始终坚持维护世界和平、促进共同发展的外交政策宗旨，致力于推动构建人类命运共同体。"中国深度参与全球海洋治理的政治意愿十分明确。

党的二十大报告明确宣示："在基本实现现代化的基础上，我们要继续奋斗，到本世纪中叶，把我国建设成为综合国力和国际影响力领先的社会主义现代化强国。未来五年是全面建设社会主义现代化国家开局起步的关键时期，主要目标任务是：……中国国际地位和影响进一步提高，在全球治理中发挥更大作用。"很显然地，中国也已经确定了深度参与全球海洋治理的重点任务目标。

三、中国已经具备深度参与全球海洋治理的物质基础

党的二十大报告总结指出，过去十年里，中国国内生产总值从 54 万亿元增长到 114 万亿元，我国经济总量占世界经济的比重达 18.5%，提高 7.2%，稳居世界第二位；人均国内生产总值从 39800 元增加到 81000元。谷物总产量稳居世界首位，14 亿多人的粮食安全、能源安全得到有效

保障。城镇化率提高 11.6%，达到 64.7%。制造业规模、外汇储备稳居世界第一。建成世界最大的高速铁路网、高速公路网，机场港口、水利、能源、信息等基础设施建设取得重大成就。我们加快推进科技自立自强，全社会研发经费支出从 10000 亿元增加到 28000 亿元，居世界第二位，研发人员总量居世界首位。基础研究和原始创新不断加强，一些关键核心技术实现突破，战略性新兴产业发展壮大，载人航天、探月探火、深海深地探测、超级计算机、卫星导航、量子信息、核电技术、新能源技术、大飞机制造、生物医药等取得重大成果，进入创新型国家行列。显而易见的是，中国已初步具备了深度参与全球治理和全球海洋治理的物质条件。

四、中国深度参与全球海洋治理的软实力严重不足

自改革开放，特别是党的十八大以来，中国海洋事业得到极大发展，取得巨大成就，中国海洋的"硬实力"得到明显提升。尽管与发达的海洋强国相比较，中国海洋实力方面还存在着很多不足和差距，但是，有些海洋科技领域已经实现"弯道超车"，处于世界领先地位，而且在多个海洋科技领域，中国已经可以为世界提供全球海洋治理的公共产品。但是，相比海洋"硬实力"的显著进步，中国参与全球海洋治理的"软实力"还存在严重不足，这是中国在全球海洋治理中的短板，甚至在一定程度上已经成为"卡脖子"的关键问题。

习近平总书记指出，"全球治理格局取决于国际力量对比，全球治理体系变革源于国际力量对比变化""要提高我国参与全球治理的能力，着力增强规则制定能力、议程设置能力、舆论宣传能力、统筹协调能力"。

下面按照总书记指出的中国参与全球治理所需要的四种能力，对应分析中国深度参与全球海洋治理所需要的四种能力。

一是规则制定能力。从理论上讲，国际规则是世界各国在国际事务

互动中制定并共同遵循的行为规范，是国际博弈的"交通规则"，其本质是国际关系中权利与义务均衡的结果。国际规则，可作狭义和广义理解。狭义的国际规则是指对国家行为和国际互动有约束力的规定。广义的国际规则除了指令性规定，还包括指导性原则和规范，以及各种制度性安排。国际规则的重要性在于，它是世界秩序的支柱，是国际社会超越国际体系的根本，不仅事关国际体系的稳定，还决定国家利益的实现。在国际体系中一直存在对国际规则制定权的争夺。强国是国际规则的主要制定者，霸权主导的单边、双边和多边机制是国际规则的主要形成机制。非霸权国家一般通过国际组织和区域合作机制参与国际规则的制定。非国家行为体的参与则以非政府机制为主。国家参与国际规则制定与变革的能力主要来源于整体实力、领域优势和创制能力。霸权国家不能垄断国际规则的制定。只要具备必要的创制能力，并且至少在某个问题领域拥有相对优势，非霸权国家就有参与国际规则制定与变革的空间。国际规则，其中具有最高地位的是国际法规则，是全球海洋治理的主要依据和工具。当前，在海洋领域，正在制定多个新的国际规则。中国一直在积极参与这些新规则的制定。但是，要客观清醒地认识到，中国是国际规则体系中的后来者。随着中国综合国力的提升，中国在规则制定能力方面有所提升。但是，与拥有数百年国际博弈经验的欧洲国家和美国等西方海洋强国相比，中国的国际规则制定能力仍然很不足。"卡脖子"之处是我国目前非常缺乏既有过硬的专业知识（至少要包括海洋科学基本知识和丰富的国际法、海洋法、海事法等专业知识）又精通外语的真正有实力参与制定国际海洋规则的人才。

二是议程设置能力。议程设置是指相关行为体通过采取措施使得自己关心或重视的议题得到优先关注的过程。国际议程或全球议程是指在特定历史时期内，那些被认为具有全球重要性并受到相关国际组织或国际会议严肃关注的议题或问题。国际议程设置是指相关行为体将其关注或重视的议题列入国际或全球议程，获得优先关注的过程。国际议程设置能力是一国是否真正握有国际话语权的重要考量指标，关系到一国在国际社会关系互动中能否得到客观的认知评价，营造有利的国际舆论环境，维护国家利益，塑造良好国家形象，获得国际威望。国际政治中议程设置的主体是国家，国际议程设置也是为国家利益服务的。目前海洋领域的国际议程设置权仍主要控制在西方发达国家的势力范围内。海洋问题的国际议程设置，不仅需要深厚的西方哲学、国际政治学等知识背景，还需要丰富的海洋相关专业领域的业务知识和高超的国际关系技巧。虽然中国的快速崛起为中国更多地参与海洋国际议程设置提供了有利的条件，但它不会自动转化为议程设置能力。新时代的中国外交不仅仅需要宏大的哲学式的话语构建，更需要快速提升在各个重要国际平台上针对各个专业领域问题的扎扎实实的议程设置能力。

三是舆论宣传能力。舆论宣传本来是新闻学研究的内容，但是，在当今国际海洋政治中，舆论话语权已经成为一个开展政治外交和法理斗争的十分重要而且实用的工具，与国家海洋权益息息相关。传统的国际舆论话语权是一个国家媒体在国际传播中发出自己声音的权利以及通过自己的声音影响国际舆论的实力。但是，在当今的信息化、网络化时代，国际话语权竞争已不再是单纯的靠国家发声、依赖正式官方传播渠道、以经济硬实力为依托的样式，而是综合多方面要素、"多兵种协同作战"的舆论战。具体表现为：以国家、官方背景的具有专业水平的智库和媒体，各类非政府间组织、自媒体和包括水军在内的网民所掌握的令人目不暇接的网络媒体传播技术，多媒体传播渠道和技术支撑能力等各种要素相结合的，以各自传播途径和方式，为一个国家塑造或抹黑其国际形象，营造舆论氛围的，新时代的国际话语权争夺战。自2010年以来，美国调整对话战略并高调宣布"重返亚太"，中国成了美国主导的以南海为主题的国际舆论战的最大受害者。当前国际舆论话语权被西方垄断。诸多西方的智库和非政府间组织，通过搭建和利用各式各样的国际论坛和对话平台，有的甚至是积极配合西方国家海洋战略，不断抛出各类海洋话题，对全球海洋治理的发展方向和重点议题设置产生了重要的引导和影响作用。中国非常缺乏有国际影响力的智库和非政府间组织，中国对国际和周边海洋事务和规则的立场观点，主要依靠国家和官方人员去宣示。官方的表态具有正规、严肃的特点，作为国内政治和国际政治的正常传播方式，这一点是非常必要的。但是，在海洋国际舆论战中，若单纯只运用或依赖官方发声这个单一方式，那么，必然是被动的。因为官方所能对外宣示的内容是受限的，而且发声渠道和方式较为单一，存在许多弊端。比如，所有内容一旦对外公布，就是官方正式的立场，必须非常严谨，因此缺乏回旋余地，而且一旦有纰漏或片面不当之处，则可能留下极大的隐患和严重的后果；由于是官方的立场观点表述，就必须是言简意赅的官方语言或外交语言，缺乏必要的法理阐述，也缺乏通俗易懂的亲和力、传播力，减弱了被普通听众接受的可能；由于是官方正规渠道对外发送的信息，因此必须是真实可靠的。但是，大众媒体和国际舆论战所发送的信息内容具有真假、虚实相结合的特征，这是舆论战最常用的手段之一。总之，一个国家的舆论话语权和他的影响力是相辅相成的，在有效应对于己不利的海洋领域国际舆论战方面，中国还需尽快适应新时代舆论传播的新模式、新样式、新要求，尽快适应和熟练运用国际舆论战新方式和新方法，扎实提高舆论宣传能力。当前，中国越来越深入地参与全球海洋治理，但还面临诸多困难和挑战，在话语权方面，长期以来，西方发达国家已经建立一整套话语体系。与西方海洋强国相比，中国不仅在海洋综合实力方面仍存在较大差距，而且特别缺乏在国际上构建话语体系的经验，目前主要还停留在"跟随"和"回应"的阶段。在信息化时代，中国急需及时调整对外传播战略，提升国际话语权。

四是统筹协调能力。"统筹"是指"统一筹划"。"协调"是指"使配合得适当"。在国际政治中，统筹协调能力是指在国际事务中能够统一筹划，使国际社会中的行为体相互配合得当，运用各种外交技巧来推动国际事务的开展。在国际事务中，一般是大国掌控着这种权力和能力。与国际规则制定能力、议程设置能力、舆论话语权一样，并且与前面三者密切相关，统筹协调能力也是一种软实力，无论是组织国际会议，还是规则制定、议程设置，或是操纵舆论话语权，都需要处于领导地位的那个国家具有较高的统筹协调能力。[①]统筹协调能力是国家国际影响力的集中体现，也是国家代表参与国际政治的一种重要能力。中国深度参与全球海洋治理，但是，无论是在海洋规则制定、议程设置还是国际话语权方面，都存在着不同单项的不同程度的短板，严重影响着统筹协调能力的形成和发挥。

简言之，规则制定能力、议程设置能力、舆论宣传能力、统筹协调能力，四者之间具有密切相连、互为辅助的关系。这些能力的提升，直接对应的是国际规则制定权、国际议程设置权、国际话语权等国家软实力的提升。具备和提升这些能力，是海洋强国应有之义，也是加快建设海洋强国必须完成的重点任务。

---

① 江涛，耿喜梅，张云雷，等.全球化与全球治理[M].北京：时事出版社，2017：201.

第三节　中国参与全球海洋治理的路径选择

当今中国在国际海洋事务中的地位可以归纳为：对内来说，中国已经进入了加快建设海洋强国的关键时期，深度参与全球海洋治理是加快建设海洋强国的重要战略任务；对外来说，中国是世界上最大的发展中沿海国和正在崛起的新兴大国，中国是人类命运共同体和海洋命运共同体理念的倡导者，中国是"一带一路"的发起者和建设者，中国是以联合国为核心的全球海洋治理体系的支持者和改革者，中国是全球海洋治理中共同但有区别责任的担当者。

一、中国接受并支持"全球治理"概念

对中国来说，现代意义上的全球治理概念是一个舶来品。尽管中国传统文化里有"修身齐家治国平天下"一说，但中国古人说的"平天下"，并没有现代意义上的治理天下的概念，仅仅期盼"天下太平"而已。在中文语境下，针对国家事务和社会事务时的用词通常是"统治"和"管理"，没有"治理"的概念。"治理"一词在中文里最常见的使用方法不是对人而是对物，例如，"河道治理"和"垃圾治理"等。只是近年来，在中国社会管理理念和机制开始改革之后，才出现了两个新词："社区""治理"。至于"全球治理"一词，根据前文所述，是在中国实行改革开放之后从西方引进的一个新概念和新术语。与国际上一样，是在20世纪70年代"全球治理"理念扩展延伸到了海洋领域之后，才出现了"全球海洋治理"的概念。

党的十八大以来，中国不仅积极参与全球治理，而且还形成了共商共建共享的全球治理观，坚持公平正义理念，参与和推动全球治理变革，主动创建了一些全球治理平台，提出大量全球治理倡议，成为全球治理

变革中的一支重要战略力量。

二、将共商共建共享的全球治理观应用于全球海洋治理

习近平主席深入发掘中华文化独特的"和而不同"理念同当今时代的共鸣点，突出中国人民和世界人民的共同意愿，针对全球治理所面临的重大现实问题和挑战，提出了共商共建共享的全球治理观。

党的十九大报告指出，"中国秉持共商共建共享的全球治理观，倡导国际关系民主化，坚持国家不分大小、强弱、贫富一律平等，支持联合国发挥积极作用，支持扩大发展中国家在国际事务中的代表性和发言权。中国将继续发挥负责任大国作用，积极参与全球治理体系改革和建设，不断贡献中国智慧和力量"。

中国坚持的共商共建共享的全球治理观与中华优秀传统文化是内在一致的。2019 年 4 月 26 日，习近平主席在人民大会堂会见联合国秘书长古特雷斯时指出，"中国人民不仅要自己过上好日子，还追求天下大同。我提出共建'一带一路'倡议，体现的就是'和合共生'、互利共赢的思想"。

共商共建共享的全球治理观，也同样地适用于中国参与全球海洋治理的进程。

三、推动全球海洋治理向着公正合理方向发展

现有的全球海洋治理体系是一个庞大的法律体系和诸多国际共识凝聚为国际文件作为基本框架所形成的海洋治理体系，是以西方发达海洋强国为主导、以由 77 国集团为核心的广大发展中国家为重要推动者，于 20 世纪 80 年代之后逐渐发展起来的。但是，随着冷战后全球化的发展，以及全球气候快速变化对海洋带来的挑战，现有的全球海洋治理体系不能有效

地应对这些快速变化，因此，全球海洋治理体系的变革就势在必行。

2013 年 3 月，习近平就任中国国家主席后首次出访前夕接受金砖国家媒体联合采访时谈及全球治理，他说，全球经济治理体系必须反映世界经济格局的深刻变化。提升新兴市场国家和发展中国家的代表性和发言权。2015 年 9 月 22 日，习近平主席就中国对于全球治理体制机制的调整改革的立场做出了清晰的说明，"这种改革并不是推倒重来，也不是另起炉灶，而是创新完善""全球治理体系是由全球共建共享的，不可能由哪一个国家独自掌握。中国没有这种想法，也不会这样做。中国是现行国际体系的参与者、建设者、贡献者，一直维护以联合国为核心、以联合国宪章宗旨和原则为基础的国际秩序和国际体系"。近年来，在这一思想的指导下，中国积极参与全球海洋治理进程，特别是积极参与为全球海洋治理制定新的法律规则体系的过程，一直呼吁要兼顾保护与可持续利用之间的平衡，要顾及广泛发展中沿海国的利益和需求。例如，中国在《生物多样性公约》框架下制定"2020 年后目标"的磋商过程中，反复强调应在相关制度和机制设计中写入务实的援助发展中国家的内容。

四、以促进全球海洋治理为契机推动落实海洋命运共同体理念

海洋命运共同体是中国为了应对海洋和人类所共同面临的各种挑战而提出的新理念。

2019 年 4 月 23 日，习近平主席在集体会见应邀出席中国人民解放军海军成立 70 周年多国海军活动的外方代表团团长时指出，"我们人类居住的这个蓝色星球，不是被海洋分割成了各个孤岛，而是被海洋连结成了命运共同体，各国人民安危与共"。习近平主席关于构建海洋命运共同体理念的一系列重要论述，为各方共同努力实现海洋可持续发展指明了前行的方向。

当前，全球海洋形势严峻，过度捕捞、环境污染、气候变化、海平面上升、海洋垃圾等问题时有发生，制约着人类社会和海洋的可持续发展，进一步完善全球海洋治理成为国际社会共同面临的重要课题。习近平主席指出，当前，以海洋为载体和纽带的市场、技术、信息、文化等合作日益紧密，中国提出共建21世纪海上丝绸之路倡议，就是希望促进海上互联互通和各领域务实合作，推动蓝色经济发展，推动海洋文化交融，共同增进海洋福祉。在新冠疫情影响和逆全球化趋势加剧的背景下，中国海洋对外贸易向好。2020年，中国与21世纪海上丝绸之路沿线国家货物进出口总额达到12624亿美元，同比增长1.2%，为全球海运贸易提供重要动力。中国与数十个国家开展港口共建，海运服务覆盖共建"一带一路"所有沿海国家。希腊比雷埃夫斯港已成为全球发展最快的集装箱港口之一，吞吐量在全球港口排名中大幅提升。"中方对比雷埃夫斯港的投资造福当地，是巨大的成功，实现了双赢。"希腊外交部前部长卡特鲁加洛斯表示，共建"一带一路"为世界各国搭建起发展的桥梁。中国能源企业在法国、德国等投资海上风电等项目，助力欧盟实现2020年可再生能源占总能源消费20%的目标；中企承建的越南最大海上风电项目——金瓯1号350MW风电项目于2021年1月正式动工；在巴西东北部塞阿拉州，中企承建的海上风电示范项目2022年开建……肯尼亚国际问题专家卡文斯·阿德希尔说："构建海洋命运共同体具有重大意义，非洲将有更多机会与中国及其他伙伴合作，促进海上发展和繁荣。""在海洋命运共同体理念的指引下，全球各国将共享海洋资源，共同发展海洋经济，实现利用海洋造福人类的目标。"印尼智库亚洲创新研究中心的班邦·苏尔约诺表示。

海纳百川，有容乃大。中国将始终做全球海洋治理的建设者、海洋可持续发展的推动者、国际海洋秩序的维护者，愿同各国一道，本着相互尊重、公平正义、合作共赢精神，深度参与全球海洋治理，共同践行海洋命运共同体理念，为实现海洋可持续发展做出贡献。

附录

附录1　全球海洋治理中的非政府组织

说明：这个名录主要由清华大学法学院博士生陈曦笛负责整理编制，厦门大学南海研究院施余兵教授和博士生夏桐也帮忙提供了资料信息。在此一并致谢！

序号	中文名称	外文名称	成立时间	归属国	类型①
1	海洋基金会	The Ocean Foundation	2003 年	美国	2
2	罗萨利亚项目	Rozalia Project	2010 年	美国	2
3	南极和南大洋联合体	Antarctic and Southern Ocean Coalition	1978 年	美国	1
4	公海联盟	High Seas Alliance	2011 年	美国	1
5	蓝色气候方案	Blue Climate Solutions	2008 年	美国	2
6	保护国际基金会	Conservation International	1987 年	美国	3
7	地球法律中心	Earth Law Center	2008 年	美国	2&3
8	全球鱼类观测	Global Fishing Watch	2015 年	美国	2

---

① 1代表综合型非政府组织，2代表智库型非政府组织，3代表行动型非政府组织，4代表"草根"型非政府组织。

续表

序号	中文名称	外文名称	成立时间	归属国	类型
9	全球抉择	Global Choices	1992 年	美国	3
10	海洋养护研究所	Marine Conservation Institute	1996 年	美国	2&3
11	海洋观测国际	Marine Watch International	2000 年	美国	2
12	蓝色使命	Mission Blue	2009 年	美国	4
13	海洋保护运动	Oceana	2001 年	美国	3
14	自然资源守护理事会	Natural Resources Defense Council	1970 年	美国	3
15	唯一	Only One	2019 年	美国	4
16	海洋馈赠	Sea Legacy	2014 年	美国	3&4
17	海洋法律守护者	Sea Shepard Legal	2014 年	美国	3
18	大自然保护协会	The Nature Conservancy	1951 年	美国	1
19	深海管理倡议组织	Deep Ocean Stewardship Initiative	2013 年（执行委员会正式成立日期）	美国	2
20	皮尤慈善信托基金	The PEW Charitable Trusts	1948 年	美国	3&4
21	海龟岛修复网络	Turtle Island Restoration Network	1987 年	美国	3
22	野生动物保护协会	Wildlife Conservation Society	1895 年	美国	1
23	海洋行动之友	Friends of Ocean Action	2018 年	美国	2
24	国际印第安条约理事会	International Indian Treaty Council	1974 年	美国	4
25	海洋研究科学委员会	Scientific Committee on Oceanic Research	1957 年	美国	2

序号	中文名称	外文名称	成立时间	归属国	类型
26	海洋团结	Ocean Unite	2015 年	美国	1
27	安必维安全与合作研究所	Ambivium Institute on Security and Cooperation	2011 年（最早活动日期）	美国	2
28	大鲸鱼保护协会	Great Whale Conservancy	2010 年	美国	2
29	帕利保护海洋组织	Parley for the Oceans	2012 年	美国	3&4
30	贝尼奥夫海洋倡议	Benioff Ocean Initiative	2016 年	美国	3&4
31	马诺阿夏威夷大学社会科学学院	College of Social Sciences, University of Hawaii at Manoa	公开资料未见	美国	2
32	蓝色网络	The Blue Network	2015 年	美国	4
33	海洋意识、研究和教育中心	The Center for Oceanic Awareness, Research, and Education	2006 年	美国	4
34	大卫与露西尔·帕卡德基金会	The David and Lucile Packard Foundation	1964 年	美国	2
35	"2015 年区域重新聚焦"倡议	Regions Refocus 2015	2015 年	美国	2
36	韦特基金会	Waitt Foundation	2000 年	美国	4
37	全球智慧	The Global Brain	2014 年	美国	3
38	土著资源管理组织	Indigenous Resource Management Organization	2008 年	美国	4
39	"活岛"非营利组织	Living Islands Non-Profit	2013 年	美国	4
40	海洋和气候平台	Ocean and Climate Platform	2014 年	美国	2
41	蒙特雷湾水族馆	Monterey Bay Aquarum Organization Name	1984 年	美国	3

续表

序号	中文名称	外文名称	成立时间	归属国	类型
42	海洋保护区联盟	Ocean Sanctuary Alliance	2014 年	美国	2&3&4
43	海洋长者	Ocean Elders	2010 年	美国	2
44	阿尔弗雷德·P. 斯隆基金会	Alfred P. Sloan Foundation	1934 年	美国	4
45	韦特研究院	Waitt Institute	2004 年	美国	2
46	世界珊瑚礁保护联合会	World Federation for Coral Reef Conservation	2010 年	美国	2
47	世界海洋理事会	World Ocean Council	2010 年	美国	—
48	蓝色海洋基金会	Blue Marine Foundation	2009 年	英国	1
49	环境司法基金会	Environmental Justice Foundation	1999 年	英国	2
50	国际海洋状况计划	International Programme on the State of the Ocean	2011 年	英国	3
51	鲸豚保护协会	Whale and Dolphin Conservation	1987 年	英国	3
52	为野生动物而工作	Let's Work for Wildlife	2015 年	英国	1
53	环境、渔业和水产养殖中心	Centre for Environment Fisheries & Aquaculture	1902 年	英国	2&3&4
54	海洋风险与复原力行动联盟	The Ocean Risk and Resilience Action Alliance	2014 年	英国	—
55	国际电缆保护委员会	International Cable Protection Committee	1958 年	英国	2
56	观赏水族贸易协会	Ornamental Aquatic Trade Association	1991 年	英国	1
57	西瑞典海洋群组	The Maritime Cluster of West Sweden	1999 年	英国	2

序号	中文名称	外文名称	成立时间	归属国	类型
58	南安普顿国家海洋研究所	National Oceanography Centre	1995 年	英国	2
59	保护海洋咨询委员会	Advisory Committee on Protection of the Sea	1952 年	英国	1
60	罗莎国际	A Rocha International	1986 年	英国	3&4
61	生态行动中心	Ecology Action Centre	1971 年	加拿大	3&4
62	绿色和平	Greenpeace	1970 年	加拿大	1
63	国际动物福利基金	International Fund for Animal Welfare	1969 年	加拿大	3
64	呵护海洋	Oceancare	1898 年	加拿大	3&4
65	海洋之北	Oceans North	2003 年	加拿大	4
66	国际可持续发展研究所	The International Institute for Sustainable Development	1990 年	加拿大	2
67	海洋管理委员会	Marine Stewardship Council	1971 年	加拿大	1
68	海洋前沿研究所	Ocean Frontier Institute	2016 年	加拿大	2
69	为波罗的海而赛	Race For The Baltic	2013 年	瑞典	3
70	保持瑞典清洁基金会	Stiftelsen Håll Sverige Rent	1983 年	瑞典	3
71	环境与可持续发展中心	Centre for Environment and Sustainability	1991 年	瑞典	2
72	哥德堡大学海洋与社会中心	Centre for Sea and Society-University of Gothenburg	2015 年	瑞典	2
73	斯德哥尔摩恢复力中心	Stockholm Resilience Centre	2007 年	瑞典	2
74	瑞典自然保护协会	Naturskyddsfreningen	1909 年	瑞典	1

序号	中文名称	外文名称	成立时间	归属国	类型
75	瑞典海洋环境研究所	The Swedish Institute for the Marine Environment	2008 年	瑞典	2
76	瑞典船东协会	Swedish Shipowners' Association	1906 年	瑞典	1
77	全球环境和养护组织（新西兰）	Environment and Conservation Organizations of Aotearoa, New Zealand	1971 年	新西兰	1
78	深海保护联盟	The Deep Sea Conservation Coalition	2004 年	新西兰	3
79	新西兰环境与保护组织	Environment and Conservation Organisations of Aoteara, New Zealand	1971 年	新西兰	3
80	可持续海岸线慈善信托基金	The Sustainable Coastlines Charitable Trust	2008 年	新西兰	3&4
81	塔拉海洋基金会	Tara Ocean Foundation	2016 年	法国	2
82	地球之友	Friends of the Earth International	1971 年	法国、瑞典、英格兰、美国	3&4
83	国际自然保护联盟	International Union for Conservation of Nature	1948 年	法国	1
84	世界保护区委员会	World Commission on Protected Areas	1948 年	瑞士	1
85	世界野生动物基金会	World Wildlife Fund	1961 年	瑞士	1
86	蓝色解决方案	Blue Solutions	2018 年	瑞士	2
87	全球海洋信托	Global Ocean Trust	2014 年	德国	—
88	气候分析	Climate Analytics	—	德国	2
89	气候保护、能源和交通研究所	IKEM	2009 年	德国	2

序号	中文名称	外文名称	成立时间	归属国	类型
90	德国 GEOMAR 亥姆霍兹中心	GEOMAR Helmholtz Centre for Germany	2004 年	德国	2
91	德国自然保护圈/环境与发展论坛	Deutscher Naturschutzring/Forum Umwelt und Entwicklung	1992 年	德国	3
92	公平海洋组织	Fair Oceans	1998 年	德国	—
93	海岸与海洋联盟	Coastal & Marine Union	2002 年	荷兰	2
94	海洋清理	The Ocean Cleanup	2013 年	荷兰	2
95	瓦达集团	The Varda Group	2003 年	荷兰	2
96	国观智库	Grandview Institution	2013 年	中国	2
97	经士智库	Global Governance Institution	2021 年	中国	2
98	智渔可持续科技发展研究中心	China Blue Sustainability Institute	2015 年	中国	2
99	仁渡海洋公益发展中心	Rendu Ocean NPO Development Center	2007 年	中国	2&3
100	永恒的海洋	Mar Viva	2002 年	西班牙	3&4
101	国际环境法理事会	International Council of Environmental Law	1969 年	西班牙	2
102	人道主义传教士和世界协会	Association Humanitaria el Misionero y el Mundo	1993 年	西班牙	—
103	绿色女孩	Green Ladies	2014 年	喀麦隆	4
104	农村可持续发展和保护的健康基金会	The Redemption Health Foundation for Sustainable Rural Development and Conservation	2011 年	喀麦隆	—
105	尼日利亚气候变化网络	Climate Change Network Nigeria	2007 年	尼日利亚	2&4

续表

序号	中文名称	外文名称	成立时间	归属国	类型
106	HETAVED技能学院和国际网络	Mini Global Hetaved Skills Networks International	2015 年	尼日利亚	4
107	公民环境研究所	Citizens Institute for Environmental Studies	1993 年	韩国	2
108	绿色创新	Greenovation	2019 年	泰国	4
109	冰岛自然养护协会	Iceland Nature Conservation Association	1997 年	冰岛	4
110	野生动物迁徙网络	Migratory Wildlife Network	2013 年	澳大利亚	1
111	摩根	Morigenos	2001 年	斯洛文尼亚	3
112	海洋之神	Oceanus	2020 年	菲律宾	2&3&4
113	马尾藻海联盟	Sargasso Sea Alliance	2010 年	百慕大	—
114	特提斯海	Tethys	1986 年	意大利	2
115	土耳其海洋研究基金会	Turkish Marine Research Foundation	1997 年	土耳其	2
116	国际海洋考察理事会	International Council for the Exploration of the Sea	1902 年	丹麦	2
117	丹麦环境基金会	Foundation for Environmental Denmark	1981 年	丹麦	1
118	葡萄牙蓝色海洋基金会	Oceano Azul Foundation	2014 年	葡萄牙	3&4
119	非洲发展援助咨询会	African Development Assistance Consult	2010 年	刚果	—
120	非洲法语国家之友—贝宁	Amis de I`Afrique Francophone—Bénin	2008 年	贝宁	—
121	使徒部长级国际网络	Apostolic Ministerial International Network	2012 年	加纳	4

续表

序号	中文名称	外文名称	成立时间	归属国	类型
122	赋予自然生命的加纳自然志愿者组织	Giving Life Nature Volunteer Ghana	2000 年	加纳	4
123	摩纳哥科学中心	Centre Scientifique de Monaco	1960 年	摩纳哥	2
124	公平渔业安排联盟	Coalition for Fair Fisheries Arrangements	1992 年	比利时	2
125	社区和生物多样性	Comunidad Y Biodiversidad A. C.	1999 年	墨西哥	3&4
126	和平之地	TERRAM PACIS	2010 年	挪威	4
127	珊瑚礁天文台	Observatorio Pro Arrecifes	1987 年	哥伦比亚	2
128	东非沿海海洋研究与发展组织	Coastal Oceans Research and Development East Africa	1998 年	肯尼亚	2

附录2 全世界沿海国名称及其濒临的海洋名称一览表

自然资源部海洋发展战略研究所 赵畅、张海文、菅小落(实习生)
制表

序号	国　家		濒临的海洋名称 (《国际海道组织手册》的名称)
	中文名称	英文名称	
1	阿尔巴尼亚	Albania	地中海、亚得里亚海、爱奥尼亚海、奥特朗托海峡
2	阿尔及利亚	Algeria	地中海
3	阿根廷	Argentina	大西洋
4	阿联酋	United Arab Emirates	印度洋、波斯湾、霍尔木兹海峡
5	阿曼	Oman	印度洋、阿拉伯海、阿曼湾、霍尔木兹海峡
6	埃及	Egypt	地中海、红海
7	爱尔兰	Ireland	大西洋、北海、爱尔兰海
8	爱沙尼亚	Estonia	波罗的海、芬兰湾、里加湾
9	安哥拉	Angola	大西洋
10	安提瓜和巴布达	Antigua and Barbuda	太平洋、加勒比海
11	澳大利亚	Australia	太平洋、印度洋、珊瑚海、塔斯曼海、阿拉弗拉海、帝汶海
12	巴巴多斯	Barbados	加勒比海
13	巴布亚新几内亚	Papua New Guinea	太平洋、托雷斯海峡
14	巴哈马	Bahamas	加勒比海
15	巴基斯坦	Pakistan	印度洋、阿拉伯海
16	巴勒斯坦	Palestime	地中海

序号	国 家		濒临的海洋名称 (《国际海道组织手册》的名称)
	中文名称	英文名称	
17	巴林	Bahrain	印度洋、波斯湾
18	巴拿马	Panama	太平洋、加勒比海、巴拿马湾
19	巴西	Brazil	大西洋
20	保加利亚	Bulgaria	黑海
21	贝宁	Benin	大西洋、几内亚湾
22	比利时	Belgium	北海
23	秘鲁	Peru	太平洋
24	冰岛	Iceland	北冰洋、大西洋、格陵兰海、挪威海、丹麦海峡
25	波兰	Poland	波罗的海、北海
26	波斯尼亚和黑塞哥维那	Bosnia and Herzegovina	地中海、亚得里亚海
27	伯利兹	Belize	加勒比海、洪都拉斯湾
28	朝鲜	Democratic People's Republic of Korea	太平洋、黄海(西朝鲜湾)、日本海(东朝鲜湾)
29	赤道几内亚	Equatorial Guinea	大西洋、几内亚湾
30	丹麦	Denmark	北冰洋、波罗的海、北海
31	德国	Germany	波罗的海、北海
32	东帝汶	Timor-Leste	太平洋、印度洋、帝汶海
33	多哥	Togo	大西洋、几内亚湾
34	多米尼加	Dominican Republic	加勒比海、大西洋、莫纳海峡
35	多米尼克	Dominica	大西洋、加勒比海、马提尼克海峡、多米尼克海峡

续表

序号	国家		濒临的海洋名称 （《国际海道组织手册》的名称）
	中文名称	英文名称	
36	俄罗斯	Russian Federation	北冰洋、太平洋、大西洋、波罗的海、黑海、芬兰湾
37	厄瓜多尔	Ecuador	太平洋
38	厄立特里亚	Eritrea	红海、曼德海峡
39	法国	France	太平洋、印度洋、大西洋、地中海、北海、英吉利海峡
40	菲律宾	Philippines	太平洋、巴士海峡、苏拉威西海、巴拉巴克海峡、南中国海
41	斐济	Fiji	太平洋
42	芬兰	Finland	波罗的海、芬兰湾
43	佛得角	The Republic of Cabo Verde	大西洋
44	冈比亚	Gambia	大西洋
45	刚果（布）	Republic of the Congo	大西洋
46	刚果（金）	Democratic Republic of the Congo	大西洋
47	哥伦比亚	Colombia	太平洋、加勒比海
48	哥斯达黎加	Costa Rica	太平洋、加勒比海
49	格林纳达	Grenada	太平洋、加勒比海
50	格鲁吉亚	Georgia	黑海
51	古巴	Cuba	加勒比海
52	圭亚那	Guyana	大西洋
53	海地	Haiti	大西洋、加勒比海
54	韩国	Republic of Korea	太平洋、黄海、朝鲜海峡、日本海

序号	国　　家		濒临的海洋名称 （《国际海道组织手册》的名称）
	中文名称	英文名称	
55	荷兰	Netherlands	北海
56	黑山	Montenegro	地中海、亚得里亚海
57	洪都拉斯	Honduras	太平洋、加勒比海、洪都拉斯湾
58	基里巴斯	Kiribati	太平洋
59	吉布提	Djibouti	印度洋、红海、亚丁湾、曼德海峡
60	几内亚	Guinea	大西洋
61	几内亚比绍	Guinea−Bissau	大西洋
62	加拿大	Canada	北冰洋、太平洋、大西洋
63	加纳	Ghana	大西洋、几内亚湾
64	加蓬	Gabon	大西洋
65	柬埔寨	Cambodia	太平洋、印度洋、泰国湾
66	喀麦隆	Cameroon	大西洋、几内亚湾
67	卡塔尔	Qatar	印度洋、波斯湾
68	科摩罗	Comoros	印度洋、莫桑比克海峡
69	科特迪瓦	Côte d'Ivoire	大西洋、几内亚湾
70	科威特	Kuwait	印度洋、波斯湾
71	克罗地亚	Croatia	地中海、亚得里亚海
72	肯尼亚	Kenya	印度洋
73	库克群岛	The Cook Islands	太平洋
74	拉脱维亚	Latvia	波罗的海、里加湾
75	黎巴嫩	Lebanon	地中海
76	立陶宛	Lithuania	波罗的海

续表

序号	国　家		濒临的海洋名称 （《国际海道组织手册》的名称）
	中文名称	英文名称	
77	利比里亚	Liberia	大西洋
78	利比亚	Libya	地中海、苏尔特湾
79	罗马尼亚	Romania	黑海
80	马达加斯加	Madagascar	印度洋、莫桑比克海峡
81	马尔代夫	Maldives	印度洋、赤道海峡、一度半海峡
82	马耳他	Malta	地中海
83	马来西亚	Malaysia	太平洋、印度洋、南海、柔佛海峡、马六甲海峡
84	马绍尔群岛	Marshall Islands	太平洋
85	毛里求斯	Mauritius	印度洋
86	毛里塔尼亚	Mauritania	大西洋
87	美国	The United States of America	北冰洋、太平洋、大西洋、墨西哥湾
88	孟加拉国	Bangladesh	印度洋、孟加拉湾
89	密克罗尼西亚	Micronesia	太平洋、菲律宾海
90	缅甸	Myanmar	印度洋、安达曼海、孟加拉湾
91	摩洛哥	Morocco	大西洋、地中海、直布罗陀海峡
92	摩纳哥	Monaco	地中海
93	莫桑比克	Mozambique	印度洋、莫桑比克海峡
94	墨西哥	Mexico	太平洋、大西洋、加勒比海、墨西哥湾、加利福尼亚湾
95	纳米比亚	Namibia	大西洋
96	南非	South Africa	印度洋、大西洋
97	瑙鲁	Nauru	太平洋

序号	国　　家		濒临的海洋名称 （《国际海道组织手册》的名称）
	中文名称	英文名称	
98	尼加拉瓜	Nicaragua	太平洋、加勒比海
99	尼日利亚	Nigeria	大西洋、几内亚湾
100	纽埃	Niue	太平洋
101	挪威	Norway	北冰洋、北海、挪威海
102	帕劳	Palau	太平洋、菲律宾海
103	葡萄牙	Portugal	大西洋
104	日本	Japan	太平洋、日本海、鄂霍次克海、东海、黄海、朝鲜海峡
105	瑞典	Sweden	波罗的海、斯卡格拉克海峡、卡特加特海峡、波的尼亚湾、北海
106	萨尔瓦多	The Republic of El Salvador	太平洋、丰塞卡湾
107	萨摩亚	Samoa	太平洋
108	塞拉利昂	Sierra Leone	大西洋
109	塞内加尔	Senegal	大西洋
110	塞浦路斯	Cyprus	地中海
111	塞舌尔	Seychelles	印度洋
112	沙特阿拉伯	Saudi Arabia	红海、波斯湾
113	圣多美和普林西比	Sao Tome and Principe	大西洋、几内亚湾
114	圣基茨和尼维斯	Saint Kitts and Nevis	加勒比海、纳罗斯海峡
115	圣卢西亚	Saint Lucia	加勒比海
116	圣文森特和格林纳丁斯	Saint Vincent and the Grenadines	大西洋

序号	国　家		濒临的海洋名称 （《国际海道组织手册》的名称）
	中文名称	英文名称	
117	斯里兰卡	Sri Lanka	印度洋、保克海峡、马纳尔湾
118	斯洛文尼亚	Slovenia	地中海、亚得里亚海、的里雅斯特湾
119	苏丹	Sudan	红海
120	苏里南	Suriname	大西洋
121	所罗门群岛	Solomon Islands	太平洋、所罗门海、珊瑚海
122	索马里	Somalia	印度洋、亚丁湾
123	泰国	Thailand	太平洋、印度洋、泰国湾、安达曼海
124	坦桑尼亚	United Republic of Tanzania	印度洋
125	汤加	Tonga	太平洋
126	特立尼达和多巴哥	Trinidad and Tobago	大西洋、加勒比海、帕里亚湾
127	突尼斯	Tunisia	地中海、突尼斯海峡、加贝斯湾
128	图瓦卢	Tuvalu	太平洋
129	土耳其	Türkiye	地中海、黑海、爱琴海、土耳其海峡（博斯普鲁斯海峡、马尔马拉海、达达尼尔海峡）
130	瓦努阿图	Vanuatu	太平洋、珊瑚海
131	危地马拉	Guatemala	太平洋、加勒比海、洪都拉斯湾
132	委内瑞拉	Bolivarian Republic of Venezuela	加勒比海、帕里亚湾、委内瑞拉湾
133	文莱	Brunei	太平洋、南海
134	乌克兰	Ukraine	波罗的海、黑海、亚速海
135	乌拉圭	Uruguay	大西洋

序号	国　家		濒临的海洋名称 （《国际海道组织手册》的名称）
	中文名称	英文名称	
136	西班牙	Spain	大西洋、地中海、比斯开湾、直布罗陀海峡
137	希腊	Greece	地中海、爱琴海、爱奥尼亚海
138	新加坡	Singapore	太平洋、印度洋、马六甲海峡、柔佛海峡、新加坡海峡
139	新西兰	New Zealand	太平洋、塔斯曼海、库克海峡
140	叙利亚	Syrian Arab Republic	地中海
141	牙买加	Jamaica	加勒比海、牙买加海峡
142	也门	Yemen	红海、亚丁湾、阿拉伯海、曼德海峡
143	伊拉克	Iraq	印度洋、波斯湾
144	伊朗	Iran	印度洋、波斯湾、阿拉伯海、霍尔木兹海峡、阿曼湾
145	以色列	Israel	地中海、亚喀巴湾
146	意大利	Italy	地中海、亚得里亚海、爱奥尼亚海、第勒尼安海、利古里亚海
147	印度	India	印度洋、孟加拉湾、阿拉伯海
148	印度尼西亚	Indonesia	太平洋、印度洋、爪哇海、南中国海、班达海、阿拉弗拉海、西里伯斯海、马鲁古海、帝汶海、苏拉威西海、塞兰海、菲律宾海、萨武海、弗洛勒斯海、巴厘海、马六甲海峡
149	英国	United Kingdom of Great Britain and Northern Ireland	大西洋、北海、英吉利海峡、凯尔特海、爱尔兰海
150	约旦	Jordan	红海、亚喀巴湾

续表

序号	国　家		濒临的海洋名称 （《国际海道组织手册》的名称）
	中文名称	英文名称	
151	越南	Vietnam	太平洋、南海、北部湾
152	智利	Chile	太平洋
153	中国	China	太平洋、渤海、黄海、东海、南海、北部湾

附录3　全球性和区域性海洋计划和项目

中国科学院兰州文献中心　王金平制表

计划/项目名称	牵头机构	启动时间	计划概述
国际极地年	国际科学理事会和世界气象组织	1882年	国际极地年是一项国际南北极科学考察的重要活动，由国际科学理事会和世界气象组织主办，约五十年举办一次，第一次举办于1882年，最近一次于2007年举办，共举办了四次。其活动目的是将科学家在极地方面各时间、地点的研究整合，并界定重要的项目分工，借以研究冰床消融、气候变迁及极地环境变化等议题，并向大众介绍极地如何影响人类的生活。
国际地球物理年	国际联合行动，该科学计划一共有67个成员国参与，比利时的马塞尔·尼科莱特当选为该协作组织的秘书长	1956年（至1959年）	国际地球物理年是海洋观测史上第一次大规模的国际联合行动。国际地球物理年活动中，发现了洋中脊，为板块理论的提出提供了前提。
国际大洋发现计划	美国等多个国家	1968年	经历了深海钻探计划及后续的国际大洋钻探计划、综合大洋钻探计划和正在实施的国际大洋发现计划4个阶段，是地球科学领域内迄今规模最大、影响最深、历时最久的大型国际合作研究计划。其研究成果验证了海底扩张和板块构造理论，创立了古海洋学，揭示了气候演变的规律，发现了海底"深部生物圈"和"可燃冰"，取得了一次又一次的科学突破，引起了整个地球科学领域的革命。

续表

计划/ 项目名称	牵头机构	启动时间	计划概述
地球化学海洋剖面研究计划	国际合作计划	20世纪70年代	地球化学海洋剖面研究是对海洋中化学物质的三维分布的全球调查。一个主要目标是使用化学示踪剂（包括放射性示踪剂）调查深层盐碱循环。
国际海洋考察十年	国际合作计划	1971年 （至1980年）	经历1980至1985年间的中型计划，发展为1985至1990年间的全球变化。
世界大洋环流实验（WOCE）计划	国际合作计划	1988 （至1998年）	世界大洋环流实验计划由物理海洋学观测计划发展而来，经历了中大洋动力学实验。WOCE是世界气候研究计划的主要组成部分，是规模最大的国际海洋学合作计划之一。该计划为全球海洋观测提供了前所未有的全球海洋观测数据，数据量大，覆盖海域广，包含350多种示踪剂分布，18500多个站位的高精度温盐深仪数据，17400多个站位的瓶采数据（包含水文、营养盐和示踪剂），540个航次的船载声学多普勒流速剖面仪（Acoustic Doppler Current Profile, ADCP）流速数据等。这些数据以电子图集（Electronic Atlas of WOCE Data, eWOCE）的形式发布。
全球联合海洋通量研究（JGOFS）计划	国际合作计划	1989年 （至2000年）	JGOFS由生物地球化学海洋学观测计划发展而来，经历了地球化学海洋剖面研究计划，是一个包含水文、生物、化学、光学等多学科的国际研究计划，研究区域包含太平洋、大西洋、印度洋、南大洋等海盆，来自美国、德国、英国、法国等26个国家的科学家参与其中。中国是最早参与国际JGOFS计划活动的国家之一，1989年2月JGOFS中国委员会在青岛成立，制定了JGOFS在中国实施的基本要点，即黄河和长江与具有宽广陆架的中国边缘海间的通量，为全球陆海间的通量研究提供重要的数据支撑。

计划/ 项目名称	牵头机构	启动时间	计划概述
国际大洋中脊 （InterRidge）计划	国际大洋中脊协会	1992 年	大洋中脊的研究对地球的演化历史、现状及发展趋势的了解尤为关键。尤其海底"热液生物""黑暗生物链"，以及"深部生物圈"等概念的提出及日新月异的各项研究成果，在很大程度上影响了人类对诸如生命起源这种重大科学问题的传统认识，很可能导致新理论的建立。
全球海洋观测系统 （Global Ocean Observing System， GOOS）	联合国政府间海洋学委员会、世界气象组织、联合国环境规划署	1993 年	作为当前全球最大、综合性最强的海洋观测系统，GOOS 致力于海洋与气候、海洋生物资源、海洋健康状况、海岸带观测、海洋气象与业务化海洋学等方面的技术与科学研究。
全球浮标布放 （Argo）计划	Argo 计划通过全球 30 多个国家的合作来维持一个全球海洋观测网，Argo 通过 Argo 指导工作组进行协调，这是一个由科学家和技术专家组成的国际团体，每年召开一次会议	1999 年 提出	该观测系统由大量布放在全球海洋中小型、自由漂移的自动探测设备（Argo 剖面浮标）组成。大部分浮标在 1000 米深度漂移（被称为停留深度），每隔 10 天下潜到 2000 米深度并上浮至海面，在这过程中进行海水温度和电导率等要素的测量，由此可计算获得海水盐度和密度。观测数据通过卫星传送到地面科研人员手中，并向所有人免费、无限制提供。
海洋生物普查 （CoML）计划	国际合作计划	2000 年	海洋生物普查又称为"全球海洋生物普查计划"，是一项历时十年（2000—2010）空前成功的国际合作计划。海洋生物多样性的调查研究史大致可分为三个阶段：（1）18 世纪，特别是欧、美的航海探险及科考之旅，如"小猎犬号""挑战者号"环球之旅；（2）20 世纪中期，特别是五六十年代，发达国家的研究机构及调查船开始有计划地在全球各地采集样品；（3）20 世纪 90 年代以后，利用一些新的海洋考察工具，各国开始酝酿一些国际合作的调查研究计划。

计划/ 项目名称	牵头机构	启动时间	计划概述
国际海洋碳协调 计划（IOCCP）	政府间海洋 学委员会	21 世纪初	该计划旨在研究海洋碳循环科学，以及未来大气中二氧化碳含量变化。IOCCP是一个国际性的合作研究课题，参与机构包括国际地圈生物圈计划、世界气候研究项目、国际海洋学会、国际海洋研究委员会等。它的宗旨是进行大范围的海洋碳循环观测、记录和研究，创建国际碳循环数据库等。隶属于IOCCP的计划包括表层海洋二氧化碳地图集、表层海洋二氧化碳参考观测网络、全球海洋数据分析项目、全球海洋酸化观测网络和氧跃层变化及其对生态系统的影响。
全球海洋船载水 文调查（GO- SHIP）计划	国际海洋碳协 调计划（IOC CP）及"气候 和海洋：变 率、变化及可 预测性项目" （CLIVAR）	2007 年	GO-SHIP计划的主要任务是组织开展约每十年1次的全球水文测量，以获取宝贵的重复观测数据。GO-SHIP为基于海洋科学考察船的多学科综合观测，观测范围覆盖了整个洋盆和全水深（从海面到海底），测量精度是所有水文调查方法中最高的。
痕量元素及同位素 海洋生物地球化 学循环国际研究 （GEOTRACES） 计划	国际海洋研 究科学委员 会	2010 年	GEOTRACES是21世纪最新的、正在持续推进的国际海洋化学调查计划，旨在研究全球海洋痕量元素及其同位素生物地球化学循环。目前GEOTRACES相关研究已经成为海洋化学研究领域的一个热点。

计划/ 项目名称	牵头机构	启动时间	计划概述
日本基金会-世界大洋深度图海底2030计划	日本基金会、大洋深度图	2016年	"海底2030计划"是日本基金会（Nippon Foundation）与大洋深度图（GEBCO）之间的一项合作项目，旨在到2030年完成全球海洋的测绘，并编制包含所有测深数据，且能够公开获取的GEBCO海洋地图。GEBCO是国际水文组织和政府间海洋学委员会之间的一项联合计划，同时也是负责绘制整个洋底地图的唯一组织。
海洋空间规划全球倡议	联合国教科文组织政府间海洋学委员会和欧盟海洋与渔业委员会	2018年11月	全球海洋空间规划旨在制定有关海洋空间规划的国际指南，支持实现可持续蓝色经济。通过决策者、科学家、公众和其他利益相关者的积极有效参与，使"自下而上"和"自上而下"的方法达到平衡，全球海洋空间规划将有助于推动已有规划地区的跨境和跨界合作，并加速尚未落实规划地区的海洋空间规划进程。
联合国海洋科学促进可持续发展十年	政府间海洋学委员会	2021年	"海洋十年"的启动是全球海洋科学的一个分水岭，目前已经取得了重大成就，包括为应对"海洋十年"挑战提供8.4亿美元的初始资助，批准了约400项"海洋十年"行动，以及建立了由数10个"海洋十年"国家委员会和7个地区工作组构成的全球治理结构和协同设计机制。尽管在海洋科学投资方面仍存在挑战，但"海洋十年"为今后变革性的海洋科学奠定了坚实的基础。
可持续海底知识倡议（SSKI）	国际海底管理局	2022年6月	该倡议旨在加快深海生物多样性信息的生成、评估和传播，为决策过程提供指导并确保国际海底区域内海洋环境得到有效保护。该倡议为提升国际社会集体行动的显示度提供了重要机遇，有助于推进国际海底区域的海洋科学研究。

参考文献

一、英文

[1] Adewumi I J. Exploring the nexus and utilities between regional and global ocean governance architecture[J]. Frontiers in Marine Science，2021，8：4.

[2] Anand P. B. Financing the provision of global public goods[J]. The World Economy，2004，27（2）:217-218.

[3] Barkin J S，Rashchupkina Y. Public goods，common pool resources，and international law[J]. American Journal of International Law，2017，111（2）：376-394.

[4] Bates R. Touring the Antarctic：Transforming environmental governance in the Southern latitudes[J]. Asia Pacific Journal of Environmental Law, 2011, 14（1）:43-62.

[5] Campbell L M, Gray N J, Fairbanks L，et al. Global oceans governance：new and emerging issues[J]. Annual Review of Environment and Resources，2016, 41:517-543.

[6] Cepparulo A, Giuriato L. Responses to global challenges：trends in aid-financed global public goods[J]. Development Policy Review，2016，34（4）：483-507.

[7] Friedheim R L. Ocean governance at the millennium：where we have

been — where we should go[J]. Ocean & Coastal Management，1999, 42(9)：747-765.

[8] Gao J, Liu C, He G, et al. Study on the management of marine economic zoning: An integrated framework for China[J]. Ocean & Coastal Management, 2017,149:165-174.

[9] Germond B. Clear skies or troubled waters：The future of European ocean governance[J]. European View, 2018, 17（1）：89-96.

[10] Hewison G J. The role of environmental nongovernmental organizations in Ocean Governance[J]. Ocean Yearbook，1996，12(1): 32-51.

[11] Janda R. Gats regulatory disciplines meet global public goods：The case of maritime and aviation services[J]. Journal of Network Industries，2002，3（3）：335-364.

[12] Juda L, Hennessey T. Governance profiles and the management of the uses of large marie ecosystems[J]. Ocean Development and International Law，2001, 32:43-44.

[13] McCormick J. Reclaiming Paradise：The Global Environmental Movement[M]. Bloomington: Indiana University Press，1991: 47-52.

[14] McDorman T L. Global ocean governance and international adjudicative dispute resolution[J]. Ocean & Coastal Management，2000, 43（2）：255-275.

[15] Miles E L. The concept of ocean governance：evolution toward the 21st century and the principle of sustainable ocean use[J]. Coastal Management，1999, 27（1）:1-30.

[16] Pyć D. Global ocean governance[J]. TransNav:International Journal on Marine Navigation and Safety of Sea Transportation，2016, 10（1）: 159-162.

[17] Seta M. The contribution of the International Organization for Standardization to ocean governance[J]. Review of European, Comparative & International Environmental Law, 2019, 28(3)：304-313.

［18］ Singh P A, Ort M. Law and policy dimensions of ocean governance[C]// YOUMARES 9-The Oceans: Our Research, Our Future: Proceedings of the 2018 conference for YOUng MArine RESearcher in Oldenburg, Germany. Springer International Publishing, 2020:45-56.

［19］ Straughan B, Pollak T. The broader movement：nonprofit environmental and conservation organizations, 1989-2005[J]. The Urban Institute，2008: 1.

［20］ The Union of International Associations. Yearbook of International Organizations 2017—2018. Leiden，The Netherlands: Brill，2017, 6.

［21］ Van Dyke J M，Zaelke D, Hewison G. Freedom for the Seas in the 21st Century：Ocean Governance and Environmental Harmony[M]. Washington DC：Island Press，1993.

［22］ Zheng Z, Wu Z, Chen Y, et al. Exploration of eco-environment and urbanization changes in coastal zones: A case study in China over the past 20 years[J]. Ecological Indicators, 2020, 119：106847.

［23］ Zhu X，Qiu W F，et al. APEC Marine Sustainable Development Report 2：supporting implementing SDG 14 and related goals in APEC[R]. APEC Secretariat，Singapore, 2019.

二、中文

［24］ 阿兰•P. 特鲁希略，哈洛德•V. 瑟曼. 海洋学导论[M].张荣华，等译.北京：电子工业出版社，2017: 2.

［25］ 鲍勃•杰索普，漆蕪. 治理的兴起及其失败的风险：以经济发展为例的论述[J]. 国际社会科学杂志（中文版），1999（1）. 转引自蔡拓. 全球学与全球治理[M]. 北京：北京大学出版社，2018：221.

［26］ 北极问题研究编写组.北极问题研究[M].北京：海洋出版社，2011：99.

［27］ 蔡拓，杨雪冬，吴志成.全球治理概论[M].北京：北京大学出版社，2016：177.

［28］ 蔡拓.全球学与全球治理[M].北京：北京大学出版社，2018：58-62,75-

76,213-219,229.

[29] 陈家刚.全球治理：概念与理论[M].北京：中央编译出版社，2017：4.

[30] 崔野，王琪.全球公共产品视角下的全球海洋治理困境：表现、成因与应对[J].太平洋学报，2019，27（1）：61-62.

[31] 大森信，碧昂丝•索恩-米勒.海洋生物多样性[M].季琰，孙忠民，李春生译.青岛：中国海洋大学出版社，2019：007.

[32] 冯士筰，李凤岐，李少菁.海洋科学导论[M].北京：高等教育出版社，1999：1,5,20,22,24-26.

[33] 郭琨，艾万铸.海洋工作者手册[M].北京：海洋出版社，2016：总目录4-8,5,18,29,635.

[34] 侯若石.经济全球化与大众福祉[M].天津：天津人民出版社，2000：76.

[35] 胡晴晖.海岸带环境综合管理问题探讨[J].环境科学与管理，2007（01）：13-16.

[36] 基斯•A.斯韦德鲁普，E.弗吉尼亚•安布拉斯特.世界海洋概览（第九版）[M].姜晶，等译.青岛：青岛出版社，2014：2.

[37] 江涛，耿喜梅，张云雷，等.全球化与全球治理[M].北京：时事出版社，2017：201,217.

[38] 蕾切尔•卡森.海洋传[M].方淑惠，余佳玲译.南京：译林出版社，2010：导读008，36.

[39] 李百齐.海岸带管理研究[M].北京：海洋出版社，2011：11.

[40] 联合国教科文组织政府间海洋学委员会.全球海洋科学报告：世界海洋科学现状[M].刘大海，杨红，于莹译.北京：海洋出版社，2020：3.

[41] 刘峰，刘予，宋成兵，等.中国深海大洋事业跨越发展的三十年[J].中国有色金属学报，2021，31（10）：2614-2615.

[42] 刘小兵，孙海文.国际渔业管理现状和趋势[J].中国水产，2008（10）：30.

[43] 刘晓玮.追求善治：国外学界关于全球海洋治理的研究综述[J].浙江海洋大学学报（人文科学版），2021（3）：13-18.

［44］马丁•休伊森，蒂莫西•辛克莱，张胜军.全球治理理论的兴起[J].马克思主义与现实，2002.转引自陈家刚.全球治理：概念与理论[M].北京：中央编译出版社，2017：27.

［45］马克•撒迦利亚.海洋政策——海洋治理和国际海洋法导论[M].邓云成，司慧，译.北京：海洋出版社，2019：3-9.

［46］庞中英.全球治理的中国角色[M].北京：人民出版社，2016：3-11，159-160.

［47］青岛海洋科普联盟.中国海洋科学家[M].青岛：中国海洋大学出版社，2019.

［48］施余兵.国家管辖外区域海洋生物多样性谈判的挑战与中国方案——以海洋命运共同体为研究视角[J].亚太安全与海洋研究，2022（1）：41.

［49］孙国强.全球学[M].贵阳：贵州人民出版社，2008：31-32，41-42，56.

［50］唐峰华，岳冬冬，熊敏思，等.《北太平洋公海渔业资源养护和管理公约》解读及中国远洋渔业应对策略[J].渔业信息与战略，2016，31（3）：210-217.

［51］托马斯•G.怀斯，张起超.治理、善治与全球治理：理念和现实的挑战[J].国外理论动态，2014（8）.转引自陈家刚.全球治理：概念与理论[M].北京：中央编译出版社，2017：4，17.

［52］王国清，肖育才.全球公共产品供给的学术轨迹及其下一步[J].改革，2012（3）：140.

［53］王琪，崔野.将全球治理引入海洋领域——论全球海洋治理的基本问题与我国的应对策略[J].太平洋学报，2015（6）：20-21.

［54］王琪，周香.从过程到结果：全球海洋治理制度的建构主义分析[J].东北亚论坛，2022，31（4）：80.

［55］王雪松，刘金源.全球公共产品视角下新冠肺炎疫苗供给困境、中国路径与挑战对策[J].当代世界与社会主义，2021（1）：33.

［56］王逸舟.当代国际政治析论（增订版）[M].上海：上海人民出版社，2015.

[57] 王逸舟.当代国际政治析论[M].上海：上海人民出版社，2015：6-7.

[58] 杨娜.全球公共产品的属性探讨——兼论中国推动新冠疫苗成为全球公共产品的挑战及路径[J].国际政治研究，2022（4）：11-12.

[59] 叶泉.论全球海洋治理体系变革的中国角色与实现路径[J].国际观察，2020（5）：84.

[60] 英瓦尔·卡尔松，什里达特·兰法尔.天涯成比邻——全球治理委员会的报告[M].赵仲强，等译.北京：中国对外翻译出版公司，1995：2-3.

[61] 于华明，刘容子，鲍献文，等.海洋可再生能源发展现状与展望[M].青岛：中国海洋大学出版社，2012.

[62] 俞可平.全球治理的趋势及我国的战略选择[J].国外理论动态，2012（10）.转引自陈家刚.渔业应对策略[J].渔业信息与战略，2016，31（3）：210-217.

[63] 羽田正.全球化与世界史[M].孙若圣，译.上海：复旦大学出版社，2021.

[64] 袁沙，郭芳翠.全球海洋治理：主体合作的进化[J].社会观察，2018（8）：14.

[65] 袁沙.全球海洋治理：客体的本质及影响[J].亚太安全与法律研究，2018（2）：87-89.

[66] 赵可金.全球治理导论[M].上海：复旦大学出版社，2022：18，25-35

[67] 赵理海.海洋法的新发展[M].北京：北京大学出版社，1984：190.

[68] 中国大百科全书编辑部.中国大百科全书[M].北京：中国大百科全书出版社，2013：532.

[69] 中国大洋矿产资源研究开发协会，外交部条约法律司.中国国际海底区域活动纪实[M].长沙：中南大学出版社，2021：1.

[70] 自然资源部海洋发展战略研究所.中国海洋发展报告（2021）[M].北京：海洋出版社，2021：249.

[71] 自然资源部海洋发展战略研究所课题组.中国海洋发展报告（2022）[M].北京：海洋出版社，2022：285-286.

结语

从 1945 年到 2022 年，世界秩序在演进中经历了多次重大改变。在 21 世纪，需要什么样的秩序成为国际斗争的焦点。世界秩序向何处去？历史上，解决国际问题的主体是民族国家，冷战结束后 30 多年来的关于全球化和全球治理的讨论得出的最重要结论之一是要解决民族国家存在的各种问题，恰恰要超越民族国家体制，从多元行为体着手；全球化的新结果是产生了新的利益相关者，尤其是新兴经济体，也由此推动了全球治理的新发展；全球化时代的海洋和人类均面临着诸多新挑战，全球海洋治理应运而生，方兴未艾。

一、全球海洋治理展望

21 世纪的国际关系有五大走势值得关注：其一，从国际政治走向全球政治。全球政治反映着政治的整体性与共同性，全球政治的利益与价值导向是以人类为中心。其二，从权力政治走向权利政治。权力政治信奉的是权力本位、权力至上，强权和暴力；权利政治突出以人为本，以法律为保障的权利追求，强调国际法、国际机制对国际行为的规范作用。其三，合作政治与国际机制的凸显。其四，议题政治与全球治理的凸显。其五，环境政治（或生态政治）的凸显。环境政治是基于环境问题而引发的政治。这里的环境是指广义的生态环境，涉及气候、资源、环境污染等多个领域。从某种意义上讲，环境政治也应属于上述的议题政治，但由于环境政治的特殊性，它正在成为一个相对独立的政治领域。[①]

全球化不是一个自然、自动、自运行的过程，它的本质和规律是需要全人类的实践来选择和推动的。全球化是当今世界政治的一个重要特点，不会因为反全球化的思想和行为而终止；全球治理是全球化无法避开的议程，也是国际关系研究的重要内容。全球化的客观性与合法性根源于市场经济的全球扩张和科学技术的不断进步所带来的全球相互依存。凭借通信网络技术和交通工具的革命性变革，以全球产业链、供应链、价值链为纽带，辅之以相应的组织、规范、制度、机制的全球社会正日益发展，这个大的历史走向不以人的意志为转移。尽管当下全球治理面临困境，处于低谷，但伴随反思后全球化的新进程，全球治理也会在不断反思与变革中走向新的发展阶段，人类的公共事务离不开全球治理。

当前，以海洋环境和生态保护为导向的全球海洋治理新规则正在形成。为解决日益凸显的全球性海洋问题，各治理主体正在以海洋环境保护为导向，完善细化海上船舶航行、公海渔业捕捞和深海采矿等主要海洋活动的法律制度，在治理缺口以及新兴领域制定相关规则。例如，在防止船舶污染物方面，虽然已经制定了20多个国际条约，但很多条约中的技术条款仍然处于不断修订中，在逐步提高对海洋环境的保护标准。在深海方面，也将制定环境规章，重视海底矿产资源开发对其他海洋活动以及对海底环境的影响。在海洋渔业捕捞方面，通过制定《负责任渔业行为守则》和《港口国措施协定》等管理制度和技术指南，采取冻结产量，维持现有配额等方式，加强对渔业生态系统的保护。当前在磋商过

① 蔡拓. 全球学与全球治理[M]. 北京：北京大学出版社，2018：213-219.

程中的BBNJ协定一旦通过，将是《联合国海洋法公约》背景下的第三个具有法律拘束力的执行协定，将在海洋遗传资源、国家管辖范围外海洋保护区、海洋环境影响评价等方面填补海洋法缺口，也必将给传统的公海自由带来新的限制。在海洋塑料垃圾治理方面，联合国大会已经做出决定，开启了塑料垃圾治理的新进程，其中包括对海洋塑料的治理，将制定出关于治理垃圾的新的国际法制度和规则。

全球海洋治理是人类的共同事务，事关人类的整体利益。因此，参与全球海洋治理，不仅是各方的权利也是各方的义务，不仅要求国际社会广泛参与，也要求国际社会共同承担起广泛的责任。全球海洋治理必须以法律为依托，以国际机制为依据。

需要指出的是，随着科技的进一步发展，新问题也会不断涌现，这些皆需纳入全球海洋治理的议题和进程，且至少包括以下问题：

一是，《巴黎协定》没有规定国际海运温室气体减排问题。

二是，商船的噪声对海洋生物有极大的负面影响，对此是否应该进行国际立法？如何在技术的可行性、船舶改建的成本核算，以及可能涉及的军事安全等因素上寻求一个平衡？

三是，《南极条约》与《联合国海洋法公约》相关制度之间的关系问题：正在谈判制定的"国家管辖范围以外海洋生物多样性养护和可持续利用协定"（BBNJ协定）中的海洋保护区制度，将来是否也适用于《南极条约》范围内的海洋？

四是，北极地区面临诸多挑战，仅从北极航行方面看，黑炭、重油、灰水、外来物种入侵、船舶的噪声、防污底漆、压载水以及北极航行安全等方面的管理举措和制度均有待制定，北极治理是否需要一项全面的国际立法？随着气候变化、经济全球化以及地缘政治的发展，北极地区的政治经济、环境和社会等方面都发生了巨大的变化，并产生了一系列的新问题，北极事务治理也在经历新一轮的"态势变迁"，有效应对北极事务的挑战并构建有效的北极治理法律体系，是北极治理的根本任务和主要目标。

五是，新科技应用的新问题，例如，无人驾驶的智能船舶被越来越广泛地使用，但现有国际法律制度对此类船舶尚无任何规定。

六是，深海科技和装备的新发展和应用对深海生态环境的影响评估问题。

二、中国深度参与全球海洋治理展望

全球治理与国家治理是当代中国的两个大局；整体性观念和系统性思维，统筹国内国际两个大局，已成为中国发展战略目标和路径选择。

新时代中国的定位是现存全球治理体系的主要改革者，全球治理进程的主要协调者，新一代全球治理方案的提供者。[①]

随着中国综合国力的增长和海洋事业的不断发展，中国正在成为参与全球海洋治理的重要力量。就中国自身参与全球海洋治理的意愿、深度和广度而言，中国正在积极参与国际多边海洋事务，不断提出海洋合作倡议，具有一定的主动性。但从全球范围看，中国还不是全球海洋治理中的"主角"，在更多情况下还只是"配角"。在对许多海洋新问题和新挑战的认知采取、方面行动方面，还表现得较为被动和滞后。从自身能力来看，受中国国内发展不平衡和仍处于发展中国家地位的制约，中国深度参与全球海洋治理并发挥显著作用还将是一个循序渐进的过程，不可能一蹴而就。中国可以从多为本地区和全球提供公共产品着手，为全球海洋治理多做贡献。例如，面对生物多样性丧失的全球性挑战，各国

---

① 庞中英. 全球治理的中国角色[M]. 北京：人民出版社，2016：3-11.

是同舟共济的命运共同体。中国坚定践行多边主义，积极开展海洋生物多样性保护的国际合作，为推进全球生物多样性保护贡献中国智慧，倡导国际社会共同构建人与自然生命共同体，共同构建人海和谐的美丽海洋。又如，中国倡导的海洋命运共同体理念与"区域"及其资源是人类的共同继承财产原则在理念上高度契合。中国多年来深入和全面地参与国际海底事务，为"区域"有效治理及治理体系建设做出了重要贡献。开发规章制定是当前"区域"治理中的热点问题，事关人类共同继承财产原则在"区域"资源开发阶段的落实。中国应坚持以推动构建海洋命运共同体理念为指导，继续对开发规章的制定保持高度关注，积极参与谈判，为规章的制定贡献更多中国方案和智慧。

实现中华民族伟大复兴，这是近代以来中国人民最伟大的梦想。建设富强民主文明和谐美丽的社会主义现代化强国是中华民族的最高利益和根本利益。党的二十大报告明确宣示：实现中华民族伟大复兴进入了不可逆转的历史进程。加快建设海洋强国是实现中华民族伟大复兴的重要组成部分。当前，世界百年未有之大变局加速演进，世界之变、时代之变、历史之变的特征更加明显。我国发展面临新的战略机遇、新的战略任务、新的战略阶段、新的战略要求、新的战略环境，需要应对的风险和挑战、需要解决的矛盾和问题比以往更加错综复杂。

从总体上看，当今世界海洋秩序处于深刻变革和重大发展期。中国作为世界上最大的发展中沿海国，有意愿也有相当的能力参与全球海洋治理；同时，中国作为经济总量居世界第二的新兴大国，也承载着国际社会的更多期待。站在新的历史起点上，中国应当抓住机遇，在全球海洋治理进程中发挥更加重要的作用。中国将继续坚定维护以联合国为核心的国际体系和以国际法为基础的国际秩序，以包括《联合国海洋法公约》等涉海条约在内的国际法为基石，同世界上的沿海国家一道，通过多边磋商谈判方式共同制定海洋新规则，通过双边交流对话方式化解海洋分歧或者暂时搁置海洋争端，共同维护海洋和平秩序，养护海洋生态，保护海洋环境，促进海洋健康，共同努力实现人与海洋和谐共生。坚持共商共建共享的原则，高举真正的多边主义旗帜，与各沿海国一道，积极构建蓝色伙伴关系，构建海洋命运共同体，共同打造我们所希望的海洋，为实现海洋可持续发展目标提供助力。